职业教育食品类专业教材系列

食品微生物基础

杨玉红　豆海港　主编

科学出版社

北京

内 容 简 介

本书系统地介绍了微生物学基础知识、微生物与现代食品生产、食品安全相关知识，主要内容包括原核微生物、真核微生物、非细胞型微生物的形态、结构、功能及其繁殖，微生物的营养、代谢、生长与控制，微生物在食品生产中的应用，微生物与食品保藏，微生物与食品安全，微生物实验案例等。

本书可作为职业教育食品类专业教材，也可作为食品加工、营养与安全等相关工作人员的参考用书。

图书在版编目（CIP）数据

食品微生物基础/杨玉红，豆海港主编. —北京：科学出版社，2020.3
职业教育食品类专业教材系列
ISBN 978-7-03-064478-7

Ⅰ. ①食… Ⅱ. ①杨… ②豆… Ⅲ. ①食品微生物-职业教育-教材 Ⅳ. ①TS201.3

中国版本图书馆 CIP 数据核字（2020）第 029799 号

责任编辑：沈力匀/责任校对：王 颖
责任印制：吕春珉/封面设计：耕者设计工作室

科学出版社 出版
北京东黄城根北街 16 号
邮政编码：100717
http://www.sciencep.com

天津市新科印刷有限公司 印刷

科学出版社发行 各地新华书店经销

*

2020 年 3 月第 一 版 开本：787×1092 1/16
2023 年 6 月修 订 版 印张：13 3/4
2023 年12月第五次印刷 字数：330 000

定价：48.00 元

（如有印装质量问题，我社负责调换〈新科〉）

销售部电话 010-62136230 编辑部电话 010-62130750

本书编委会

主　编　杨玉红（鹤壁职业技术学院）

　　　　豆海港（周口职业技术学院）

副主编　肖　芳（锡林郭勒职业学院）

　　　　温慧颖（长春职业技术学院）

　　　　成少宁（运城职业技术学院）

　　　　裴保河（鹤壁市疾病预防控制中心）

　　　　徐海祥（江苏农牧科技职业学院）

　　　　卫晓英（山东商务职业学院）

　　　　付志英（福建农业职业技术学院）

参　编　刘　洋（辽宁水利职业学院）

　　　　钟军华（江西工业职业技术学院）

　　　　周慧恒（铜仁职业技术学院）

　　　　袁　莹（重庆化工职业学院）

　　　　刘晓强（长春职业技术学院）

　　　　薛宝玲（内蒙古农业大学职业技术学院）

前　言

“食品微生物基础”是职业院校食品类专业的一门专业基础课程。随着现代生命科学和现代食品工业的迅猛发展，微生物技术对食品工业的发展产生了越来越深刻的影响，已经渗透到食品加工、食品储运、食品安全的各个领域，成为支撑食品工业的重要技术。

为了发挥教材的铸魂育人作用，深入挖掘内容中蕴含的思想政治教育资源，结合教材知识及技能内容，在每章中均有机融入社会主义核心价值观、中华优秀传统文化、科学严谨、无私奉献、勇于创新和工匠精神等思政元素。全书既注重微生物学的基础，又突出微生物与食品的关系。在微生物学基础方面，系统介绍了原核微生物、真核微生物、非细胞型微生物的形态、结构、营养、生长繁殖、遗传变异和菌种选育，力求简洁明了、深入浅出；在微生物与食品的关系方面，突出微生物在食品生产中的应用，同时系统介绍微生物与食品变质、食品保藏的关系，并按照最新国家安全标准介绍了微生物与食品安全相关的内容。

本书由杨玉红、豆海港担任主编，肖芳、温慧颖、成少宁、裴保河、徐海祥、卫晓英、付志英担任副主编。具体编写分工为：第一章由杨玉红编写，第二章由成少宁编写，第三章由付志英编写，第四章由袁莹编写，第五章由钟军华、徐海祥编写，第六章由豆海港编写，第七章由钟军华、薛宝玲编写，第八章由温慧颖编写，第九章由刘洋编写，第十章由卫晓英、肖芳编写，第十一章由周慧恒、裴保河、刘晓强编写。

本书在编写过程中，得到科学出版社和各参编院校的大力支持，在此谨致以诚挚的谢意。在编写过程中，编者参考了许多国内同行的论著及部分网上资料，材料来源未能一一注明，在此向原作者表示诚挚的感谢。

由于时间仓促，编者水平和经验有限，本书疏漏和不足之处在所难免，恳请广大读者批评指正，以便进一步修改、完善。

编　者

目　录

第一章　绪　　论

☞ **知识目标**　1. 了解微生物的基本概念及微生物在生物学中的分类地位。
　　2. 熟悉微生物学的主要分支学科和发展史。
　　3. 掌握微生物的生物学特点和作用。

☞ **技能目标**　1. 会从生物界中区分微生物。
　　2. 能从宏观角度把握本课程的内容和脉络。

第一节　微生物及其生物学特点

一、微生物及其生物学分类地位

1. 微生物的概念及其主要类群

微生物是一类个体微小、结构简单，肉眼不可见或看不清楚的微小生物的统称。根据微生物不同进化水平和各种性状上的明显差别，可将微生物分为原核微生物、真核微生物和非细胞型微生物三大类群。

2. 微生物的生物学分类地位

生物界的分类经历了从两界系统到五界系统再到六界系统的发展过程。1969 年惠特克（Whittaker）首先提出了五界系统，把自然界中具有细胞结构的生物分为五界，即原核生物界、原生生物界、真菌界、植物界和动物界。我国学者于 1979 年提出将无细胞结构病毒立为病毒界，从而建立了六界系统。

二、微生物的生物学特点及作用

1. 种类繁多，分布广泛

微生物的种类极其繁多，目前已发现的微生物达 10 万种以上，且每年都有新的微生物菌种被报道，微生物的多样性已在全球范围内对人类产生巨大的影响。微生物为人类创造了巨大的物质财富，微生物发酵为工业、农业、医药等领域提供各种产品。例如，抗生素药物绝大多数是微生物发酵产生的。

微生物分布非常广泛，无处不在，凡是有高等生物生存的地方，都有微生物存在，甚至某些没有其他生物生存的地方也有微生物存在，如冰川、温泉、火山口等极端环境条件下也有大量微生物分布。土壤是微生物的大本营，尤其在耕作的土壤中，微生物的含量很大，大多数微生物都能从土壤中被分离筛选。水和空气中也含有大量微生物，特别是人员聚集的公共场所，空气中的微生物含量很高。在动植物的体表及某些内部器官中也含有大量微生物，由于食品主要以动植物的组织器官为原料，因此动植物携带的微生物是食品变质的主要污染来源。

2. 生长繁殖快，代谢能力强

微生物生长繁殖的速度是高等生物所无法比拟的，大肠杆菌在适宜的条件下，每 20min 繁殖 1 代，24h 可繁殖 72 代，即由一个细胞可繁殖到 4.7×10^{21} 个。如果将这些新生菌体排列起来，可绕地球一周有余。微生物生长繁殖的速度如此之快，是因为其代谢能力很强。由于微生物个体微小，比表面积相对很大，有利于细胞内外的物质交换，细胞内的代谢反应较快。因此，微生物能够成为发酵工业的产业大军，在工业、农业、医药等领域发挥巨大的作用。微生物在物质转化（如 N、C 等的物质循环）中起着重要的作用。如果没有微生物，动植物尸体不能分解腐烂，就会堆积如山，布满全球。但也正由于微生物的上述特点，它随时可能给人类带来疫病的灾难。

3. 遗传稳定性差，容易发生变异

微生物个体微小，对外界环境很敏感，抗逆性较差，容易受到各种不良外界环境的影响。因为微生物结构简单，缺乏免疫监控系统（如高等动物的免疫系统），所以很容易发生遗传性状的变异。微生物的自发突变频率为 10^{-6} 左右。微生物遗传稳定性差，给微生物的菌种保藏带来不便，一般在满足生产需要的情况下，应尽量减少菌种的传代数，并且不断检测菌种的纯度和活力。一旦出现菌种因突变而退化的现象，就必须对菌种进行复壮。此外，微生物的遗传稳定性也差，其遗传的保守性也低，使得微生物菌种培育相对容易得多。通过育种工作，可大幅度地提高菌种的生产性能。目前在发酵工业上所用的生产菌种大多是经过突变培育的，其生产性能比原始菌株提高了几倍、几十倍甚至几百倍。

第二节　微生物学及其发展

一、微生物学及其分支学科

1. 微生物学及其研究内容

微生物学是研究微生物及其生命活动规律的科学。它包括微生物在一定条件下的形态结构、生理生化、遗传变异，微生物的进化、分类、生态等生命活动规律，与其他微生物、动植物之间的相互关系，与外界环境理化因素之间的相互关系，微生物在生物地球化学循环中的作用，微生物在工业、农业、医疗卫生、环境保护、食品生产等领域中的应用，等等。实际上，微生物学除相应的理论体系外，还包括微生物学研究技术，它既有独特的理论体系，又是一门实践性很强的学科。

2. 微生物学的分支学科

微生物学已形成了基础微生物学和应用微生物学两个分支学科，又可根据研究的侧重面和层次不同分为许多不同的分支学科，并且还在不断地形成新的学科和研究领域。微生物学按研究对象，可分为细菌学、放线菌学、真菌学、病毒学、原生动物学、藻类学等；按过程与功能，可分为微生物生理学、微生物分类学、微生物遗传学、微生物生态学、微生物分子生物学、微生物基因组学、细胞微生物学等；按生态环境，可分为土壤微生物学、环境微生物学、水域微生物学、海洋微生物学、宇宙微生物学等；按技术与工艺，可分为发酵微生物学、分析微生物学、遗传工程学、微生物技术学等；按应用范围，可分为工业微生物学、农业微生物学、医学微生物学、兽医微生物学、食品微生物学、预防微生物学等；按与人类疾病关系，可分为流行病学、医学微生物学、免疫学等。

微生物学已成为当今发展活跃、迅速，影响较大的生命科学之一。

二、微生物学发展史

1. 史前时期人类对微生物的认识与利用

17 世纪下半叶，荷兰学者列文虎克用自制的简易显微镜观察到细菌个体。此事件之前的时期称为微生物学史前时期。

在这个时期，人们在生产与日常生活中积累了不少关于微生物作用的经验规律，并且应用这些规律创造财富，减少和消灭病害。例如，我国民间早已广泛应用微生物酿酒、制醋、发面、腌制酸菜和泡菜、盐渍、制作蜜饯等。古埃及人也早已掌握制作面包和配制果酒的技术。这些都是人类在食品工艺中控制和应用微生物生命活动规律的典型例子。积肥、沤粪、翻土压青、豆类作物与其他作物的间作和轮作，是人类在农业生产实践中控制和应用微生物生命活动规律的生产技术。种痘预防天花是人类控制和应用微生物生命活动规律在预防疾病、保护健康方面的宝贵实践。尽管这些还没有上升为理论，但都是控制和应用微生物生命活动规律的实践活动。

2. 微生物形态学发展阶段

自列文虎克观察到细菌个体后，其他研究者借助显微镜对其他微生物类群进行的观察和记载，充实和扩大了人类对微生物形态观察和研究的视野，但在其后相当长的时间内，对于微生物作用的规律仍一无所知。这个时期被称为微生物学的创始时期。

3. 微生物生理学发展阶段

19 世纪 60 年代初，法国的巴斯德和德国的科赫等一批杰出的科学家建立了一套独特的微生物研究方法，对微生物的生命活动及其对人类实践和自然界的作用做了初步的研究；同时还建立起许多微生物学分支学科，尤其是建立了解决当时实际问题的几门重要的应用微生物学科，如医用细菌学、植物病理学、酿造学、土壤微生物学等。

4. 微生物分子生物学发展阶段

20 世纪初至 40 年代末，微生物学开始进入了酶学和生物化学研究时期，许多酶、辅酶、抗生素及生物化学和生物遗传学都是在这一时期发现和创立的，并形成了一门研究微生物基本生命活动规律的综合学科——普通微生物学。

20 世纪 50 年代初，随着电子显微镜技术和其他新技术的出现，微生物的研究进入分子生物学水平。

沃森和克里克在 1953 年提出 DNA 双螺旋结构模型：两条多聚核苷酸链相互反平行盘绕成直径为 2nm 的双螺旋；互补碱基对 A—T、G—C 由氢键连接位于螺旋内部，其平面垂直于螺旋轴，两相邻平面间距为 0.34nm；每 10 个碱基对构成一段完整的右手螺旋结构。

1961 年雅可布和莫诺提出了操纵子学说，阐明了遗传信息的传递与表达的关系。1977 年，C. Weose 等在分析原核生物 16S rRNA 和真核生物 18S rRNA 序列的基础上，提出可将自然界的生命分为细菌、古菌和真核生物三域，揭示了各生物之间的系统发育关系，使微生物学进入成熟时期。在这个成熟时期，从基础研究来讲，科学家从三大方面深入分子水平来研究微生物的生命活动规律：①研究微生物大分子的结构和功能，即研究核酸、蛋白质、生物合成、信息传递、膜结构与功能等。②在基因和分子水平上研究不同生理类型微生物的各种代谢途径和调控、能量产生和转换，以及严格厌氧和其他极端条件下的代谢活动等。③在分子水平上研究微生物的形态构建和分化，病毒的装配及微生物的进化、分类和鉴定等，在基因和分子水平上揭示微生物的系统发育关系。尤其是近年来，应用现代分子生物学技术手段，制作基因组序列图谱，以大肠杆菌等细菌细胞为工具和对象进行了各种各样的基因转移、克隆等开拓性研究。在应用方面，开发菌种资源、发酵原料和代谢产物，利用代谢调控机制和固定化细胞、固定化酶发展发酵生产和提高发酵经济的效益，应用遗传工程组建具有特殊功能的“工程菌”，把研究微生物的各种方法和手段应用于动植物和人类研究的某些领域。这些研究使微生物学研究进入一个崭新的时期。

第三节　食品微生物学及其任务

一、食品微生物学的研究内容

食品微生物学是专门研究微生物与食品之间相互关系的一门科学，也是微生物学的一个重要分支。它是一门综合性的学科，融合了普通微生物学、工业微生物学、医学微生物学、农业微生物学和食品有关的部分，同时又渗透了生物化学、机械学和化学工程学的相关内容。食品微生物学是食品科学与工程学专业的专业基础课，学习这门课程的目的是打下牢固的微生物学基础和掌握熟练的食品微生物学技能。

食品微生物学研究的内容包括：与食品有关的微生物的活动规律；利用有益微生物为人类制造食品；如何控制有害微生物，防止食品发生腐败变质；检测食品中微生物的方法，制定食品中微生物的评价指标，从而为判断食品的卫生质量提供科学依据。

二、食品微生物学的研究任务

微生物在自然界广泛存在，在食品原料和大多数食品上都存在微生物。但是，不同的食品或在不同的条件下，其微生物的种类、数量和作用也不相同。食品微生物学研究的内容包括与食品有关的微生物的特征、微生物与食品的相互关系及其生态条件等，所以从事食品科学的人员应该了解微生物与食品的关系。一般来说，微生物既可在食品制造中起有益作用，又可通过食品给人类带来危害。

1. 有益微生物在食品制造中的应用

早在古代，人们就采食野生菌类，利用微生物酿酒、制酱，但当时并不知道微生物的作用。随着对微生物与食品关系的认识日益深刻，微生物的种类及其机理得到逐步阐明，从而逐步扩大了微生物在食品制造中的应用范围。概括起来，微生物在食品中的应用有三种方式：①微生物菌体的应用。食用菌就是受人们欢迎的食品；人们在食用酸牛乳和酸菜时也食用了大量的乳酸菌；单细胞蛋白就是从微生物中所获得的蛋白质。②微生物代谢产物的应用。有些食品是经过微生物发酵作用的代谢产物，如酒类、食醋、氨基酸、有机酸、维生素等。③微生物酶的应用。例如，腐乳、酱油及酱类就是利用微生物产生的酶将原料中的成分分解而制成的食品。微生物酶制剂在食品及其他工业中的应用日益增多。

我国幅员辽阔，微生物资源丰富。开发微生物资源，并利用生物工程手段改造微生物菌种，使其更好地发挥有益作用，为人类提供更多更好的食品，是食品微生物学的重要任务之一。

2. 有害微生物对食品的危害及防治

微生物对食品的危害主要是引起食品的腐败变质，从而使食品的营养价值降低或完全丧失。有的微生物是使人类致病的病原菌，有的微生物可产生毒素。如果人们食用含有大量病原菌或含有毒素的食物，则可引起食物中毒，影响人体健康，甚至危及生命。所以，食品微生物学工作者应该设法控制或消除微生物对人类的这些有害作用，采用现代的检测手段，对食品中的微生物进行检测，以保证食品安全，这也是食品微生物学的任务之一。

总之，食品微生物学的任务在于，为人类提供既有益于健康、营养丰富，又保证生命安全的食品。

本章小结

微生物种类繁多、分布广泛、生长繁殖快、代谢能力强、遗传稳定性差、容易发生变异。微生物学已形成了基础微生物学和应用微生物学两个分支学科。微生物学经过了史前时期人类对微生物的认识与利用、微生物形态学发展阶段、微生物生理学发展阶段、微生物分子生物学发展阶段四个阶段。食品微生物学研究包括与食品有关的微生物的活动规律，如何利用有益微生物为人类制造食品，控制有害微生物，防止食品发生腐败变质等内容。

复习思考题

1．什么是微生物？什么是食品微生物学？

2．食品微生物学研究的重点任务包括哪些方面？

3．试说出微生物在人类生活中的作用。

第二章　原核微生物

> ☞ **知识目标**　1. 了解食品中常见的细菌和放线菌的主要类群及与人类的关系。
> 　　　　　　　2. 熟悉蓝细菌、支原体、衣原体、螺旋体和立克次氏体的形态结构、繁殖方式及与人类的关系。
> 　　　　　　　3. 掌握细菌和放线菌的形态结构、繁殖方式及菌落特征。
>
> ☞ **技能目标**　1. 能对细菌进行革兰氏染色。
> 　　　　　　　2. 能正确操作显微镜观察微生物。

原核微生物是指一大类细胞核无核膜包裹，只存在称作核区的裸露 DNA 的原始单细胞生物。原核微生物类群主要包括细菌、放线菌、蓝细菌、支原体、衣原体、螺旋体和立克次氏体。

第一节　细　菌

细菌是一类个体微小、形态结构简单的单细胞原核微生物。在人体的内外部和生活环境中，有大量的微生物集聚着。在自然界中，细菌分布最广、数量最多，它几乎可以在地球上的各种环境中生存。细菌也对人类的生活产生了很深的影响，如各种氨基酸、核苷酸、酶制剂、丙酮、丁醇、有机酸和抗生素等的发酵生产，各种菌苗、类毒素、血浆代用品、微生态制剂和医用酶类的生产等；还有给人类带来痛苦的病原菌，有的致病菌产生毒素可引起寄主患病，在灭菌不彻底的罐头中厌氧生长的肉毒杆菌可以产生剧毒的肉毒毒素；有的不产生毒素，如肺炎链球菌能在肺组织中大量繁殖，从而引起肺功能障碍，严重时可导致寄主死亡。

一、细菌的形态和大小

（一）细菌的形态

细菌的种类多样，但形态却极其简单，有 3 种基本形态，分别为球状、杆状、螺旋状，如图 2-1 所示。还有少数的细菌呈梨形、星形、方形和三角形。

1. 球菌

球状的细菌称为球菌，其菌体呈球形或近似球形。根据细胞分裂的方向及分裂后各子细胞的空间排列状态不同，可将球菌分为以下几种。

（1）单球菌，细胞在一个平面上分裂，且分裂后的细胞分散而单独存在，如尿素小球菌。

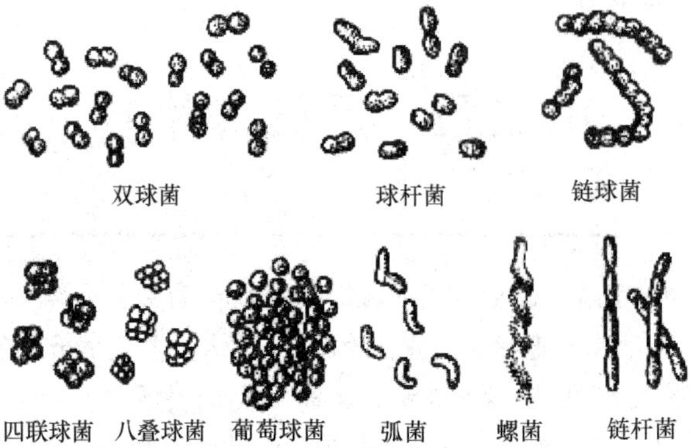

图 2-1　细菌的形态模式图

（2）双球菌，细胞在一个平面上分裂，分裂后两个球菌成对排列为双球菌，如肺炎双球菌。

（3）链球菌，细胞分裂是沿一个平面进行的，分裂后细胞排列成链状，如乳链球菌。

（4）四联球菌，细胞分裂是沿两个相垂直的平面进行的，分裂后每 4 个细胞在一起呈田字形，如四联微球菌。

（5）八叠球菌，细胞按 3 个互相垂直的平面进行分裂后，每 8 个球菌在一起成立方体形，如藤黄八叠球菌。

（6）葡萄球菌，细胞分裂面不规则，多个球菌聚在一起，像一串串葡萄，如金黄色葡萄球菌。

2. 杆菌

杆状的细菌称为杆菌，是细菌中种类最多的类型。因菌种不同，其菌体细胞的长短、粗细等都有所差异。杆菌的形态有短杆状、长杆状、棒杆状、梭状、梭杆状、月亮状、分枝状、竹节状等，按杆菌细胞的排列方式则有链状、栅状、八字状及有鞘衣的丝状等。一般情况下，同一种杆菌的宽度比较稳定，但它的长度常随培养时间、培养条件的不同而有较大的变化。

常见的杆菌有大肠杆菌、枯草芽孢杆菌、北京棒杆菌。

3. 螺旋菌

螺旋状的细菌称为螺旋菌，根据其弯曲情况分为弧菌和螺菌。

（1）弧菌，螺旋不满一圈，菌体呈弧形或逗号形，如霍乱弧菌、逗号弧菌。

（2）螺菌，螺旋满 2～6 环，螺旋状，如干酪螺菌。

细菌中还有有柄细菌、肾形菌、臂微菌、网格硫细菌、贝日阿托氏菌（丝状）、子实体的黏细菌、三角形菌、方形菌等特殊形态的细菌。

在正常生长条件下，不同种的细菌，其形态是相对稳定的，但如果培养时间、温度、pH 值及培养基的组成与浓度等环境条件发生改变，就有可能引起细菌形态的改变。即使在同一培养基中，细胞也常出现不同大小的球状、长短不一的杆状及不规则的多边形态。有的细菌具有一定的生活周期，在不同的生长阶段表现出不同的形态。一般在幼龄阶段或生长条件适宜时，细菌形态正常，表现出自身特定的形态，在较老的菌龄或不正常的培养条件下，细菌常出现不正常的形态。

（二）细菌细胞的大小

细菌的个体通常很小，一般用微米（μm）作为测量单位，如大肠杆菌，它的细胞平均长度约 2μm，宽度约 0.5μm。球菌的大小以直径表示，多数球菌的直径为 0.5～2.0μm。杆菌的大小以宽×长表示，多数杆菌的大小为（0.5～1.0）μm×（1～5）μm。螺旋菌的大小以宽×长表示，多数螺旋菌的大小为（0.25～1.70）μm×（2～60）μm，不过螺旋菌的长度是菌体两端点间的距离，而不是真正的长度，它的真正长度应按其螺旋的直径和圈数来计算。

一般细菌的直径通常在 1μm 以上，而 1988 年芬兰科学家 Kajander 发现了一种能引起尿结石的纳米细菌，其细胞直径最小仅为 50nm，是目前已知最小的具有细胞壁的细菌。迄今为止，个体最大的细菌则是 1999 年德国科学家 Schulz 等在纳米比亚海岸的海底沉积物中发现的一种硫细菌，其直径一般为 0.1～0.3mm，但有些可达 0.75mm，肉眼清晰可见。

值得注意的是，细菌的大小与细菌的固定和染色方法及培养时间等因素有关。经干燥固定的菌体比活菌体的长度一般要短 1/4～1/3；用衬托菌体的负染色法染色，其菌体往往大于普通染色法，有的甚至比活菌体还要大，有荚膜的细菌最容易出现此情况。影响细菌形态的因素也同样影响细菌的大小，如培养 4h 的枯草芽孢杆菌比培养 24h 的长 5～7 倍，但宽度变化不明显。细菌大小随菌龄而变化，这可能与代谢废物积累有关。

二、细菌细胞的结构及其功能

细菌细胞的结构包括一般结构和特殊结构。一般结构是一般细菌具有的结构，包括细胞壁、细胞膜、细胞质和核区等。而特殊结构是部分细菌才有的或在特殊环境条件下才形成的构造，主要是糖被（包括微荚膜、荚膜和黏液层）、芽孢、鞭毛、菌毛和性菌毛等，如图 2-2 所示。

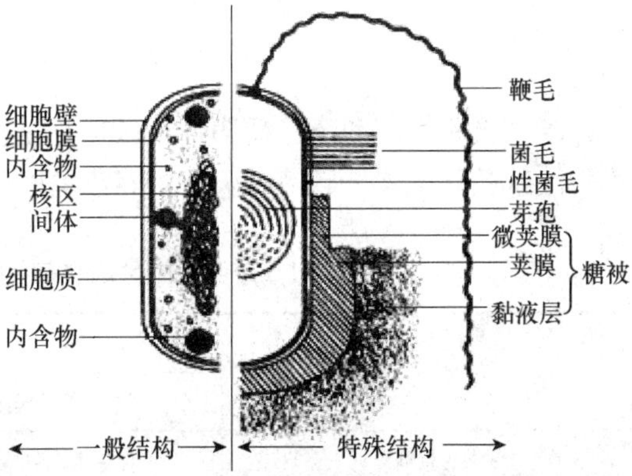

图 2-2　细菌细胞的结构模式图

（一）细菌细胞的一般结构

1. 细胞壁

细胞壁是位于细胞最外面的一层厚实、坚韧且略具弹性的外被，主要成分为肽聚糖，它可以固定细胞形状，赋予细胞一定的强度。细胞壁的主要功能是保护细胞免受机械损伤和维持细胞形状，阻拦有害物质（某些抗生素、水解酶和染料）进入细胞；为细胞的生长、分裂和鞭毛的着生、运动等所必需；赋予细胞特定的抗原性、致病性和对抗生素和噬菌体的敏感性。

细菌由于其形态微小，形体透明，故一般要经过染色才能在显微镜下观察。1884年，丹麦医生 C.Gram 创建了革兰氏染色法，可通过染色把大多数的细菌区分为两大类，一类被染成紫色，称为革兰氏阳性菌（G^+）；另一类被染成红色，称为革兰氏阴性菌（G^-），这是因为它们不同的细胞壁结构导致的。

革兰氏阳性菌的细胞壁结构（图 2-3）：革兰氏阳性菌的细胞壁一般厚度较大，为20～80nm，但是结构简单，包括了肽聚糖和磷壁酸。其中肽聚糖含量高，一般占细胞壁干重的 40%～90%，且网状结构致密，一般包括肽和聚糖两部分。肽包括四肽尾和肽桥两种。聚糖是由 *N*-乙酰葡糖胺和 *N*-乙酰胞壁酸两种单糖相互间隔连接成的长链，它们形成网格状分子并交织成一个致密的网套覆盖在整个细胞上。

革兰氏阴性菌的细胞壁结构（图 2-3）：革兰氏阴性菌的细胞壁厚度较革兰氏阳性菌的薄，但层次较多，成分较复杂，包括最外层的外膜层和肽聚糖层。外膜层是革兰氏阴性菌细胞壁所特有的结构，化学成分主要为脂多糖、脂蛋白和磷脂。革兰氏阴性菌肽聚糖单体结构与革兰氏阳性菌基本相同，只是四肽尾的氨基酸不同和没有特殊的肽桥。

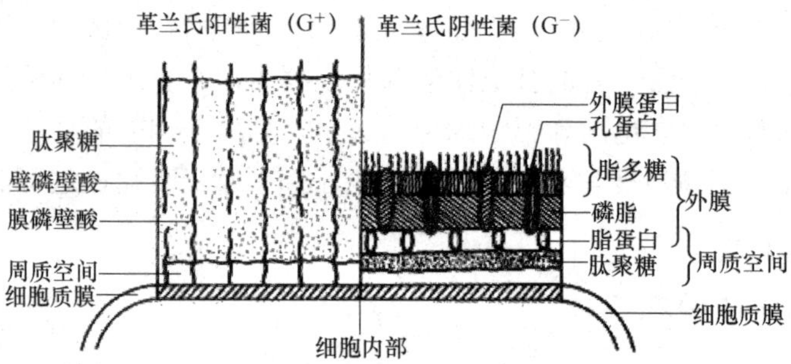

图 2-3　革兰氏阳性菌和革兰氏阴性菌细胞壁结构的比较

革兰氏阳性菌和革兰氏阴性菌细胞壁成分的比较见表 2-1。革兰氏染色的过程为：草酸铵结晶紫初染→碘液媒染→95%乙醇脱色→番红等红色染料复染。

表 2-1　革兰氏阳性菌和革兰氏阴性菌细胞壁成分的比较

成分	占细胞壁干重的比例	
	革兰氏阳性菌	革兰氏阴性菌
肽聚糖	含量很高（30%～95%）	含量很低（5%～20%）
磷壁酸	含量很高（<50%）	无
类脂质	一般无（<2%）	含量较高（约 20%）
蛋白质	无	含量较高

革兰氏染色的机理：通过结晶紫液初染和碘液媒染后，在细菌的细胞膜内可形成不溶于水的结晶紫与碘的复合物。革兰氏阳性菌由于其细胞壁较厚，肽聚糖网层次多和交联致密，并且不含类脂，用脱色剂乙醇处理时，脱水导致网孔缩小，细胞壁的通透性降低，细胞内的结晶紫与碘的复合物就不被洗脱而停留在细胞内，当用番红等红色染料复染时，由于红色被紫色覆盖，导致最终菌体呈现紫色。革兰氏阴性菌细胞壁肽聚糖层薄且网格结构疏松，脂类含量高，当用脱色剂乙醇处理时，脂类物质溶解，细胞壁通透性增大，使结晶紫与碘的复合物被洗脱出来，当用红色染料复染时，菌体最终呈现红色。

2. 细胞膜

细胞膜又称细胞质膜、内膜或原生质膜，是一层紧贴在细胞壁内侧，包围细胞质的柔软并且富有弹性的半透性薄膜，厚度一般为 7～8nm。其基本结构为磷脂双分子层，其中镶嵌着具有运输作用的整合蛋白，而在磷脂双分子层的外侧则存在具有酶促作用的周边蛋白。

细胞膜是具有高度选择性的半透膜，上面含有丰富的酶系和多种膜蛋白，具有重要的生理功能：选择性地控制细胞内外的营养物质和代谢产物的进出，维持正常的渗透压；是合成细胞壁的各种组分和糖被有关成分的场所；膜上含有大量能量代谢有关的酶类，是细胞的产能基地；是鞭毛基体的着生部位，可以提供鞭毛旋转运动所需的能量。

3. 细胞质

细胞质是被细胞膜包围的除核区以外的一切半透明、胶体状、颗粒状物质的总称。细胞质中含有许多酶系，是细菌新陈代谢的主要场所。细菌细胞质中无真核细胞的细胞器，并且其细胞质是不流动的。细菌细胞质的主要成分为核糖体、储藏物、酶类、中间代谢物、质粒、各种营养物质和大分子的单体等，少数细菌还含类囊体、羧酶体、气泡或伴孢晶体等有特殊功能的细胞组分。

（1）核糖体。它主要由蛋白质（40%）和 RNA（60%）构成。存在于原核生物细胞中的核糖体其沉降系数为 70S，由 50S 的大亚基和 30S 的小亚基组成。核糖体是合成蛋白质的场所。

（2）储藏物。它是一类由不同化学成分累积而成的不溶性的沉淀颗粒，主要功能为储藏营养物质，如糖原、硫粒、聚 β-羟丁酸（PHB）、异染粒、藻青素、藻青蛋白等。这些颗粒通常较大，并为单层膜所包围，经过适当染色可在光学显微镜下清晰地观察到。它们在营养物质过剩时积累，在营养物质贫乏时动用，通常一种细菌只储存一种储藏物，但也有例外。

（3）羧酶体。羧酶体又称羧化体，是存在于一些自养细菌中的多角形或六角形内含物，在自养细菌的 CO_2 固定中起关键的作用。

（4）气泡。气泡存在于许多光合营养型、无鞭毛运动的水生细菌中，它具有调节细胞相对密度的作用，从而使细胞漂浮在最适水层中，从而获取光能、氧和营养物质。气泡一般为中空但坚硬的纺锤形结构，长度可变，但一般直径恒定。每个细胞中的气泡数目可有几个到几百个。

4. 核区

细菌无真正的细胞核，只在菌体中央有一个由大部分遗传物质组成的核区，无核膜和核仁。核区呈球形、棒状或哑铃形，但不与细胞质混合。生长迅速的细菌在核分裂之后细胞往往来不及分裂，所以细胞中常有 2～4 个核区，而生长缓慢的细菌细胞中一般只有 1～2 个核区，所以核区的数目与该细菌的生长速度密切相关。核区是细菌等原核生物承载遗传信息的主要物质基础。

（二）细菌细胞的特殊结构

1. 糖被

有些细菌在细胞壁上会分泌一厚度不定的富含水分的多糖黏胶外层，这类外层不易着色，但用负染色法在光学显微镜下可见。糖被的有无、厚薄，除与菌种的遗传性相关外，还与环境尤其是营养条件密切相关。糖被按其有无固定层次、层的厚薄又可细分为荚膜、微荚膜、黏液层、菌胶团等。

糖被若包裹在单个细胞上，并且在细胞壁上有固定层次，较厚的层称为荚膜，较薄的层称为微荚膜，在细胞壁上不能形成固定层次、呈松散的无明显边缘的称为黏液层。若糖被包裹在细胞群上，则称为菌胶团。

糖被的成分一般是多糖，少数是蛋白质或多肽，即多糖与多肽复合型。糖被的主要功能如下。

（1）保护作用。糖被可保护菌体免受干旱损伤，防止噬菌体的吸附和裂解。致病菌的糖被还可保护它们免受宿主白细胞的吞噬。

（2）储藏养料。营养缺乏时糖被可作为细胞的营养物质被重新利用。

（3）作为透性屏障。糖被可保护细胞免受重金属离子的毒害。

（4）表面附着作用。例如，可引起龋齿的唾液链球菌就利用其荚膜附着于牙齿表面，细菌发酵糖类产生的乳酸在局部累积，严重腐蚀牙齿表面从而引起龋齿。

（5）堆积代谢废物。

糖被在食品和药品工业中也有广泛的用途，如野油菜黄单胞菌的糖被中可提取黄原胶，作为乳化剂、稳定剂、凝胶增稠剂、浸润剂、膜成型剂等；肠膜明串珠菌的糖被可提取葡聚糖来生产“代血浆”和制备生化试剂；形成菌胶团的细菌，有助于污水中有害物质的吸附和沉降。同时，糖被也带来一定的危害，产糖被细菌可造成面包、牛乳、酒类和饮料等食品的黏性变质，还可使糖液变得黏稠而难以过滤，造成制糖工业的产量下降。

2. 芽孢

某些细菌在生长发育后期，细胞内会形成一个圆形或椭圆形、厚壁、含水量低、抗逆性强的休眠构造，称为芽孢。芽孢并无繁殖功能。

芽孢具有极强的抗热、抗化学药物、抗辐射和抗静水压等特性。例如，肉毒杆菌的芽孢在沸水中要经 5.0～9.5h 才能被杀死，而一般细菌的营养细胞在 70～80℃时 10min

就死亡；在 5%苯酚溶液中一般细菌的营养细胞很快死亡，而芽孢却能存活 15d；巨大芽孢杆菌芽孢的抗辐射能力比大肠杆菌要强 36 倍。因此，在微生物实验室或工业发酵中常以是否杀死芽孢作为杀菌指标。

芽孢的休眠能力更是惊人，在常规条件下，芽孢一般可保持几年至几十年不死亡。有的芽孢甚至可以休眠数百至数千年，Cano 等在琥珀内的蜜蜂肠道中发现了休眠 2500 万～4000 万年的一种球形芽孢杆菌的芽孢，至今还保存着生命活力。

一般能产芽孢的细菌种类很少，主要是革兰氏阳性杆菌——好氧的芽孢杆菌属和厌氧的梭菌属。

芽孢极强的休眠特性和抗性是由芽孢的结构决定的。芽孢的结构主要由孢外壁、芽孢衣、皮层和核心组成，如图 2-4 所示。孢外壁：厚而致密，主要成分为脂蛋白，通透性差，不易着色。芽孢衣：含疏水性角蛋白，抗酶解、抗药物，多价阳离子难通过。皮层：主要含芽孢肽聚糖、DPA-Ca（吡啶二羧酸钙），皮层体积大、渗透压高、含水量大。芽孢核心：主要包括芽孢壁、芽孢膜、芽孢质和芽孢核区。芽孢壁：含肽聚糖，可发展成新细胞壁。芽孢膜：含磷酸、蛋白质，可发展成新细胞的膜。芽孢质：含 DPA-Ca、核糖体、RNA、酶。芽孢核区：含遗传物质 DNA。

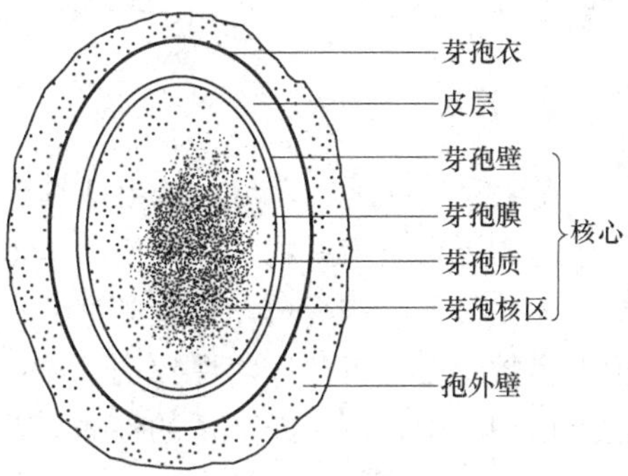

图 2-4　细菌芽孢的结构模式图

芽孢的耐热机制与其高浓度的 DPA-Ca 及含水量极低有关，芽孢中的 DPA 与 Ca^{2+}螯合形成一种耐热的凝胶样结构的物质，具有异常的耐热性。渗透皮层膨胀学说较为综合地阐述了芽孢的耐热机制：芽孢衣对多价阳离子和水分的透性很差，而皮层的离子强度很高，导致外部的水分无法进入皮层，皮层只能从芽孢核心夺取水分来降低自己的渗透压，这就导致芽孢核心的高度失水和皮层的高度膨胀，芽孢核心极低的含水量导致其具有极强的耐热性。

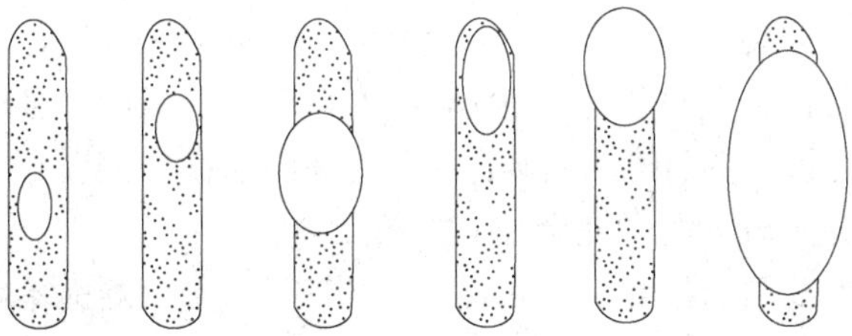
图 2-5　不同菌种芽孢的形状、位置和大小示意图

芽孢的形状、位置和大小因菌种而异（图 2-5），是细菌分类的依据之一，如枯草芽孢杆菌等芽孢杆菌的芽孢多数位于细胞中央或近中央，直径不大于菌体宽度。而破伤风梭菌等的芽孢则多数位于细胞一端，且其直径通常大于菌体宽度，呈鼓槌状。

产芽孢细菌通常在必需的养料（碳源和/或氮源）耗尽而停止生长（过了对数期转入稳定期）时形成芽孢。各种产芽孢细菌都有其形成芽孢的最适条件，包括 pH 值、供氧情况、温度、营养、培养基中的离子浓度和种类等。

3. 鞭毛

鞭毛是某些菌体表面着生的一根或数根长丝状、波曲的蛋白质附属物，它具有运动功能。鞭毛直径为 0.01～0.02μm，长 15～20μm，最长可达 70μm，是菌体的数倍到数十倍。鞭毛非常纤细，一般只能用电子显微镜进行观察，但经过特殊的鞭毛染色后在光学显微镜下也能看到。一般可通过琼脂培养基平板上的菌落形态或在半固体直立柱穿刺线上群体扩散的情况，来推测菌体是否长有鞭毛。

大多数球菌一般没有鞭毛，只有个别属有鞭毛，杆菌有的生鞭毛，有的不生鞭毛，螺旋菌都有鞭毛，不同细菌的鞭毛数目和着生位置不同。

鞭毛的化学成分主要是蛋白质、少量多糖、脂类和核酸。鞭毛的结构由鞭毛基体、鞭毛钩和鞭毛丝组成。鞭毛的功能主要是运动，其运动方式是旋转式，运动速度极高，一般为 20～80μm/s，最高时可达 100μm/s，有的螺旋菌的鞭毛每秒可转 40 周，已超过一般电动机的转速。

4. 菌毛

菌毛又称纤毛、伞毛、线毛或须毛，是一种长在细菌体表的纤细、中空、短直且数量较多的蛋白质附属物，具有使菌体附着于物体表面的功能，一般不具有运动功能。菌毛一般比鞭毛结构简单，数量多且细，直径一般为 3～10nm，每菌一般有 250～300 条。菌毛多数存在于革兰氏阴性致病菌中，如淋病奈瑟球菌的菌毛就黏附于人体泌尿生殖道的上皮细胞中，可引起严重的性病。

5. 性菌毛

性菌毛的构造和成分与菌毛相同，但比菌毛长，数目一般仅有一至少数几根，呈中空管状。它一般存在于革兰氏阴性菌的雄性菌株中，功能是向雌性菌株传递遗传信息，有的还是噬菌体的特异性受体。

三、细菌的繁殖与菌落形态特征

1. 细菌的繁殖

细菌最普遍、最主要的繁殖方式是二分裂繁殖。其主要过程为细菌 DNA 先复制，接着形成横隔膜，最后子细胞分裂。详细的分裂过程为：DNA 复制，分开形成两个独立的核区，质膜收缩凹陷；细胞壁向内生长，将凹陷的质膜分成两层，细胞壁横隔膜分成两层，成为两个相连的子细胞；最后分开成为两个完全独立的新个体。

少数细菌以其他方式进行繁殖，如柄细菌的不等二分裂，暗网菌的三分裂，蛭弧菌的复分裂，生丝微菌的出芽繁殖等。

2．细菌的菌落形态特征

单个微小的细菌是肉眼看不到的，但当在固体培养基上或培养基内生长繁殖时，以母细胞为中心形成肉眼可见的，有一定形态、构造等特征的子细胞集团，称为菌落。当一个固体培养基表面大量菌落相互连成一片，即为菌苔。

细菌的菌落一般湿润、较光滑、较透明、较黏稠、易挑取、质地均匀，菌落正反面或边缘与中央部分的颜色一致，一般有臭味，这是细菌菌落的共同特征。但是某一细菌在一定条件下形成的菌落具有自己的特征，并有一定的稳定性，可作为菌种鉴定的依据。无鞭毛、不能运动的细菌，常形成较小、较厚、边缘较整齐的菌落。有鞭毛的细菌菌落则较大而扁平，边缘呈波状、锯齿状等。有糖被的细菌菌落较大且表面光滑。有芽孢的细菌菌落粗糙、不透明且表面多褶。

细菌在半固体培养基上生长，会出现许多特有的培养性状。若用半固体明胶培养基进行穿刺接种，则可根据明胶柱液化层中呈现的不同形状判断某细菌是否有蛋白酶产生和其他特征；若用半固体琼脂培养基，则从直立柱表面和穿刺线上细菌群体的生长状态和扩散现象判断该菌的运动能力和其他特性。

细菌在液体培养基中不能形成菌落，但使培养液浑浊或在液体表面形成菌膜，或产生沉淀。

四、食品中常见的细菌

在日常生活中，食品经常受到细菌的污染，从而使食品腐败变质；有些对人有益的细菌可以用来生产食品或药品。

（一）革兰氏阳性菌

1. 李斯特菌属

李斯特菌属（*Listeria*）为革兰氏阳性短杆菌，无芽孢，一般不形成荚膜，周生鞭毛；在低温下可生长，故在冷藏食品中可发现；是人畜共患的李斯特菌病的病原菌，可引起人的脑膜炎、败血症、肺炎等；在食品中常见的是单核细胞增生李斯特菌。

2. 乳杆菌属

乳杆菌属（*Lactobacillus*）菌体单个或呈链状排列，一般为长杆状或短杆状，不运动或极少运动，厌氧或兼性厌氧，分解糖的能力很强，能发酵糖类产生乳酸；在 pH 值为 3.3～4.5 条件下，仍能生存；可从牛乳、乳制品和植物产品中分离出来；常被用作生产乳酸、干酪、酸乳等乳制品的发酵菌剂。

乳杆菌是许多恒温动物，包括人类口腔、胃肠和阴道的正常菌群，很少致病。德式乳杆菌常用于生产乳酸及乳酸发酵食品；保加利亚乳杆菌、嗜酸乳杆菌等常用于发酵饮料工业。

3. 明串珠菌属

明串珠菌属（*Leuconostoc*）菌体呈圆形或卵圆形，呈链状排列，为革兰氏阳性菌，分布较广，常在牛乳、蔬菜、水果上发现。肠膜明串珠菌能利用蔗糖合成大量荚膜物质——葡萄糖，已被用来生产右旋糖酐，作为血浆代用品的主要成分。但是，明串珠菌常造成食品的污染，如牛乳的变黏及在制糖工业中增加了糖液黏度，影响过滤而延长了加工时间，降低了产量。

4. 双歧杆菌属

双歧杆菌属（*Bifidobacterium*）菌体细胞形态多样，长细胞略弯或有突起，或有不同分支，或有分叉，呈 Y 字形、V 字形，棒状、勺状；不同菌体形态不同，专性厌氧。双歧杆菌具有降低肠道 pH 值、抑制腐败细菌滋生、分解致癌前体物、抗肿瘤细胞增殖、提高机体免疫力等多种对人体健康有益的生理功能。目前市场上的发酵乳制品及一些保健饮料中常常加入双歧杆菌，以提高产品的保健效果。

5. 芽孢杆菌属

芽孢杆菌属（*Bacillus*）菌体细胞呈杆状，端部钝圆或平齐，单个、成对或短链状；大小一般为（0.3～2.2）μm×（1.2～7.0）μm，端生或周生鞭毛，运动或不运动，为革兰氏阳性菌，好氧或兼性厌氧，可产芽孢；在自然界中广泛分布，在土壤、水中尤为常见。该菌产生的芽孢对热具有一定的抗性。因此，该菌是食品工业中经常遇到的污染菌。例如，蜡状芽孢杆菌是工业发酵生产中常见的污染菌，同时也可引起食品中毒。地衣芽孢杆菌属可用于生产碱性蛋白酶、甘露聚糖酶和杆菌肽。炭疽芽孢杆菌是毒性很强的病原菌，能引起人畜共患的烈性传染病——炭疽病。

6. 链球菌属

链球菌属（*Streptococcus*）菌体呈球形或卵圆形，直径为 0.5～1.0μm，呈短链或长链状排列，无鞭毛，不能运动，为兼性厌氧菌，广泛分布于水域、尘埃及人畜粪便与人的鼻咽部等处。该属中有些是有益菌，如乳链球菌常用于乳制品发酵工业及我国传统食品工业中；有些是乳制品和肉食中的常见污染菌；有些是动物的正常菌群，但也有些是人类或牲畜的病原菌，如酿脓链球菌可从人体内有炎症的地方或渗出物中分离出，使机体发热的原因是溶血性的链球菌。乳房链球菌、无乳链球菌是牛乳房炎的常见病原菌。

7. 棒状杆菌属

棒状杆菌属（*Corynebacterium*）菌体为杆状，常呈一端膨大的棒状；多数无鞭毛，不运动，无芽孢；少数植物病原菌能运动；细胞分裂成“八”字形或栅状排列；多数为兼性厌氧菌，少数为好氧菌。

棒状杆菌属广泛分布在自然界中，腐生型的棒状杆菌常生存于土壤、水体中，如产谷氨酸的北京棒状杆菌。寄生型的棒状杆菌可引起人、动植物的病害，如引起人类白喉病的白喉棒状杆菌及造成马铃薯环腐病的环腐棒状杆菌等。

（二）革兰氏阴性菌

1. 埃希氏菌属和肠杆菌属

埃希氏菌属（*Escherichia*）和肠杆菌属（*Enterobacter*）均属于大肠菌群，细胞呈杆状，大小一般为（0.4～0.7）μm×（1.0～4.0）μm，通常单个出现，周生鞭毛，可运动或不运动，好氧或兼性厌氧，化能有机型。这两个属的细菌是食品中重要的腐生菌，存在于人类及牲畜的肠道中，在水和土壤中也极为常见。大肠埃希氏菌在合适条件下可使牛乳及乳制品腐败，产生一种不洁净或粪便气味。

2. 醋酸杆菌属

醋酸杆菌属（*Acetobacter*）分布广泛，一般可从腐败的水果、蔬菜和变酸的酒类、果汁等食品中分离出醋酸杆菌。该属细胞呈椭圆形、杆状、直或稍弯曲，大小为（0.6～0.8）μm×（1.0～4.0）μm，单个、成对或成串排列；不产芽孢，需氧，属化能有机营养型，对热抵抗力较弱，在 60℃下 10min 便可死亡。该属菌有很强的氧化能力，在中性或酸性（pH 值 4.5）时可将乙醇氧化成乙酸。醋酸杆菌是制醋、葡萄糖酸和维生素 C 的重要生产菌株，在日常生活中常危害水果与蔬菜，可使酒、果汁变酸。

3. 假单胞杆菌属

假单胞杆菌属（*Pseudomonas*）呈直杆或弯杆状，大小一般为（0.5～1）μm×（1.5～4.0）μm，极生鞭毛，可运动，不产芽孢，属化能有机营养型，需氧，在自然界中分布广泛。该属中有的菌株具有很强的分解脂肪和蛋白质的能力。该属菌污染食品后，可产生水溶性色素、异味和黏液，使食品变质。很多菌在低温下能很好地生长，所以其在冷藏食品的腐败变质中起重要作用。例如，荧光假单胞菌在低温下可使肉、牛乳及乳制品腐败；菠萝假单胞菌可使菠萝果实腐烂，被侵害的组织变黑并枯萎。但多数假单胞菌能在农业、工业、污水处理、清除环境污染中发挥重要作用。

4. 黄色杆菌属

黄色杆菌属（*Flavobacterium*）细胞呈直杆或弯曲状，大小一般为（0.2～2.0）μm×（0.5～6.0）μm，通常极生鞭毛，可运动，大多来源于水和土壤；属有机营养型，好氧或兼性厌氧。菌落可产生黄色或褐色等多种非水溶性色素，分解蛋白质的能力很强；可产生热稳定的胞外酶，引起低温下牛乳及乳制品酸败；同样也会引起其他食品如鱼、禽类、蛋等腐败变质。

5. 沙门氏菌属

沙门氏菌属（*Salmonella*）为无芽孢杆菌，不产荚膜，通常可运动，周生鞭毛，也有无鞭毛的变种。该属菌常污染鱼、肉、禽、蛋、乳等食品，特别是肉类，是人类主要的肠道致病菌。误食被该菌污染的食品，可引起肠道传染病或食物中毒。

6. 无色杆菌属

无色杆菌属（*Achromobacter*）通常分布在水和土壤中，有鞭毛，能运动；多数能分解葡萄糖和其他糖类，产酸而不产氧，能使禽、肉和海产品变质、变黏。

7. 产碱杆菌属

产碱杆菌属（*Alcaligenes*）的细菌不能分解糖类而产酸，能产生灰黄色、棕黄色或黄色色素；分布极广，存在于水、土壤、饲料和人畜的肠道中；能使乳制品及其他动物性食品产生黏性而变质，能在培养基上产碱。

第二节　放　线　菌

放线菌（actinomycetes）因菌落呈放射状而得名，其菌丝呈丝状分枝结构，是以孢子繁殖的革兰氏染色阳性的原核生物。放线菌主要存在于含水量低、有机质较丰富和呈微碱性的土壤中。泥土所特有的泥腥味，主要由放线菌产生的土腥味素引起。

大多数放线菌是对人类健康有利的有益菌，可以产生抗生素、抗癌剂、酶抑制剂、抗寄生虫剂、免疫抑制剂和农用杀虫剂等，同时放线菌还是许多酶、维生素等的产生菌。在农业上，放线菌对非豆科植物的共生固氮具有重大作用。在环保上，放线菌具有极强的分解纤维素、石蜡、角蛋白、琼脂和橡胶等的能力，并且在石油脱蜡和污水处理中也有重要应用。只有极少数放线菌能引起人和动植物的病害。

一、放线菌的形态特征

放线菌的种类很多，形态、构造和生理、生态类型多样，现以典型的丝状放线菌——链霉菌来说明放线菌的一般形态结构。

链霉菌细胞呈丝状分枝，菌丝直径为0.5～1.0μm，与细菌相似，在营养生长阶段，菌丝无隔膜，呈多核的单细胞状态。菌丝根据形态和功能分为以下三类，如图2-6所示。

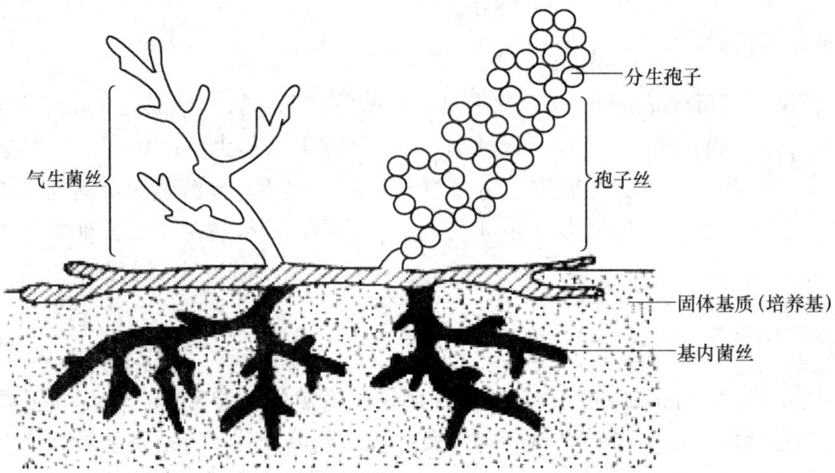

图2-6　链霉菌的形态、结构模式图

1. 基内菌丝

基内菌丝是放线菌的孢子在萌发后，伸入培养基内吸收营养物质和排泄废物的菌丝，一般菌丝无隔膜，直径通常为0.5～1.0μm，可以产生各种水溶性、脂肪性色素，使培养基着色。

2. 气生菌丝

由基内菌丝长出培养基外，伸向空间的菌丝为气生菌丝。它较基内菌丝粗，可分化成孢子丝。

3. 孢子丝

当气生菌丝生长发育到一定阶段，在其上分化出可形成孢子的菌丝，即孢子丝。孢子丝的排列方式因不同菌种而不同，有直形、波浪弯曲形或螺旋状；孢子丝的着生方式有交替生、丛生、轮生，这些特征是分类上的依据。孢子丝的功能是形成孢子，起繁殖作用。孢子的形态多样，有球状、椭圆状、杆状、圆柱状、瓜子状、梭状和半月状等，孢子的颜色也十分丰富，且与其表面纹饰相关。链霉菌所产色素、孢子丝的形态和排列、分生孢子的形状及表面纹饰都由其遗传性决定，是其分类鉴定的主要形态依据。

二、放线菌的繁殖方式

大多数放线菌是通过产生各种孢子进行繁殖的，并且主要是通过横隔分裂方式分裂的，一种是通过细胞膜先内陷，再由外向内逐渐收缩，形成横隔膜；另一种是细胞壁和细胞膜同时内陷，再逐步向内收缩，最终使孢子丝分裂成一串分生孢子。也有少数种类以基内菌丝断裂方式进行繁殖。在液体培养时，放线菌很少形成孢子，其各种菌丝片段都有繁殖功能。

三、放线菌的菌落特征

多数放线菌有菌丝的分化，而且能够产生干粉状的孢子，菌丝间无毛细管水存积，因此放线菌在固体培养基上的菌落特征一般为干燥、不透明，表面呈致密的丝绒状，有一层彩色的干粉，菌落正反面颜色不一致，并且不易挑取。菌落没有霉菌菌落那么大和疏松。

放线菌在液体培养基中生长时，在液面上部与瓶壁交界处有一圈菌苔，培养液清而不混，其中悬浮着许多珠状菌丝团，一些大型菌丝团沉在瓶子底部。

四、放线菌的常见类群

1. 诺卡氏菌属

诺卡氏菌属（*Nocardia*）一般在固体培养基上生长时，只有基内菌丝，多数无气生菌丝，一般靠基内菌丝断裂进行繁殖。有些种能产生抗生素，如抗结核杆菌、麻风杆菌的特效药——利福霉素。

2. 链霉菌属

链霉菌属（*Streptomyces*）一般具有发达的基内菌丝和气生菌丝，气生菌丝生长到一定阶段分化产生孢子丝。孢子丝有直形、波曲形、螺旋形等各种形态。孢子有球状、椭圆状等各种形态，孢子表面还有各种纹饰。其气生菌丝和基内菌丝都可产生各种色素，使得培养基呈现各种颜色。链霉菌的许多种可产生对人类有益的抗生素，如链霉素、红霉素、四环素等。

3. 小单胞菌属

小单胞菌属（*Micromonospora*）菌丝体纤细，直径为0.3～0.6μm，不形成气生菌丝，在基内菌丝上长出孢子梗，顶端着生一个球状或长圆形的孢子；也是产生抗生素较多的一个属，如庆大霉素就是由该属的菌产生的。

第三节　其他原核微生物

一、蓝细菌

蓝细菌是一类进化历史悠久、革兰氏染色阴性、无鞭毛、含叶绿素 a（但不形成叶绿体），能进行产氧性光合作用的大型原核生物。蓝细菌过去被归入藻类植物，称为蓝藻或蓝绿藻。

蓝细菌的大小（直径）一般为 0.5～1.0μm，也有大至 60μm 的，如巨颤蓝细菌。蓝细菌形态有球状或杆状，单生或团聚体。丝状蓝细菌是许多细胞排列而成的群体，包括有异形胞的丝状蓝细菌和分枝的丝状蓝细菌。螺旋状蓝细菌少见，只有螺旋蓝细菌属（曾称“螺旋藻”）是无异形胞的丝状蓝细菌。异形胞是丝状蓝细菌中的一种特化细胞，细胞圆形、厚壁、折光率高，内含蓝细菌颗粒。异形胞分布在丝状体中间或末端，是蓝细菌的固氮场所。蓝细菌的营养类型为光能自养型，光合色素为叶绿素 a 和独特的藻胆素（包括藻蓝素、藻红素与藻黄素），菌体通常呈蓝色或蓝绿色（藻蓝素占优势），少数呈红、紫、褐等颜色。细胞壁外常有胶被或胶鞘，呈无色或各种颜色。繁殖方式为无性繁殖的二分裂法，丝状蓝细菌还可通过丝状体断裂形成短片状的段殖体方式繁殖。

蓝细菌分布广泛，能在各种水体、土壤和部分生物体内外，甚至在岩石表面和其他恶劣环境（高温、低温、盐湖、荒漠和冰原等）中找到它们的踪迹，有“先锋生物”的美称。蓝细菌是一类古老的生物，它的发展使地球大气从无氧状态发展到有氧状态，从而孕育了一切好氧生物的进化和发展。蓝细菌与人类的关系密切，很多蓝细菌是可食用的，如发菜念珠蓝细菌、普通木耳念珠蓝细菌等，有些产品已经开发成具有一定经济价值的“螺旋藻”产品。具有固氮能力的蓝细菌是一种良好的绿肥。有的蓝细菌在受氮、磷等元素污染后发生“赤潮”和“水华”，给渔业和养殖业带来严重的危害。有少数种类的蓝细菌会产生毒素。

二、支原体

支原体是一类无细胞壁、介于独立生活和细胞内寄生生活间的最小型原核生物。支原体的特点有：细胞很小，直径为 0.1～0.3μm，一般为 0.25μm，故在光学显微镜下勉强可见；无细胞壁，故革兰氏染色阴性，形态高度多形和异变，菌体柔软，可通过孔径比自己小得多的细菌滤器，对渗透压敏感，对抑制细胞壁合成的抗生素不敏感等；菌落小（直径 0.1～1.0mm），在固体培养基表面呈特有的“油煎蛋”状；一般以二分裂方式繁殖，有时也出芽繁殖。

支原体能引起人和畜禽呼吸道、肺部、尿道及生殖系统（输卵管和附睾）的炎症。植物原体（侵染植物的支原体）是黄化病、矮缩病等植物病害的病原体。在污水、土壤或堆肥土中也常有支原体存在。

三、衣原体

衣原体是一类在真核细胞内营专性能量寄生的小型革兰氏阴性原核生物。过去曾认为衣原体是“大型病毒”，但后来证实其是一类独特的原核生物：有细胞构造，有细胞壁（但缺肽聚糖），革兰氏染色阴性；细胞内同时含有 DNA 和 RNA 两种核酸；没有产能系统，须严格细胞内寄生；以二分裂方式进行繁殖；对抑制细菌的抗生素和药物敏感。

衣原体的生活史中存在具有感染力的原体和无感染力的始体（又称网状体）两种类型，原体细胞壁厚而致密，不运动，不生长（RNA∶DNA＝1∶1），抗干旱；始体细胞壁薄而脆弱，易变形，无传染性，生长较快（RNA∶DNA＝3∶1），可在细胞内繁殖成一个微菌落即“包涵体”，随后每个始体细胞又重新转化成原体，释放出细胞后，可通过气流直接感染新的宿主，整个生活史约需 48h。

被承认的衣原体包括能引起人畜共患病的鹦鹉热衣原体（*Chlamydia psittaci*），引起沙眼的沙眼衣原体（*C. trachomatis*）和引起肺炎的肺炎衣原体（*C. pneumoniae*）。沙眼衣原体首先是由我国微生物学家汤飞凡等于 1956 年从鸡胚培养物中分离出来的。

四、螺旋体

螺旋体是一群形态结构和运动机理独特的单细胞原核微生物。其特点是：细胞非常细长，大小为（0.1～3.0）μm×（3～500）μm，螺旋状，极柔软，易弯曲，无鞭毛，能做特殊的弯曲扭动或像蛇一样运动。

螺旋体以二分裂方式繁殖，广泛分布在水生环境中的动物体内，如哺乳动物肠道、睫毛表面、白蚁和石斑鱼的肠道、软体动物躯体和反刍动物瘤胃中。有些螺旋体能引起梅毒、回归热、慢性游走性红斑和钩端螺旋体病等。

五、立克次氏体

立克次氏体是一类专性寄生于真核细胞内的革兰氏染色阴性的原核生物。它与支原体的区别在于有细胞壁和不能独立生活；与衣原体的区别在于其细胞较大，无滤过性和存在产能代谢系统。

1909 年，美国医生 Ricketts 首次发现了落基山斑疹伤寒的独特病原体，并在研究时不幸被该病原体感染而殉职，为了纪念他，将这类斑疹伤寒的病原体命名为立克次氏体。立克次氏体的细胞较大，大小为（0.3～0.6）μm×（0.8～2.0）μm，光学显微镜下清晰可见；有细胞壁，革兰氏染色阴性，细胞形态有球状、杆状、丝状等；除少数外，都在真核细胞内营细胞内专性寄生，宿主一般为虱、蚤等节肢动物和人、鼠等脊椎动物；一般以二分裂方式繁殖；存在不完整的产能代谢系统，不能在人工培养基上生长，一般可在鸡胚、敏感动物或合适的组织培养物上培养。

本章小结

原核微生物指一大类细胞核无核膜包裹，只存在称为核区的裸露 DNA 的原始单细胞生物。原核微生物可粗略归纳为“三菌”和“四体”，分别为细菌、放线菌、蓝细菌及支原体、衣原体、螺旋体和立克次氏体。细菌的基本形态为球状、杆状、螺旋状。细菌具有细胞壁、细胞膜、细胞质和核区等一般结构，有的细菌还具有糖被、芽孢、鞭毛、菌毛和性菌毛等特殊结构。细菌经革兰氏染色后，呈现紫色的为革兰氏阳性菌（G^+），呈现红色的为革兰氏阴性菌（G^-）。细菌以二分裂方式进行无性繁殖。细菌的菌落特征为湿润、较光滑、较透明、较黏稠，易挑取，质地均匀及菌落正反面或边缘与中央部分的颜色一致，一般有臭味。放线菌（链霉菌）的菌丝分为基内菌丝、气生菌丝和孢子丝，放线菌通过产生各种孢子进行繁殖。放线菌的菌落特征为干燥、不透明，表面呈致密的丝绒状，有一层彩色的干粉，菌落正反面颜色不一致，不易挑取。蓝细菌是一种含有叶绿素 a，能够产生氧气的古老的细菌。支原体无细胞壁，能通过细菌滤器，形成“油煎蛋”状的菌落。衣原体有细胞壁，但是无产能系统，必须在真核细胞内营专性能量寄生。螺旋体的细胞呈螺旋状，非常细长，极柔软，易弯曲，无鞭毛，能做特殊的弯曲扭动或像蛇一样运动。立克次氏体有细胞壁，不能通过细菌滤器，存在不完整的产能代谢系统，必须在真核细胞内专性寄生，宿主一般为节肢动物和脊椎动物。

复习思考题

1. 试述革兰氏染色的步骤、结果及其染色机制。
2. 细菌的一般结构和特殊结构分别是什么？它们的功能分别是什么？
3. 什么是糖被？其化学成分主要是什么？作用是什么？与食品的关系是什么？
4. 试述芽孢的结构和耐热机制。
5. 试述细菌的繁殖方式和菌落特征。
6. 放线菌的一般形态特征是什么？
7. 试述放线菌的繁殖方式和菌落特征。

第三章　真核微生物

☞ **知识目标**　1. 了解酵母菌和霉菌的有性繁殖方式、生活史及它们与人类的关系。
2. 熟悉酵母菌的一般特点及常见的酵母菌和霉菌。
3. 掌握酵母菌和霉菌的形态结构及菌落特征。

☞ **技能目标**　1. 会根据微生物的菌落特征，正确辨别细菌、酵母菌和霉菌。
2. 会根据霉菌的无性繁殖结构，区分不同种类的霉菌。

真核生物是一类细胞核具有核膜，能进行有丝分裂，细胞质中存在线粒体或同时存在叶绿体等多种细胞器的生物。真菌、显微藻类和原生动物等是属于真核生物类的微生物，故称为真核微生物。真菌在自然界中分布广泛，在食品、工业、农业等领域起重要作用，如各种酒类、调味品等的生产；直接作为食品的姬松茸、绣球菌等；作为名贵药材的茯苓等；发酵工业生产的乙醇、抗生素、有机酸、酶制剂等；在农业上用于生产植物生长激素等。真菌在造福人类的同时，也造成食品及其他物品的腐败变质，产生毒素危害人畜身体健康，引起农作物病害及人类的疾病。与食品关系最为密切的真菌是酵母菌和霉菌，因此本章主要介绍酵母菌和霉菌。

第一节　酵　母　菌

酵母菌是指以出芽繁殖为主的单细胞真菌的俗称。在自然界分布广，主要分布于含糖的偏酸性环境中，如水果、蔬菜的表面和果园土壤中。酵母菌是人类应用最早的微生物，其发酵产品大大改善和丰富了人类的生活，是基因工程中的模式微生物，也是重要理论研究的良好材料。但是，酵母菌也会造成食品腐败变质，引起人类疾病等危害。

一、酵母菌的形态和大小

酵母菌的形状因种而异。其基本形态有圆形、卵圆形、圆筒形或香肠形等（图 3-1）。某些酵母菌进行一连串的芽殖后，长大的子细胞与母细胞并不立即分离，其间仅以极狭小的接触面相连，这种藕节状的细胞串称为假菌丝（图 3-2）。酵母菌菌体无鞭毛，不能游动。

酵母菌的细胞直径约为细菌的 10 倍，其直径一般为 2～5μm，长度为 5～30μm，最长可达 100μm。最典型和最重要的酿酒酵母细胞大小为（2.5～10.0）μm×（4.5～21.0）μm。用

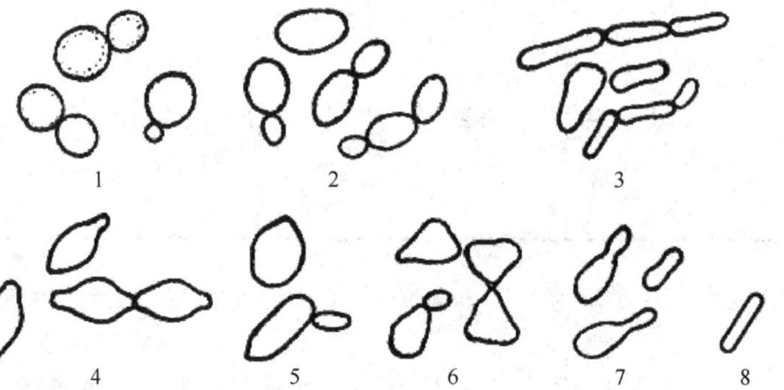

1．圆形；2．卵圆形；3．圆筒形；4．柠檬形；5．椭圆形；6．三角形；7．瓶子形；8．香肠形。

图 3-1　酵母菌细胞形态

［诸葛健，李华钟．微生物学（第二版）．2009］

图 3-2　假丝酵母菌属的假菌丝

（孙勇民，张新红．微生物技术及应用．2012）

普通光学显微镜的高倍镜即可清晰地看到酵母菌。每一种酵母菌的大小因生活环境、培养条件和培养时间长短而有较大的变化，一般成熟的细胞大于幼龄细胞，液体培养的细胞大于固体培养的细胞。

二、酵母菌的细胞结构特征

酵母菌的细胞（图 3-3）具有典型的真核细胞构造。

1．细胞壁

酵母菌细胞壁厚度约 25nm，其质量占细胞干重的 18%～25%，能有效保护细胞。酵母菌的细胞壁具三层结构（“三明治”结构）（图 3-4）。外层为甘露聚糖，内层为葡聚糖，都是复杂的分枝状聚合物，其间夹有一层蛋白质分子。位于细胞壁内层的葡聚糖是维持细胞壁强度的主要物质。此外，细胞壁上还含有少量类脂和以环状形式分布于芽痕周围的几丁质。用玛瑙螺的胃液制得的蜗牛消化酶，可用来制备酵母菌的原生质体。

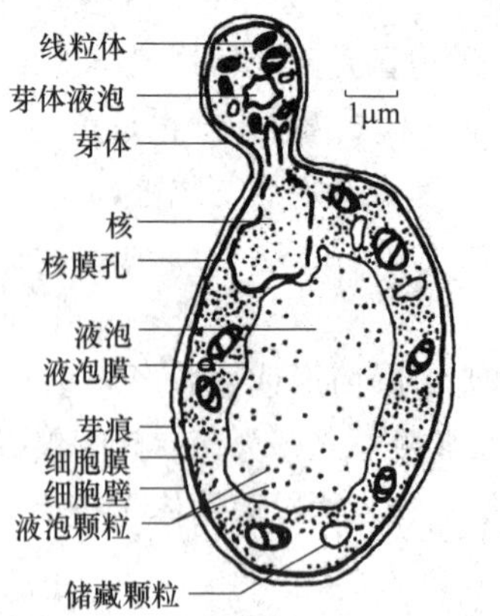

图 3-3　酵母菌细胞构造的模式图

［周德庆．微生物学教程（第三版）．2011］

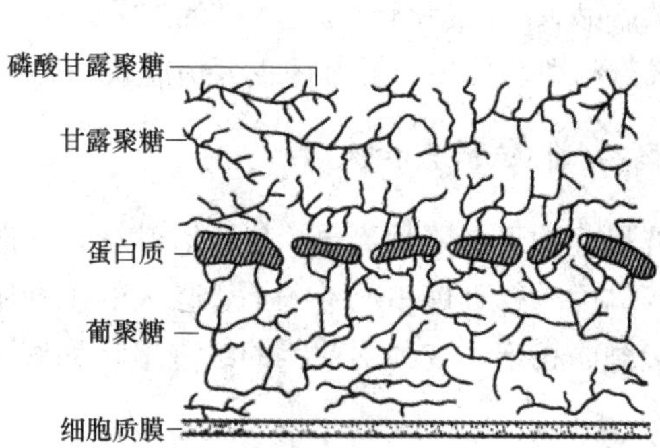

图 3-4　酵母菌的细胞壁结构图

（孙勇民，张新红．微生物技术及应用．2012）

细胞壁的物质组成为葡聚糖（35%～45%）、甘露聚糖（40%～45%）、蛋白质（5%～10%）、脂类（3%～8%）、几丁质（1%～2%）。几丁质仅仅出现于芽痕中。酵母菌出芽繁殖时，子细胞与母细胞分离，在子、母细胞壁上都会留下痕迹。在母细胞的细胞壁上出芽并与子细胞分开的位点称出芽痕，子细胞细胞壁上的位点称诞生痕。由于多重出芽，酵母菌细胞表面有多个小突起。

根据酵母菌细胞表面留下芽痕的数目，就可确定某细胞产生过的芽体数，因而可估计该细胞的菌龄。每个细胞的出芽数量有限，一个酿酒酵母细胞一般可出 20 个芽，多的可达 40 个。芽痕是酵母菌特有的结构，在光学显微镜下无法看到芽痕，但用荧光染料染色，或用扫描电子显微镜观察，都可看到芽痕。

2. 细胞膜

酵母菌细胞膜厚约 8nm，是双磷脂层构造，其间镶嵌着蛋白质和甾醇。酵母菌的细胞膜与原核生物的基本相同，是一层半透膜，能够从外界摄取营养物质，同时防止细胞质中小分子化合物的泄漏以及代谢产物在细胞内积累过量。

3. 细胞核

酵母菌细胞核呈圆形，一般位于细胞的中央，但在老龄细胞中，由于液泡的增大而往往被挤在一边。酵母菌细胞核由核膜、核质与核仁组成。核膜上有许多核孔，是核质与细胞质之间交换的选择性通道，可允许大分子和小颗粒通过。核仁的主要成分是 RNA 和蛋白质，rRNA 就是在核仁内合成的。核质的主要成分是染色体，它是细胞核的主要结构物质，其主要成分是 DNA 和组蛋白。核染色体携带酵母菌的全部基因，在细胞代谢、繁殖和遗传中起着极为重要的作用。

4. 细胞质和细胞器

细胞质位于细胞膜和细胞核之间，为透明、黏稠、不断流动的溶胶。它含有丰富的酶类、各种内含物及代谢产物，是细胞进行代谢活动的主要场所。在细胞质中还含有各种功能不同的细胞器，如核糖体、线粒体、内质网、高尔基体等。

1）核糖体

酵母菌的核糖体又称核蛋白体，其沉降系数为 80S，由 60S 大亚基和 40S 小亚基构成。它是细胞内蛋白质合成的重要细胞器，其主要化学成分是蛋白质和 RNA。它游离在细胞质中或附着在内质网上。

2）线粒体

在有氧条件下，酵母菌细胞内会形成许多线粒体，它富含参与电子传递的载体、氧化磷酸化酶类和三羧酸循环的酶系。因此，线粒体是酵母菌进行能量代谢的场所，是酵母菌细胞的“动力车间”。

3）内质网

内质网是分布在整个细胞中的由膜构成的管道和网状结构，一部分与核外膜相连，另一部分与细胞膜连接。内质网主要起传递物质的作用，另外还能合成脂类和脂蛋白。

内质网根据表面结构的不同分为粗糙型内质网和光滑型内质网，前者膜外附着核糖体，后者表面没有附着的核糖体颗粒。

4）高尔基体

高尔基体也是一种内膜结构，膜都是光滑的。它由扁平双层膜和小泡所构成，是合成、分泌糖蛋白、脂蛋白，并对某些无生物活性的蛋白质原进行酶切加工的重要细胞器，也是为合成新细胞壁和质膜提供原材料的重要细胞器，同时为细胞提供一个内部的运输系统。

5. 液泡

酵母菌细胞中经常能观察到一个或多个大小不等的液泡，直径为 0.3～3.0μm。液泡由单层膜包裹，含水、有机酸、盐类和水解酶类，还有一些储藏颗粒（如肝糖粒、脂肪粒、异染颗粒等）。液泡常在细胞发育后期出现，其大小可作为衡量细胞是否成熟的标志。液泡具有储藏营养物质和水解酶类，与细胞质进行物质交换，调节渗透压等功能。

三、酵母菌的繁殖方式

酵母菌具有无性繁殖和有性繁殖两种繁殖方式，大多数酵母菌以无性繁殖为主。无性繁殖包括芽殖、裂殖和产生无性孢子，有性繁殖主要是产生子囊孢子。繁殖方式对酵母菌的鉴定极为重要。

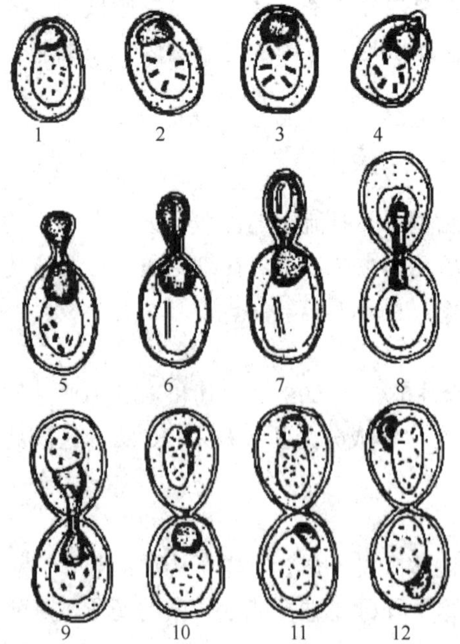

1～4．母细胞形成小突起；5～7．核裂；8、9．原生质分配；10、11．新膜形成；12．形成新细胞壁。

图 3-5　酵母菌出芽过程

（罗红霞，王建．食品微生物检验技术．2018）

1. 无性繁殖

1）芽殖

芽殖是酵母菌最常见的繁殖方式。一个酵母菌能形成的芽数是有限的，平均 24 个。出芽方式有多边出芽、两端出芽、三边出芽和单边出芽。在良好的营养和生长条件下，酵母菌生长迅速，大多数的细胞长有芽体，而且芽体上还可形成新芽体，于是就形成了呈簇状的细胞团。酵母菌出芽过程如图 3-5 所示。

芽体形成过程：水解酶分解母细胞形成芽体部位的细胞壁多糖，使细胞壁变薄；大量新细胞物质——核物质（染色体）和细胞质等在芽体起始部位堆积，芽体逐步长大后，就在与母细胞连接的位置形成由葡聚糖、甘露聚糖和几丁质组成的隔壁。成熟后两者分离，在母细胞上留下一个芽痕，在子细胞上相应地留下一个蒂痕。

2）裂殖

酵母菌的裂殖与细菌裂殖相似。其过程是细胞伸长，核分裂为二，细胞中央出现隔膜，将细胞横分为两个大小相等、各具一个核的子细胞。进行裂殖的酵母菌种类很少，裂殖酵母属的八孢裂殖酵母就是其中一种。

3）产生无性孢子

少数酵母菌（如掷孢酵母）可以产生无性孢子。掷孢酵母可在卵圆形营养细胞上生出小梗，其上产生掷孢子。掷孢子成熟后通过特有喷射机制射出。用倒置培养器培养掷孢酵母时，器盖上会出现掷孢子发射形成的酵母菌菌落的模糊镜像。有的酵母菌如白假丝酵母等还能在假菌丝的顶端产生具有厚壁的厚垣孢子。

2. 有性繁殖

有性繁殖是指通过两个具有性别差异的细胞相互接合形成新个体的繁殖方式。酵母菌进行的有性繁殖主要是产生子囊和子囊孢子。其基本过程包括质配、核配和减数分裂三个阶段，如图 3-6 所示。

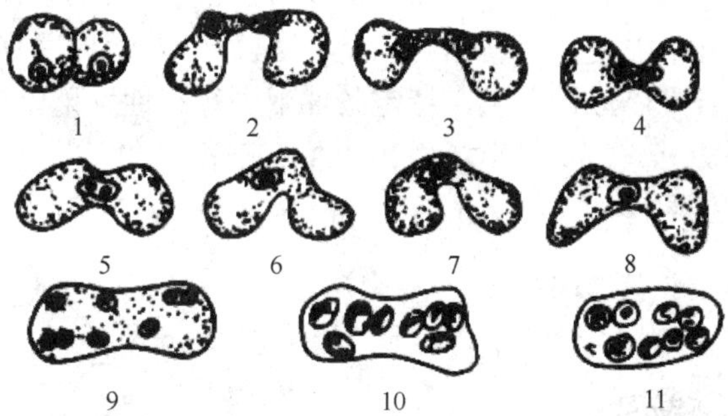

1～4．两个细胞接合；5．接合子；6～9．核分裂；10、11．核形成孢子。

图 3-6　酵母菌子囊孢子的形成过程

（陈红霞，李翠华．食品微生物学及实验技术．2008）

（1）质配：当一些酵母菌发育至一定阶段或在特定的培养条件下，两个性别不同的细胞各伸出小突起相互接触、融合，形成一个通道，两细胞的细胞质进行融合。

（2）核配：两单倍体的核移到融合管中融合成二倍体的核。此二倍体细胞称为接合子。

（3）减数分裂：在合适条件下，二倍体细胞的核进行一次减数分裂和 1～2 次有丝分裂，形成 4～8 个有性的子囊孢子。形成子囊孢子的细胞，称为子囊。

酵母菌的子囊和子囊孢子的形状，因菌种不同而异，是酵母菌分类鉴定的重要依据之一。通常处于幼龄的酵母菌细胞，在适宜的培养基和良好的环境条件下，才易形成子囊孢子。在合适的条件下，子囊孢子又可萌发成新的菌体。

四、酵母菌的生活史

上一代个体经一系列生长、发育阶段而产生下一代个体的全部过程，称为该生物的生活史或生命周期。由于酵母菌的单倍体细胞（n）和二倍体细胞（$2n$）都有可能独立存

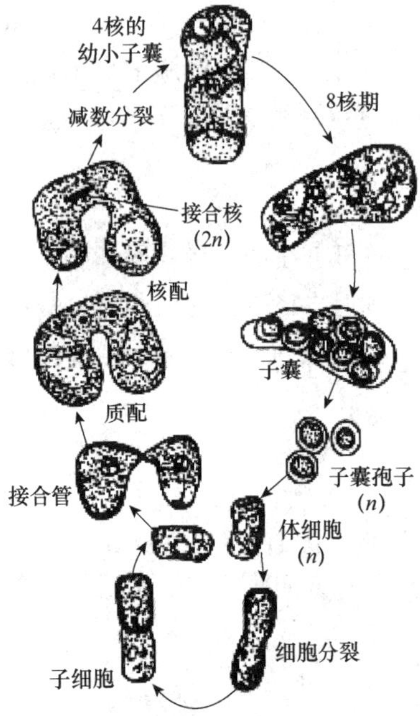

图 3-7　八孢裂殖酵母的生活史

［周德庆. 微生物学教程（第三版）. 2011］

在，并各自进行生长和繁殖，因此酵母菌的生活史包含了单倍体生长阶段和二倍体生长阶段两个部分。

根据酵母菌生活史中单倍体和二倍体阶段存在时间的长短，可以把酵母菌分成单倍体型、二倍体型和单双倍体型三种类型。

（1）单倍体型。主要特点：营养细胞为单倍体；无性繁殖以裂殖方式进行；二倍体细胞不能独立生活，故此阶段很短。以八孢裂殖酵母为例，其生活史如图 3-7 所示。

（2）二倍体型。主要特点：二倍体的营养细胞不断进行芽殖，此阶段较长；单倍体的子囊孢子只在子囊内发生接合；单倍体阶段只能以子囊孢子形式存在，故不能独立生活。以路德酵母为例，其生活史如图 3-8 所示。

（3）单双倍体型。主要特点：单倍体营养细胞和二倍体营养细胞都可进行出芽繁殖，以出芽繁殖为主，特定条件下进行有性繁殖。以啤酒酵母为例，其生活史如图 3-9 所示。

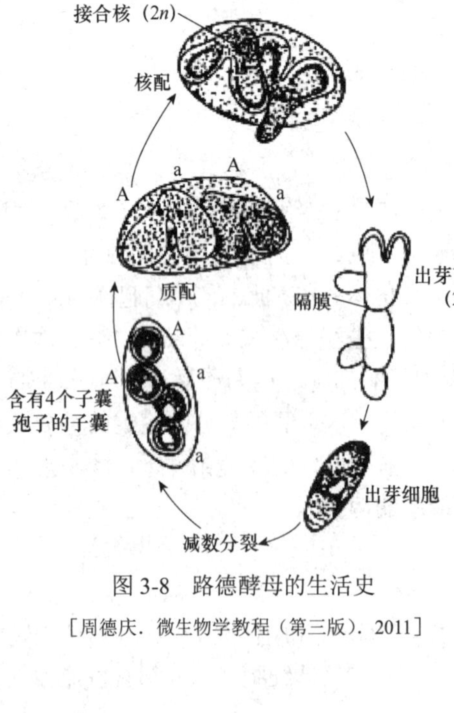

图 3-8　路德酵母的生活史

［周德庆. 微生物学教程（第三版）. 2011］

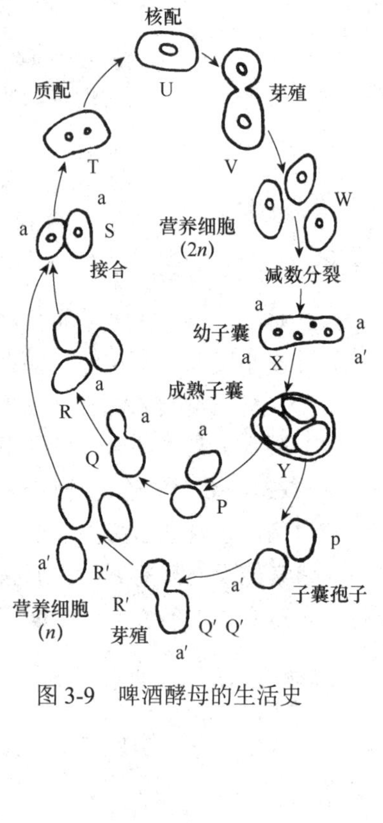

图 3-9　啤酒酵母的生活史

五、酵母菌的菌落特征

在固体培养基上，酵母菌的菌落形态特征与细菌相似，但较大而厚。酵母菌的菌落形态特征：湿润，表面光滑，多数不透明，黏稠；菌落颜色单调，多数呈乳白色，少数红色，个别黑色。酵母菌生长在固体培养基表面，容易用针挑起，菌落质地均匀，正、反面及中央与边缘的颜色一致。不产生假菌丝的酵母菌菌落更隆起，边缘十分圆整；形成大量假菌丝的酵母，菌落较平坦，表面和边缘粗糙。酵母菌菌落特征是分类鉴定的重要依据。

不同的酵母菌在液体培养基中的生长情况也不相同，有的在液体中均匀生长，有的在底部生长并产生沉淀，有的在表面生长形成菌膜，菌膜的表面状况及厚薄也不相同。以上特征对酵母菌的分类也具有重要意义。

六、食品中常见的酵母菌

1. 酵母属

该属酵母菌细胞为圆形、椭圆形、腊肠形等；常常形成假菌丝，多数为出芽繁殖，能发酵多种糖类；可引起水果、蔬菜发酵，食品工业上常用其进行酿酒和发酵；发酵力强，主要产物为乙醇和二氧化碳。常见的有啤酒酵母和葡萄汁酵母。鲁氏酵母、蜂蜜酵母等可以在含高浓度糖的基质中生长，引起高糖食品（如果酱、果脯）的变质。产膜酵母同时也能抵抗高浓度的食盐溶液，可在酱油表面生成灰白色粉状的皮膜，时间长后皮膜增厚变成黄褐色，是引起食品败坏的有害酵母菌。

2. 毕赤氏酵母属

该属酵母菌细胞为筒形，多边芽殖，可形成假菌丝，孢子为球形或帽子形；分解糖的能力弱，不产生乙醇，能氧化乙醇；能耐高浓度的乙醇溶液，常使酒类和酱油变质并形成浮膜，如粉状毕赤氏酵母菌。

3. 汉逊氏酵母属

该属酵母菌细胞为球形、椭圆形、圆柱形，多边芽殖，常形成假菌丝，孢子呈帽子形或球形；对糖有强的发酵作用，主要产物不是乙醇而是酯，在液体中繁殖，可产生浮膜。例如，异常汉逊氏酵母是酒类的污染菌，常在酒的表面生成白色干燥的菌醭。该属酵母菌因能产生乙酸乙酯，有时可用于食品的增香。

4. 假丝酵母属

该属酵母菌细胞为球形或圆筒形，多边芽殖，有时细胞连接成假菌丝状；借多端出芽和分裂而繁殖，对糖有强的分解作用，一些菌种能氧化有机酸；在液体中常形成浮膜，如浮膜假丝酵母；常存在于许多食品上，如新鲜的和腌制过的肉发生的一种类似人造黄油的酸败就是由该属的酵母菌引起的。此外，毕赤氏酵母属、汉逊氏酵母属、假丝酵母属三属的酵母菌都能利用烃类作为碳源，故饲料生产上已利用其作为生产菌，其酵母菌干物质中蛋白质含量高达60%，是饲料蛋白质的主要来源。

临床上发现，假丝酵母属中最常见的是白色念珠菌，它们通常会感染人类和其他动物，导致出现鹅口疮（又称念珠菌病），尤其在免疫力低下的患者身上发生。

5. 赤酵母属

赤酵母属即红酵母属，细胞为球形、卵圆形、圆筒形，借多端出芽繁殖，菌落特别黏稠，有产生色素的能力（红色、橙色、灰黄色）。该属代表品种有黏红酵母、胶红酵母，它们在食品上生长，可形成红色斑点。该属酵母菌具有积聚大量脂肪的能力，细胞内脂肪含量高达干物质的60%，也称脂肪酵母，但蛋白质含量比其他酵母菌低。

6. 球拟酵母属

该属酵母菌细胞呈球形、卵形、椭圆形，借多端出芽繁殖；对多数糖有分解能力，具有耐受高浓度的糖和盐的特性。例如，杆状球拟酵母，能在果脯、果酱和甜炼乳中生长。该属酵母菌常出现在冰冻食品（如乳制品、鱼贝类）中，使食品发生腐败变质。

第二节　霉　　菌

凡是生长在固体营养基质上，形成绒毛状、蜘蛛网状、棉絮状或地毯状菌丝体的真菌，统称霉菌。霉菌和蕈菌的主要区别在于霉菌不产生大型子实体。霉菌在自然界无孔不入，种类繁多，温暖潮湿条件下其可在有机物上大量生长繁殖。霉菌在工业、农业、食品酿造、基础理论研究等方面发挥重要作用。它能引起工农业产品的霉变；引起植物病害；引起人和动物疾病，或产生毒素，危害人类健康。

一、霉菌的菌丝形态和构造

霉菌的菌体由分枝或不分枝的菌丝构成，许多菌丝交织在一起，称为菌丝体。菌丝是中空管状结构，直径2～10μm，是细菌和放线菌菌丝的几倍至几十倍，与酵母菌差不多。

1. 菌丝的类型

霉菌菌丝按结构不同分为无隔菌丝和有隔菌丝。无隔膜，为长管状分枝单细胞，细胞内含多个核，称为无隔菌丝（图3-10）。其生长表现为菌丝的延长和细胞核的增多。这是低等真菌所具有的菌丝类型，如毛霉属和根霉属。有隔膜，整个菌丝由分枝成串的多细胞组成，每个细胞内含一个或多个核，称为有隔菌丝（图3-11）。有隔菌丝隔膜上有单孔或多孔，细胞质和细胞核可自由流通，每个细胞功能相同。这是高等真菌所具有的菌丝类型，如曲霉属、青霉属等大多数霉菌由隔膜把菌丝分隔成许多细胞。

图3-10　无隔菌丝

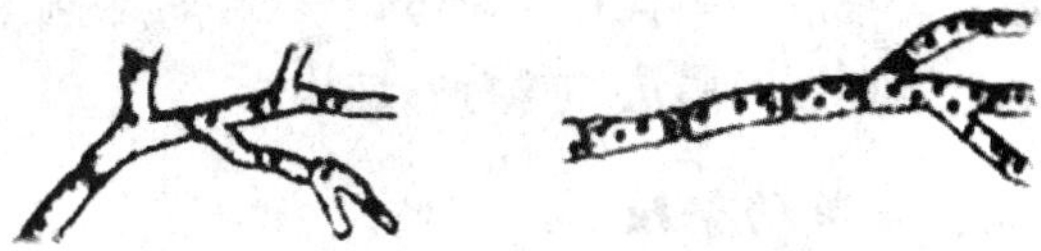

图 3-11　有隔菌丝

霉菌菌丝根据分化程度或功能可分为营养菌丝、气生菌丝和繁殖菌丝。营养菌丝，在固体培养基上，一部分菌丝伸入培养基表层内起固定和吸取营养物质的作用，又称基内菌丝。气生菌丝，则是指由营养菌丝长出，并伸展到空气中的菌丝。繁殖菌丝，指的是有些气生菌丝发育到一定阶段，其顶端形成各种孢子。繁殖菌丝可产生各种类型的孢子，属于繁殖器官。霉菌菌丝细胞的结构与酵母菌相似，不同的是多数霉菌菌丝细胞壁的成分中有几丁质，少数种类还含有纤维素。

2. 菌丝的特异化

（1）假根。假根是根霉属真菌的匍匐枝与基质接触处分化形成的根状菌丝，它起固着和吸收营养的作用。

（2）匍匐菌丝。匍匐菌丝又称匍匐枝，如毛霉目真菌在固体基质上常形成的与表面平行、具有延伸功能的菌丝。最典型的匍匐菌丝可在根霉属中见到。

（3）吸器。吸器是某些寄生性真菌侵入寄主细胞内形成的指状、球状或丛枝状结构，用以吸收寄主细胞中的养料。

（4）子实体。子实体是由真菌的营养菌丝和繁殖菌丝缠结而成的具有一定形状的产孢结构，如伞菌的子实体呈伞状。

（5）菌核。菌核是由菌丝团组成的一种休眠体，有暗色的坚硬外皮，内层疏松，一般为白色；在不良外界条件下，生命力可保持数年；在条件适宜时可以生出分生孢子梗、菌丝子实体等。菌核形状有大有小，大的如茯苓（大如小孩头），小的如油菜菌核（小如鼠粪）。

二、霉菌的菌丝细胞结构

霉菌具有典型的细胞结构（图 3-12），其菌丝细胞的结构与前述酵母菌细胞十分相似（图 3-13）。霉菌的菌丝细胞都是由细胞壁、细胞膜、细胞质、细胞核及其内含物等

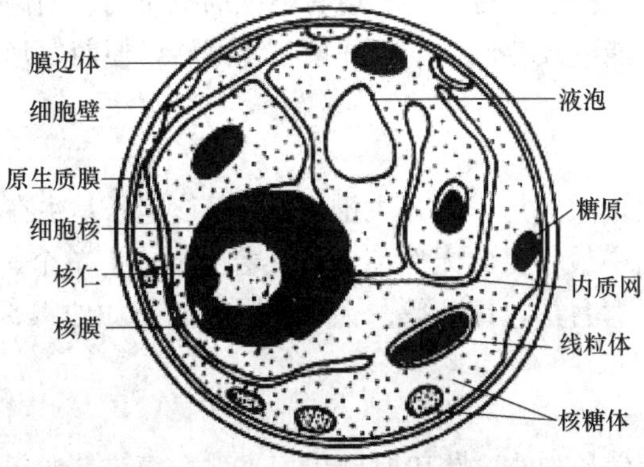

图 3-12　丝状真菌典型的细胞结构

（刘慧．现代食品微生物学．2011）

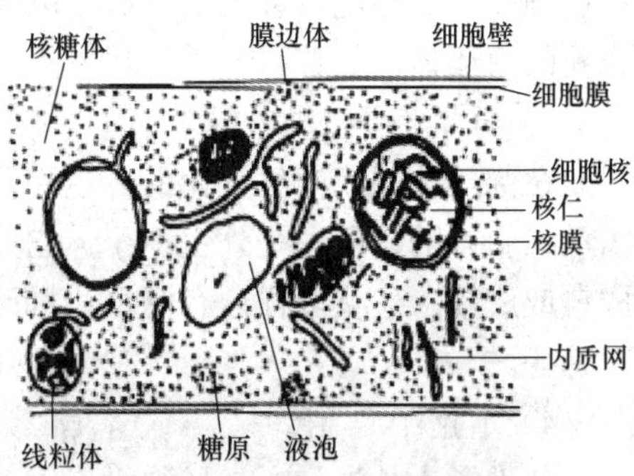

图 3-13　霉菌菌丝细胞的超显微结构

（刘慧．现代食品微生物学．2011）

组成。细胞质内含有线粒体、核糖体、内质网、高尔基体和液泡及储藏物质等。此外，有些霉菌还有膜边体等特殊结构。

三、霉菌的繁殖

霉菌的繁殖能力很强，而且方式多样，如菌丝截段即可发育成新的个体，称为断裂繁殖。然而在自然界，霉菌的繁殖方式包括无性繁殖和有性繁殖，到目前为止有些霉菌尚未发现有性繁殖过程。

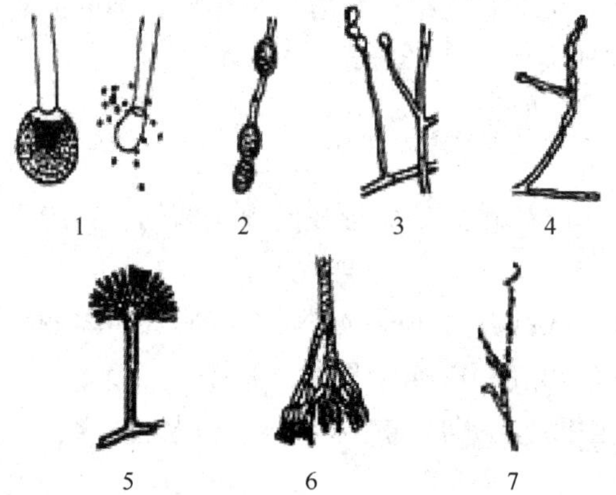

1．孢囊孢子；2．厚垣孢子；3～6．分生孢子；7．节孢子 。

图 3-14　常见霉菌的无性孢子

（刘慧．现代食品微生物学. 2011）

1. 霉菌的无性繁殖

霉菌的无性孢子繁殖不经两性细胞的结合，只是通过营养细胞的分裂或营养菌丝的分化形成同种新个体。产生无性孢子是霉菌进行无性繁殖的主要方式，这些孢子主要有孢囊孢子、厚垣孢子、分生孢子和节孢子，如图 3-14 所示。

1）孢囊孢子

孢囊孢子又称内生孢子。在孢子形成前，气生菌丝或孢囊梗顶端膨大，形成孢子囊，囊内形成许多细胞核，每一个核外包以细胞质，产生孢子壁，即形成了孢囊孢子。产生孢子囊的菌丝称为孢囊梗，孢囊梗伸入孢子囊的膨大部分称为囊轴。孢子成熟后孢子囊破裂，孢囊孢子扩散。孢囊孢子按运动性分为两类，一类是游动孢子，如水霉的游动孢子，呈圆形、梨形和肾形，顶生两根鞭毛；另一类是由陆生霉菌所产生的，无鞭毛，不运动的不动孢子，如毛霉、根霉等。

2）厚垣孢子

厚垣孢子又称厚壁孢子，是由菌丝的顶端或中间部分细胞的原生质浓缩变圆，细胞壁变厚而形成的球形、纺锤形或长方形的休眠孢子；对不良环境有很强的抵抗力。当菌丝遇到不良的环境时会死亡，而厚垣孢子常能继续存活，一旦环境条件好转，便萌发形成新的菌丝体，如总状毛霉、地霉等。

3）分生孢子

在菌丝顶端或菌丝分化的分生孢子梗上形成的孢子为分生孢子。由于该孢子是生在菌丝细胞外的，所以是外生孢子。它是霉菌中最常见的无性孢子。其着生形式有单个、成链或成簇；形状多样，有圆形、椭圆形、弯月形、棒状等；大小差异很大，如曲霉、青霉等。

4）节孢子

节孢子为外生孢子，又称粉孢子。菌丝生长到一定阶段时会出现许多横隔膜，然后从横隔膜处断裂，产生许多成串、短柱状的单个孢子，称为节孢子。例如，白地霉的衰老菌丝可断裂形成节孢子。

2. 霉菌的有性繁殖

在霉菌中，有性繁殖不及无性繁殖普遍，仅发生于特定条件下，一般培养基上不常出现。真菌的有性结合是较为复杂的过程，它们的发生需要特定条件。霉菌的有性孢子主要有卵孢子、接合孢子、子囊孢子和担孢子。

1）卵孢子

卵孢子是由两个大小和形状不同的配子囊结合后发育而成的有性孢子。其小型配子囊称为雄器，大型的配子囊称为藏卵器。藏卵器中原生质与雄器配合以前，往往收缩成一个或数个原生质小团，即卵球。雄器与藏卵器接触后，雄器生出一根小管刺入藏卵器，并将细胞核与细胞质输入卵球内。受精后的卵球生出外壁，发育成双倍体的厚壁卵孢子（图 3-15）。

2）接合孢子

接合孢子是由菌丝生出形态相同或略有不同的配子囊接合而成的（图 3-16）。当两个邻近的菌丝相遇时，各自向对方生长出极短的侧枝，称为原配子囊。两个原配子囊接触后，各自的顶端膨大，并形成横隔，融成一个细胞，称为配子囊。相接触的两个配子囊之间的横隔消失，细胞质和细胞核互相配合，同时外部形成厚壁，即为接合孢子。接合孢子主要分布在接合菌类中，如高大毛霉和黑根霉产生的有性孢子为接合孢子。

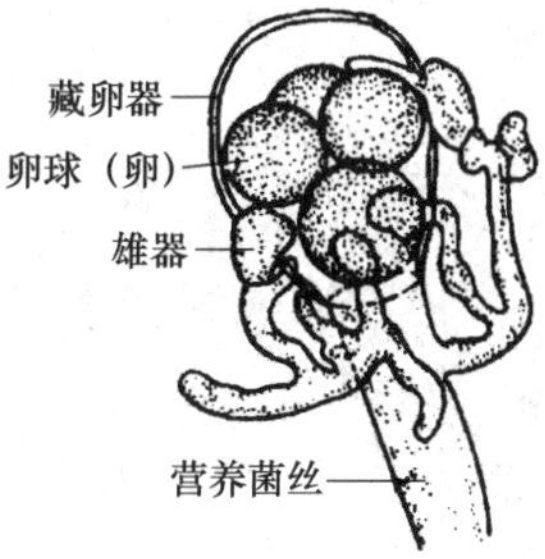

图 3-15　滨海水霉的卵孢子

（陈玮，董秀琴．微生物学及实验实训技术．2007）

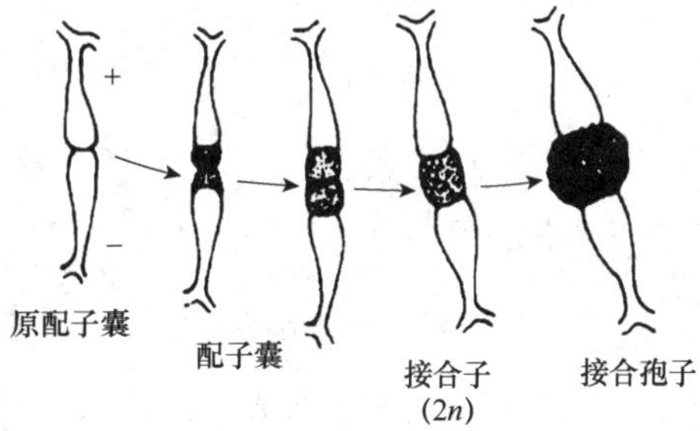

图 3-16　根霉接合孢子的发育过程

（陈玮，董秀琴．微生物学及实验实训技术．2007）

3）子囊孢子

子囊孢子产生于子囊中。子囊是一种囊状结构，呈圆球形、棒形或圆筒形，还有的为长方形。一个子囊内通常含有 2～8 个孢子。一般真菌产生子囊孢子的过程相当复杂，但是酵母菌有性繁殖过程产生的子囊孢子相对简单。大多数子囊包在由很多菌丝聚集而形成的特殊的子囊果中。子囊果的形态有 3 种类型（图 3-17），第一种为完全封闭的圆球形，称为闭囊壳；第二种为烧瓶状，有孔，称为子囊壳；第三种呈盘状，称为子囊盘。子囊孢子、子囊及子囊果的形态、大

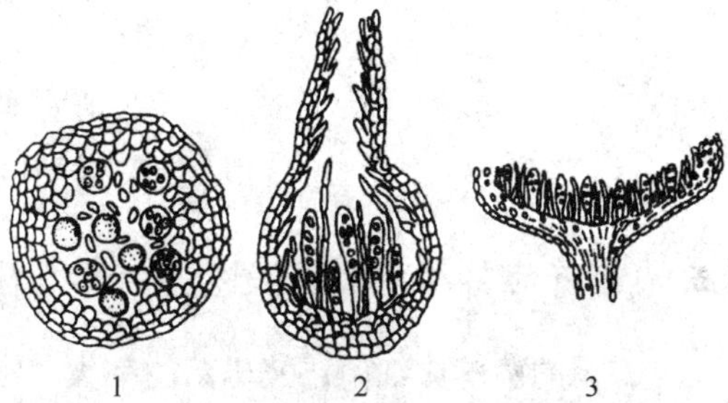

1. 闭囊壳；2. 子囊壳；3. 子囊盘。

图 3-17　子囊果的形态

（陈玮，董秀琴．微生物学及实验实训技术．2007）

小、质地和颜色等随菌种而异，在分类上有重要意义。

4）担孢子

担孢子为担子菌所特有，是两性细胞核配合后产生的外生孢子，因着生在担子上而得名。担子菌的两条单核菌丝直接通过异宗结合形成双核菌丝。双核菌丝发育到一定阶段，顶端细胞膨大，在膨大的细胞内发生核配形成二倍体的核。二倍体的核经过减数分裂和有丝分裂，形成4个单倍体核。这时顶端膨大细胞发育为担子，在担子上长出4个膨大的担子梗，4个单倍体核进入担子梗内，发育为4个单倍体的担孢子。

四、霉菌的生活史

霉菌的生活史是指霉菌从一个孢子开始经过一定的生长发育，到最后又产生孢子的过程。它既包括霉菌的无性世代，又包括霉菌的有性世代。无性世代是指霉菌的菌丝体在适宜条件下产生无性孢子（孢囊孢子和分生孢子等），无性孢子又萌发成菌丝体的整个过程；有性世代是指在霉菌生长的后期，菌丝形成配子囊，从而发生质配、核配形成双倍体的接合子细胞，接着发生减数分裂，形成单倍体孢子（子囊孢子等）的整个过程（图3-18）。霉菌的双倍体仅仅出现在接合子阶段，工业发酵中主要利用霉菌的无性孢子进行接种。

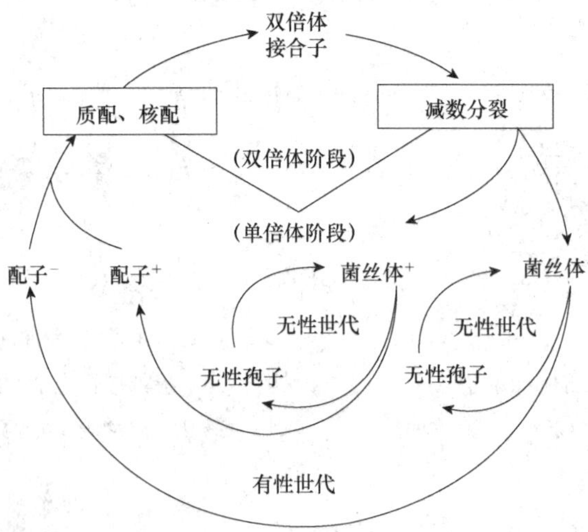

图3-18 霉菌的生活史

（张青，葛菁萍．微生物学．2004）

五、霉菌的菌落特征

霉菌的菌落比细菌、酵母菌的都大，和放线菌一样，都是由分枝状菌丝组成的。因霉菌菌丝较粗且长，所以质地一般比放线菌疏松，比放线菌的菌落更易于挑取，外观干燥，不透明，呈现或紧或松的绒毛状、絮状和蜘蛛网状等。

毛霉、根霉能在固体培养基上呈扩散性地蔓延，以致菌落无规则或无固定大小。多数霉菌的菌落是有局限性的，最初往往是浅色或白色，当菌落长出各种颜色的孢子后，菌落便相应地呈黄、绿、青、黑、橙等颜色。

归纳起来，霉菌的菌落特征主要表现为：菌落大，疏松、干燥、不透明，有的呈绒毛状或絮状或网状等，菌体可沿培养基表面蔓延生长。因为不同的真菌孢子含有不同的色素，所以菌落可呈现红、黄、绿、青绿、青灰、黑、白、灰等多种颜色。

六、食品中常见的霉菌

食品中常见的霉菌有根霉属、毛霉属、曲霉属、青霉属等四类。

1. 根霉属

根霉属属于接合菌亚门、接合菌纲、毛霉目、毛霉科真菌中的一个大属。其菌落无定形，初期为白色，老熟后为灰褐色或黑色。其繁殖方式有两种，即无性繁殖产生孢囊孢子，有性繁殖产生接合孢子。

根霉的菌丝无隔膜，有分枝和假根，营养菌丝体上产生匍匐枝，匍匐枝的节间形成特有的假根，从假根处向上丛生直立、不分枝的孢囊梗，顶端膨大形成圆形的孢子囊，囊内产生孢囊孢子。孢子囊内囊轴明显，呈球形或近球形，囊轴基部与梗相连处有囊托（图 3-19）。根霉的孢子可以在固体培养基内保存，能长期保持生活力。

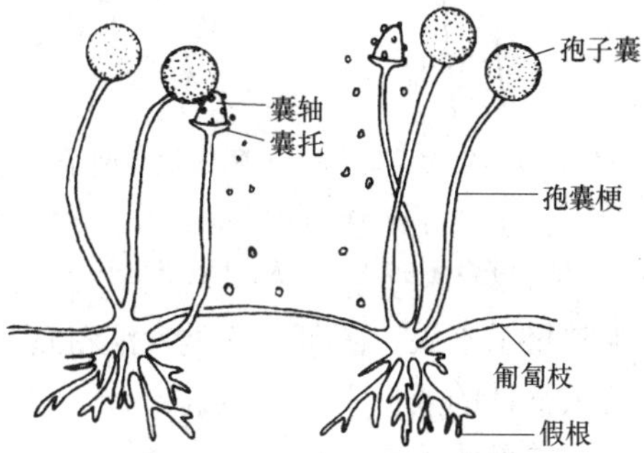

图 3-19　根霉的形态和构造

［周德庆．微生物学教程（第三版）．2011］

根霉广泛分布于酒曲、植物残体、腐败有机物中，还存在于动物粪便和土壤中。孢子靠气流传播，喜中温、高湿、偏酸的环境。

常见的根霉菌种如下。

1）米根霉

米根霉在我国酒药和酒曲中常见，在土壤、空气及其他各种物质中也常见。该种菌落疏松，初期白色，后变为灰褐色到黑褐色，匍匐枝爬行，无色；假根发达，指状或根状分枝，褐色，孢囊梗直立或稍弯曲，2～4 根，群生；发育温度为 30～35℃，最适温度为 37℃，41℃也能生长。此菌可产生淀粉酶、转化酶，能产生乳酸、反丁烯二酸及微量的乙醇；产 L-（＋）-乳酸量最大，达 70%；是腐乳发酵的主要菌种。

2）华根霉

华根霉多出现在我国酒药和药曲中，该种耐高温，于 45℃能生长，菌落疏松或稠密，初期白色，后变为褐色或黑色，假根不发达，短小，手指状；孢囊梗通常直立，光滑，浅褐色至黄褐色；不生接合孢子，但生多数的厚垣孢子；发育温度为 15～45℃，最适温度为 30℃。该菌淀粉液化力强，有溶胶性，能产生乙醇、芳香酯类、左旋乳酸及反丁烯二酸，能转化甾族化合物。

3）黑根霉

黑根霉也称匐枝根霉，分布广泛，常出现于长霉菌的食品上，瓜果蔬菜等在运输和储藏过程中腐烂及甘薯的软腐都与其有关。黑根霉是目前发酵工业上常使用的微生物菌种。黑根霉的最适生长温度约为28℃，超过32℃不再生长。

2. 毛霉属

毛霉属属于接合菌亚门、接合菌纲、毛霉目、毛霉科。该菌有很强的分解蛋白质和糖化淀粉的能力，因此常被用于酿造、发酵食品等工业。

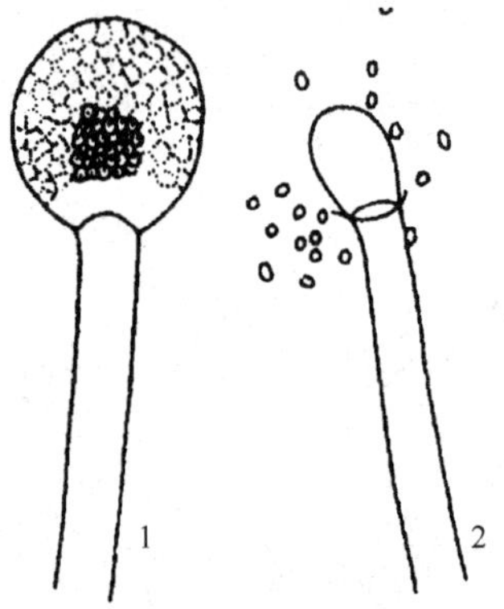

图 3-20　高大毛霉的孢子囊和孢囊孢子

1．孢子囊梗和幼年孢子囊；

2．孢子囊壁破裂后露出囊轴和孢囊孢子

毛霉属于低等真菌，其菌丝发达、繁密，为白色、无隔多核菌丝。其为单细胞真菌，菌落蔓延性强，多呈棉絮状。毛霉菌丝为无隔膜的单细胞，多核，以孢囊孢子和接合孢子繁殖。毛霉的菌丝体在基质上或基质内能广泛蔓延，无假根和匍匐枝，孢囊梗直接由菌丝体生出，一般单生，分枝较少或不分枝。分枝顶端都有膨大的孢子囊，囊轴与孢囊梗相连处无囊托。孢囊孢子成熟后，孢子囊壁破裂，孢囊孢子分散开来（图 3-20）。毛霉菌丝初期白色，后变为灰白色至黑色，这说明孢子囊大量成熟。

毛霉广泛分布于土壤、粪便、禾草及空气中，也常见于水果、蔬菜、各类含淀粉食物、谷物上，易引起霉腐变质。其在高温、高湿及通风不良的条件下生长良好。

常见的毛霉菌种如下。

1）高大毛霉

高大毛霉在培养基上的菌落初期为白色，随培养时间的延长，逐渐变为淡黄色，有光泽，菌丝长3～12cm或更长；孢囊梗直立不分枝；孢子囊壁有草酸钙结晶。此菌能产生3-羟基丁酮、脂肪酶。

2）总状毛霉

总状毛霉是毛霉中分布最广的一种；菌丝灰白色，直立而稍短；孢囊梗总状分枝。我国四川的豆豉即用此菌制成。另外，总状毛霉能产生3-羟基丁酮，并对甾族化合物有转化作用。

3）鲁氏毛霉

鲁氏毛霉最初是从我国小曲中分离出来的，菌落在马铃薯培养基上呈黄色，在米饭上略带红色，孢囊梗呈假轴状分枝，厚垣孢子数量很多，大小不一，黄色至褐色，接合孢子未见。鲁氏毛霉能产生蛋白酶，有分解大豆的能力，我国多用它来做腐乳。

3. 曲霉属

曲霉多数属于子囊菌亚门，少数属于半知菌亚门、不整子囊菌纲、曲霉目、曲霉科中的一属。曲霉属是发酵工业和食品加工业的重要菌种。

曲霉是一种典型的丝状菌，属多细胞，菌丝有隔膜。营养菌丝大多匍匐生长，无假根。曲霉的菌丝体通常无色，老熟时渐变为浅黄色至褐色。从特化的菌丝细胞（足细胞）上形成分生孢子梗，顶端膨大形成顶囊，顶囊有棍棒形、椭圆形、半球形或球形。顶囊表面生辐射状小梗，小梗单层或双层，小梗顶端分生孢子串生。分生孢子具有各种形状、颜色和纹饰。由顶囊、小梗及分生孢子构成分生孢子头（图 3-21）。曲霉仅有少数种具有有性繁殖阶段，产生闭囊壳，内生子囊和子囊孢子。

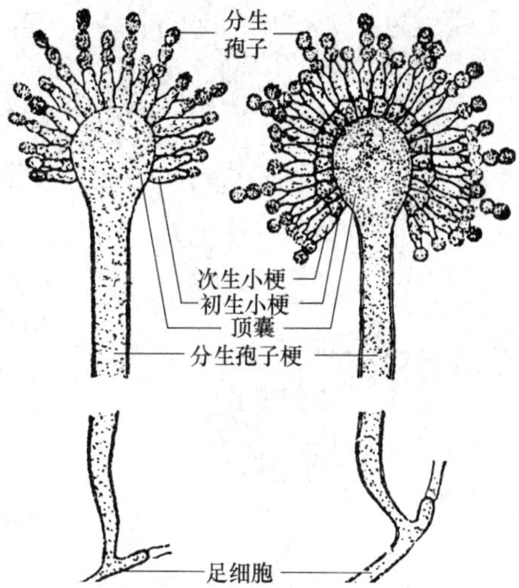

图 3-21　曲霉的形态

［周德庆．微生物学教程（第三版）．2011］

曲霉菌落颜色丰富，颜色是曲霉菌分类的重要依据。例如，烟曲霉在 SDA 培养基上呈棉花样，开始为白色，2～3d 后转为绿色，再过数日后变为深绿色；黄曲霉在 SDA 培养基上为黄色，表面粉末状，呈放射状排列，顶端有链形孢子，黄色；黑曲霉在 SDA 培养基上为黑色，表面粉末状，呈放射状排列，布满整个顶囊，顶端有链形孢子，黑色；杂色曲霉菌落生长慢，菌落圆形，紧密，绒毛状、羊毛状，颜色有数环，从青绿色到红绿色。

曲霉广泛分布于土壤、空气、谷物和各类有机物中，是引起多种物质霉腐的主要微生物之一，如面包腐败、煤生物分解及皮革变质等。其中黄曲霉具有很强的毒性。

常见的曲霉菌种如下。

1）米曲霉

米曲霉菌落生长快，10d 直径为 5～6cm，质地疏松，初白色、黄色，后变为褐色至淡绿褐色，背面无色；分生孢子头放射状，直径为 150～300μm，也有少数为疏松柱状；分生孢子梗 2mm 左右，近顶囊处直径为 12～25μm，壁薄，粗糙。顶囊近球形或烧瓶形，直径为 40～50μm。小梗一般为单层，直径为 12～15μm，偶尔有双层，也有时单、双层小梗同时生于一个顶囊上。分生孢子幼时洋梨形或卵圆形，老后大多变为球形或近球形，直径一般为 4.5μm，粗糙或近于光滑。

2）黄曲霉

黄曲霉在培养基上生长快，菌落为柔毛状，平坦或有放射状沟纹；初为黄色，后变为黄绿色或褐绿色；反面无色或略带褐色。该菌种有的菌株可产生灰褐色的菌核。

分生孢子梗粗糙或有刺，无色；分生孢子头为半球形、柱形或扁球形；小梗一层或两层，在同一顶囊上有时单、双层并存；顶囊近球形或烧瓶形；分生孢子呈球形，表面光滑或粗糙。

该菌为中温性、中生性霉菌，生长温度为 6～47℃，最适温度为 30～38℃；生长的最低水活度为 0.80～0.86；分布很广泛，在各类食品和粮食上均能出现；有些种产生黄曲霉毒素，使食品和粮食被污染带毒。黄曲霉毒素毒性很强，有致癌致畸作用。

4. 青霉属

青霉属属子囊菌纲。该属在自然界中广泛分布，一般在较潮湿冷凉的基质上易分离

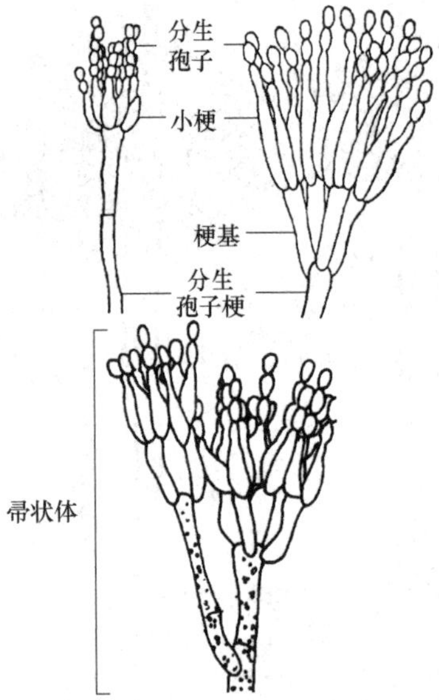

图 3-22　青霉的形态

［周德庆．微生物学教程（第三版）．2011］

到；许多是常见的有害菌，破坏皮革、布匹及引起谷物、水果、食品等变质；不仅导致食品和原材料的霉腐变质，而且有些种，可产生毒素，引起人畜中毒；也有些青霉菌是重要的工业菌株。

青霉菌落圆形，扩展生长；表面平坦或有放射状沟纹或有环状轮纹；有的具较深的皱褶，使菌落呈纽扣状；有的表面具各种颜色的渗出液，有霉味或其他气味；四周常有明显的淡色边缘；菌落正面有青绿色、蓝绿色、黄绿色、灰绿色。

青霉菌属多细胞，营养菌丝体无色、淡色或具有鲜明颜色。菌丝有横隔，分生孢子梗也有横隔，光滑或粗糙。基部无足细胞，顶端不形成膨大的顶囊，其分生孢子梗经过多次分枝，产生几轮对称或不对称的小梗，形如扫帚，称为帚状体（图 3-22）。分生孢子球形、椭圆形或短柱形，光滑或粗糙，大部分生长时呈蓝绿色。有少数种产生闭囊壳，体内形成子囊和子囊孢子，也有少数菌种产生菌核。

常见的青霉菌种如下。

1）桔青霉

该菌属于不对称组，绒状亚组，桔青霉系。一般大米产区都可发现此菌；危害大米使其黄变（泰国黄变米），有毒，其霉素是桔青霉素。

2）展开青霉

该菌作为苹果的腐败菌被分离到。菌落生长迅速，黄绿色至青绿色，束状，背面无色至黄褐色。分生孢子梗长 200～300μm，平滑，梗径 10～15μm，分生孢子小梗单轮生，分生孢子呈椭圆形或球形。

本章小结

与食品关系最为密切的真菌是酵母菌和霉菌。酵母菌为单细胞真核微生物，具有以下 5 个特征：①个体一般以单细胞状态存在；②多数以出芽方式繁殖，也有的进行裂殖或产子囊孢子；③能发酵糖类产能；④细胞壁常含有甘露聚糖；⑤喜生活在含糖量高的酸性水环境中。其形态主要有圆形、卵圆形、椭圆形、柠檬形和香肠形等，有的酵母菌能形成假菌丝。其细胞结构有细胞壁、细胞膜、细胞质、细胞核、细胞器及内含物等。酵母菌的繁殖方式有无性繁殖和有性繁殖。无性繁殖包括芽殖、裂殖，产生无性孢子。芽殖是酵母菌最重要的繁殖方式。有性繁殖主要形成子囊孢子。酵母菌的生活史有单倍体型、双倍体型（二倍体型）和单双倍体型 3 种。酵母菌在固体培养基上的菌落特征是菌种分类鉴定的重要依据。霉菌是单细胞或多细胞的丝状真菌，其菌丝按结构分为无隔菌丝（低等霉菌如根霉、毛霉）和有隔菌丝（高等霉菌如青霉、曲霉）；其菌丝按菌丝分化程度分为基内菌丝、气生菌丝和繁殖菌丝。霉菌的繁殖可以通过断裂的菌丝片段，但是主要以形成各种无性孢子（孢囊孢子、分生孢子、节孢子和厚垣孢子）和有性孢子（卵孢子、接合孢子、子囊孢子和担孢子）的方式进行繁殖。

复习思考题

1．简述酵母菌的细胞结构。
2．简述酵母菌的菌落特征。
3．霉菌常见的有性孢子和无性孢子有哪些？
4．简述霉菌的菌落特征。

第四章　非细胞型微生物

☞ 知识目标　1. 了解病毒的分类、结构、增殖及基本形态。
2. 熟悉病毒的概念和特点，噬菌体的危害及防治措施。
3. 掌握噬菌体的概念、增殖和发酵工业中的监测方法。

☞ 技能目标　1. 会用双层平板培养法对食品发酵工业中的噬菌体污染进行定性或定量的分析。
2. 熟练掌握食品发酵工业中噬菌体污染的快速检测方法。

第一节　病　　毒

一、病毒的概念和特点

1. 病毒的概念

病毒是一类体积微小、结构简单，只含有一种类型的核酸，专性活细胞内寄生，借助于电子显微镜才能观察到的非细胞型微生物。

2．病毒的主要特点

病毒的主要特点是形体微小，需用电子显微镜才能观察到；结构简单，无细胞结构；化学组成简单，大多数病毒是由蛋白质和核酸组成的，并且只有一种核酸，即DNA或RNA；专性寄生，大部分病毒没有酶或酶系统极不完全，不能进行独立的代谢作用，必须利用宿主细胞内的酶进行自身核酸复制和蛋白质合成；对大多数抗生素不敏感，对干扰素敏感；以复制方式增殖，离体环境可长期保持侵染活力。

二、病毒的分类

（一）根据化学组成分类

1. 真病毒

真病毒至少含核酸和蛋白质两种组分。

2. 亚病毒

亚病毒是一类比病毒更为简单的生命形式，仅含有核酸和蛋白质两种组分之一。

（1）类病毒。它只含具有侵染性的 RNA 组分，1971 年由美国植物病理学家 Diener 及其同事在研究马铃薯纺锤块茎病病原时发现；能侵染高等植物，利用宿主细胞中的酶类进行 RNA 的自我复制，引起特定症状或引起植株死亡。

（2）拟病毒。它又称为卫星 RNA，只含有不具有侵染性的 RNA 组分。拟病毒极其微小，一般仅由裸露的 RNA（300～400 个核苷酸）组成。它是一种环状单链 RNA。它的侵染对象是植物病毒。被侵染的植物病毒称为辅助病毒，拟病毒必须通过辅助病毒才能复制。单独的辅助病毒或拟病毒都不能感染植物。

（3）朊病毒。它只含蛋白质侵染颗粒。朊病毒是一类能引起哺乳动物和人的中枢神经系统病变的传染性病变因子，能引起哺乳动物亚急性海绵样脑病，包括人的克雅氏病、库鲁病、致死性家族失眠症和动物的羊瘙痒症、牛海绵状脑病等。

（二）根据宿主分类

1. 植物病毒

植物病毒大多数是单链的 RNA 病毒，为严格寄生生物，但它们的专化性不强，一种病毒往往能寄生在不同的科、属、种的栽培植物和野生植物上。昆虫传播是自然条件下植物病毒的最主要传播途径。

2. 动物病毒

动物病毒包括人类和脊椎动物病毒、昆虫病毒。人类和脊椎动物病毒是指寄生于人体和脊椎动物细胞内，引起人和动物的多种疾病的一类病毒，具有传播迅速、流行广泛、危害严重等特征。

3. 微生物病毒

微生物病毒是指感染微生物（包括细菌、真菌、放线菌、螺旋体等微生物）的病毒。它包括细菌病毒、真菌病毒等。

三、病毒的基本形态和大小

（一）病毒的基本形态

病毒在电子显微镜下一般呈多种形态，如图 4-1 所示。

（1）球形颗粒：动物病毒多为球形颗粒，如腺病毒、疱疹病毒、多瘤病毒、脊髓灰质炎病毒等。

（2）杆状或丝状颗粒：是某些植物病毒的固有特征，如烟草花叶病毒、苜蓿花叶病毒、甜菜黄化病毒等。人和动物的某些病毒也有丝状的，如流感病毒、家蚕核型多角体病毒等。

（3）复杂形状颗粒（如蝌蚪状、砖形、弹状）：蝌蚪状是大部分噬菌体的典型特征；砖形是各类痘病毒的特征；弹状病毒颗粒呈圆筒状，一端钝圆，另一端平齐，常见于狂犬病毒、动物水泡性口腔炎病毒。

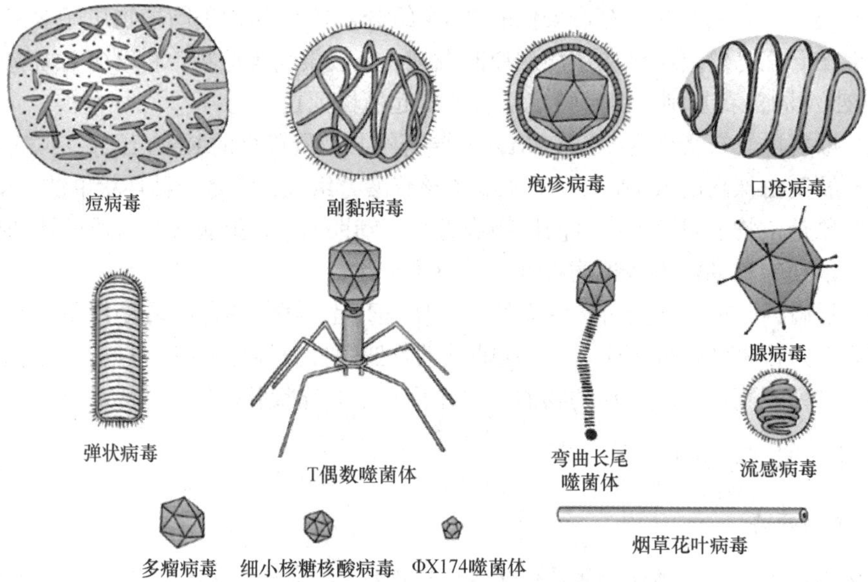

图 4-1 病毒的多种形态

（二）病毒的大小

病毒个体小，必须在电子显微镜下观察；大多数病毒直径为 100nm 左右（20～200nm），真菌、细菌和病毒的直径比大致为 100∶10∶1。大的病毒如牛痘病毒，直径为 200nm；小的病毒如脊髓灰质炎病毒，直径为 28nm。

四、病毒的基本结构和化学组成

（一）病毒的基本结构

一个完整成熟的具有感染性的病毒颗粒称为病毒体，简称病毒。病毒的基本结构包括核心和衣壳，两者构成核衣壳，有的病毒在核衣壳外还有包膜（图 4-2）。

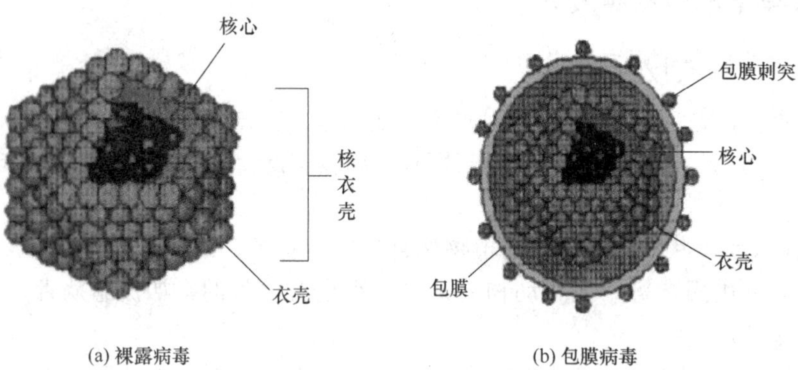

图 4-2 病毒两种常见结构模式图

1. 病毒的核心

病毒的核心位于病毒体中心，是由一种类型的核酸（DNA 或 RNA）构成的。核酸可以是单链或双链，DNA 病毒大多是双链，RNA 病毒大多是单链，有的病毒核酸还分节段。病毒的核心具有决定病毒的遗传特征、作为病毒复制增殖模板的功能，部分病毒裸露的核酸仍具有感染性。

2. 病毒的壳体结构

壳体或衣壳：包围着病毒核酸的蛋白质外壳，由蛋白质亚基按对称的形式、有规律地排列而成，是病毒毒粒的基本结构。病毒的壳体具有维持病毒的形态，保护病毒核酸免遭核酸酶降解以及紫外线、射线等破坏的功能。

壳体结构类型：有螺旋对称结构、多面体对称结构、复合对称结构（图 4-3）。

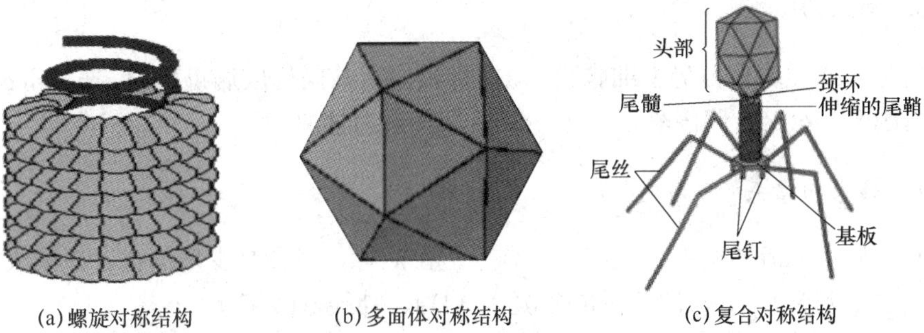

图 4-3　病毒的螺旋对称、多面体对称和复合对称结构模式图

（1）螺旋对称结构。该结构病毒以烟草花叶病毒为代表。蛋白质亚基有规律地沿着中心轴（核酸）呈螺旋排列，进而形成高度有序、对称的稳定结构。

（2）多面体对称结构。该结构病毒以腺病毒为代表。构成对称结构壳体的第二种方式是蛋白质亚基围绕立方对称的正多面体的角或边排列，进而形成一个封闭的蛋白质的鞘。

（3）复合对称结构。该结构病毒以大肠杆菌噬菌体为代表。复合对称结构病毒的典型特征是，其壳体由头部和尾部组成。病毒核酸的头部通常呈多面体对称，尾部呈螺旋对称。

3. 病毒的包膜结构

有些病毒在核衣壳外面还有一层包膜。包膜由蛋白质、脂类和多糖组成，它是病毒以出芽方式繁殖时，由宿主细胞的细胞膜衍生而来的。有的包膜表面常有不同形状的凸起，称为包膜刺突。包膜具有保护核衣壳，维持病毒结构的完整性，与宿主细胞膜亲和及融合的作用，同时部分包膜还具有抗原性。

（二）病毒的化学组成

整个病毒体主要由核酸、蛋白质、脂质及糖类等化学成分构成。

1. 病毒的核酸

病毒仅含有一种核酸，即 DNA 或 RNA，它们构成病毒的基因组，分为单链 DNA、双链 DNA、单链 RNA、双链 RNA。

2. 病毒的蛋白质

蛋白质构成病毒的蛋白衣壳及病毒复制的酶类，此外还作为病毒包膜的主要成分。病毒中的蛋白质根据功能可分为非结构蛋白和结构蛋白。

（1）非结构蛋白，即病毒基因组编码的，在病毒复制过程中产生并具有一定功能，但并不结合于病毒粒子中的蛋白质。

（2）结构蛋白，即构成一个形态成熟的有感染性的病毒颗粒所必需的蛋白质，包括壳体蛋白、包膜蛋白和存在于病毒粒中的酶等。

3. 病毒的脂类

病毒的脂类均来自宿主细胞膜，与病毒蛋白质共同构成病毒包膜。在病毒的脂质中，磷脂占 50%～60%，胆固醇占 20%～30%，其余为甘油三酯。

4. 病毒的糖类

有些病毒如流感病毒、疱疹病毒和牛痘苗病毒，尚含有少量糖类，并构成病毒包膜的糖蛋白（刺突），如流感病毒的血凝素（H）、神经氨酸酶（N）等。

五、病毒的增殖

病毒感染敏感宿主细胞后，病毒核酸进入细胞，通过其复制与表达产生子代病毒基因组和新的蛋白质，然后由这些新合成的病毒组分装配成子代病毒粒，并以一定方式释放到细胞外。病毒的这种特殊增殖方式称为复制。

自病毒吸附于细胞开始，到子代病毒从感染细胞释放到细胞外的病毒复制过程称为病毒的复制周期。病毒只能在活细胞内复制，包括吸附、侵入、生物合成、装配、释放 5 个阶段。

第二节　噬　菌　体

一、噬菌体的概念及其主要类型

噬菌体是感染细菌、真菌、藻类、放线菌、螺旋体等微生物的病毒的总称。

在电子显微镜下观察噬菌体有 3 种基本形态：蝌蚪形、微球形和丝状（图 4-4）。图 4-4 中所列 T 系噬菌体是目前研究得最广泛且较深入的细菌噬菌体，研究者对它们进行了 T1～T7 的编号，这类噬菌体呈蝌蚪形。噬菌体按结构可分为 6 种不同的类型：①具有六角形头部及伸缩性的长尾（如 T2、T4）；②具有六角形头部及非伸缩性的长尾（如λ）；③具有六角形头部及非伸缩性的短尾（如T3、T7）；④无尾，六角形头部的顶端衣壳粒大（如ΦX174）；⑤无尾，六角形头部的顶端衣壳粒小（如MS2）；⑥无尾，衣壳纤维状（如M13）。噬菌体由核酸和蛋白质构成。其核酸只有一种类型，即DNA或RNA，双链或单链，环状或线状。蛋白质起着保护核酸的作用，并决定噬菌体的外形和表面特征。

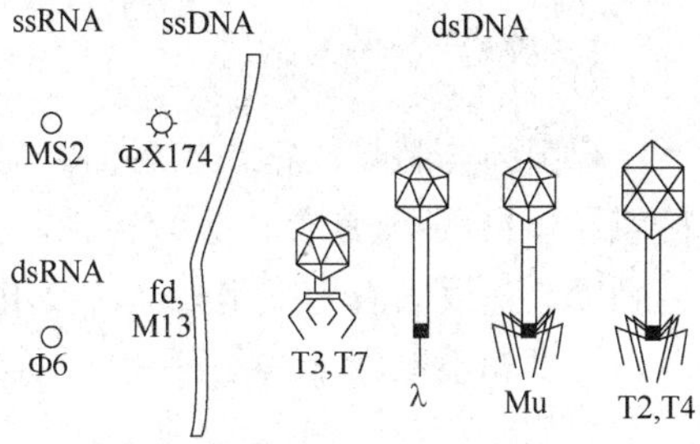

图4-4　噬菌体的基本形态

二、噬菌体的结构特点

大多数噬菌体呈蝌蚪形，由头部和尾部两部分组成。以大肠杆菌T4噬菌体为例。T4噬菌体的头部为二十面体对称结构，直径为5nm。噬菌体的尾部较为复杂，由尾鞘、尾管、颈圈、基板（基片）、尾钉和尾丝组成。其头部与尾部由颈部连接起来（图4-5）。

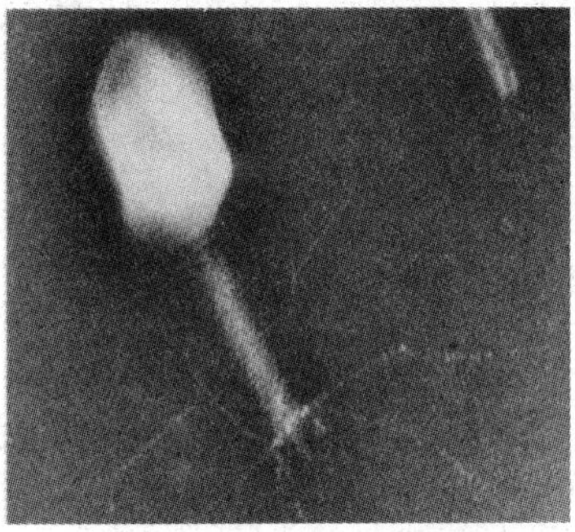
(a) 电子显微镜下的噬菌体形态

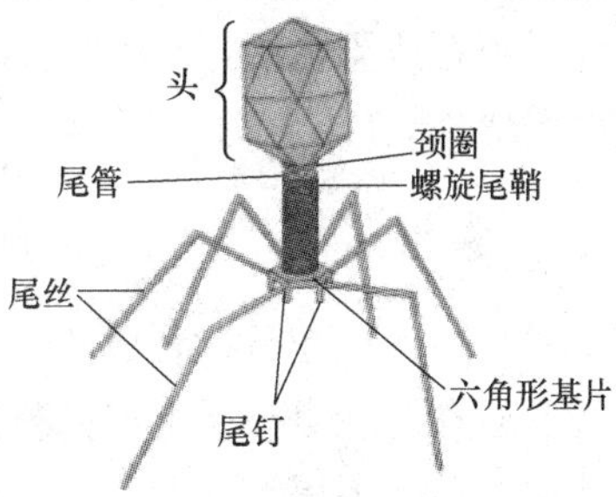

(b) 噬菌体形态结构模型图

图4-5　大肠杆菌T4噬菌体的形态结构

三、毒性噬菌体的增殖与溶菌作用

毒性噬菌体也称烈性噬菌体，能在宿主菌体内复制增殖，产生许多子代噬菌体，并最终裂解细菌。毒性噬菌体在敏感菌内以复制方式进行增殖，增殖过程包括吸附、侵入、增殖、成熟和裂解5个阶段（图4-6）。

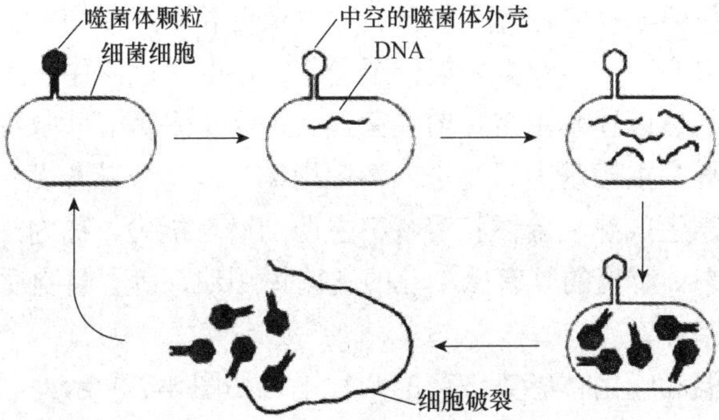

图4-6　噬菌体的增殖过程

1. 吸附

噬菌体与特异的宿主接触后，尾丝尖端与宿主细胞表面的特异性受体（蛋白质、多糖或脂蛋白-多糖复合物等）接触，就可触发尾丝散开，使其立即附着在受体上，从而把刺突、基板固着于细胞表面。吸附受许多因素的影响，如噬菌体的数量、阳离子的浓度、温度和辅助因子（色氨酸、生物素）等。

2. 侵入

吸附后尾丝收缩，尾管推出并插入细胞壁和细胞膜中，尾管释放溶菌酶水解细胞壁的肽聚糖，头部的核酸立即通过尾管及其末端小孔进入宿主细胞中，并将蛋白质躯壳留在细胞壁外，从吸附到侵入仅几秒至几分钟。

3. 增殖（生物合成）

噬菌体以其核酸中的遗传信息向宿主细胞发出指令，使宿主细胞的代谢系统按严密的程序合成噬菌体特有的核酸和蛋白质。大部分 DNA 病毒在宿主细胞核内合成 DNA，在宿主细胞质内合成蛋白质。绝大部分 RNA 病毒的 RNA 和蛋白质都在宿主细胞质中合成，也有少数例外。

4. 成熟（装配）

噬菌体的成熟过程就是把合成的各种核酸和蛋白质进行自装配的过程，主要有核酸的缩合、蛋白质衣壳包裹核酸形成完整的头部，尾丝和尾部的其他部件独立装配完成，头部和尾部结合后装上尾丝。

5. 裂解（释放）

当宿主细胞内的大量子代噬菌体成熟后，水解细胞膜的脂肪酶和溶菌酶等促进了细胞的裂解，从而完成了子代噬菌体的释放。增殖的整个过程很快，大肠杆菌 T 系噬菌体在适宜的温度下仅为 15～25min。

四、温和噬菌体与溶源性

温和噬菌体也称溶源性噬菌体，它感染宿主菌后并不立即增殖。温和噬菌体的基因组能与宿主基因组整合，并随细菌分裂传至子代细菌的基因组中，不引起细菌裂解。整合在细菌基因组中的噬菌体基因组称前噬菌体。前噬菌体偶尔可自发地或在某些理化和生物因素诱导下脱离宿主菌基因组而进入溶菌周期，产生成熟噬菌体，导致细菌裂解。温和噬菌体的这种产生成熟噬菌体和溶解宿主菌的潜在能力，称为溶源性。温和噬菌体可以有 3 种存在状态：游离的具有感染性的噬菌体颗粒、宿主菌胞质内类似质粒形式的噬菌体核酸、前噬菌体。

毒性噬菌体与温和噬菌体感染细菌的两种途径如图 4-7 所示。

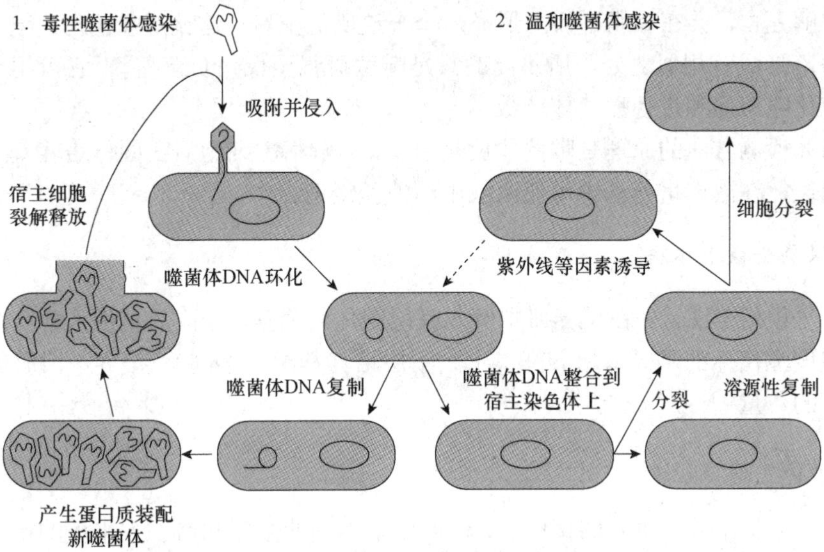

图 4-7　噬菌体感染细菌的两种途径

五、噬菌体的检测方法

生产或科研中使用的菌株，若被噬菌体污染，常有异常表现：接种的斜面或克氏瓶生长的菌苔上出现不长菌的透明区；液体发酵过程镜检菌体染色不均匀，细胞形态不整齐或膨大呈将破裂状，活菌数目减少；发酵过程糖消耗减慢，氨基氮和 pH 值变化异常；发酵液较稀，发酵终产物产率降低等。

（一）噬菌体污染快速检测方法

目前快速检测样品是否被噬菌体污染可采用以下方法。

1. 显微镜直接检查

定时取发酵液进行涂片染色，在显微镜下观察菌体的形态及生长情况，检查有无异常菌体。

2. 离心分离加热法

根据微生物细胞被噬菌体裂解后，其高分子内容物从细胞逸出的特点，通过加热发酵液离心分离后的上清液来快速检测噬菌体。原理是正常发酵液经离心后菌体沉淀，离心后的上清液若蛋白质含量不多，加热后仍清亮；被噬菌体侵染的异常发酵液离心后的上清液因含高分子内含物，加热后自裂解的细菌中逸出有活性的蛋白质沉淀，在光线照射下出现丁铎尔效应而不清亮。此法简单、快速，对发酵液污染噬菌体的判断也较准确；但不适用于对溶源性细菌及温和噬菌体的诊断，对侵染噬菌体较少的一级种子培养液也往往不适用。

（二）噬菌体污染常规检测方法

把噬菌体和敏感细菌混合培养在营养琼脂中，由于噬菌体不断裂解细菌细胞导致细菌细胞溶解死亡，会在琼脂平板上形成一个个透明的空斑，这就是噬菌斑。噬菌斑形成与细菌菌落形成有相似之处，所不同的只是噬菌斑甚至像“负菌落”，它可用于检出、分离、纯化噬菌体和进行噬菌体计数。

噬菌体检测方法的原理是噬菌体反复侵染、裂解宿主细胞后在固体培养基平板上可形成噬菌斑，在液体培养基中可使菌液由浑浊变澄清。

1. 双层平板培养法

双层平板培养法，先在培养皿中倒入底层固体培养基，凝固后再倒入含有宿主菌和一定稀释度噬菌体的半固体培养基（上、下层培养基配方不同）。培养一段时间后，计算噬菌斑的数量。

2. 单层平板培养法

在双层平板培养法中省略掉底层，但所用培养基的浓度和所加入平板的量均比双层平板法要高。此法虽简便，但实验效果较差。

六、噬菌体与发酵工业的关系

噬菌体的危害主要体现在发酵工业上。食品工业的原料发酵常使用乳酸菌、棒状杆菌、醋酸杆菌，实际生产中它们都有可能被噬菌体污染，导致碳源和氮源消耗慢、发酵周期延长、产物产量下降、pH 值上升、出现异味，严重的导致发酵液变清、倒罐、停产。这常见于味精、淀粉酶、蛋白酶、丙酮、丁醇等的发酵。

预防噬菌体污染的措施有：种子、空气、环境和发酵液要定期检查；定期消毒，室内用 1%的新洁尔灭、0.5%的甲醛、0.05%高锰酸钾、0.5%的来苏儿，室外用 0.5%漂白粉、0.5%过氧乙酸消毒；污染噬菌体的发酵液倒罐时要进行灭菌处理；注意空气过滤器要定期检测和灭菌；使用药物抑制，在谷氨酸发酵中，加入金属螯合剂，如 0.3%～0.5%草酸盐、柠檬酸铵、六偏磷酸钠等，可降低发酵液中的二价阳离子浓度，抑制噬菌体的吸附、侵入；及时改用抗噬菌体生产菌株。

本章小结

本章主要讲述病毒及噬菌体的概念、主要特征、分类、基本形态、结构和增殖方式。病毒是一类体积微小、结构简单，只含有一种类型的核酸，专性活细胞内寄生，借助于电子显微镜才能观测到的非细胞型微生物。病毒的基本结构是核心和衣壳，两者构成核衣壳。噬菌体是感染细菌、真菌、藻类、放线菌或螺旋体等微生物的病毒的总称；分为毒性噬菌体和温和噬菌体两种类型。毒性噬菌体的繁殖包括吸附、侵入、增殖、成熟和裂解 5 个阶段。温和噬菌体有溶源性，能够转变成毒性噬菌体。随后重点介绍了食品发酵工业中噬菌体污染的快速检测原理及方法，噬菌体污染的常规检测原理及方法。噬菌体污染的常规检测方法主要有双层平板培养法和单层平板培养法。

复习思考题

1．简述病毒的分类，并举出主要代表病毒。
2．病毒的基本结构和化学组成是什么？
3．简述毒性噬菌体增殖溶菌的过程。
4．简述食品发酵工业中噬菌体污染的检测方法。
5．试述噬菌体对发酵工业的危害及防治措施。

第五章　微生物的营养

☞ 知识目标　1. 了解微生物细胞的化学组成、微生物的营养要素及其功能。
　　　　　　2. 熟悉微生物吸收营养物质的 4 种方式的性质和特点。
　　　　　　3. 掌握培养基的配制原则和方法。

☞ 技能目标　1. 会判断微生物的营养类型。
　　　　　　2. 能选择合适的培养基培养微生物。

第一节　微生物的营养需求

微生物的营养是指微生物从环境中吸收营养物质并加以利用的过程。微生物同其他生物一样都是具有生命的，需要从它的生活环境中吸收所需的各种营养物质来合成细胞物质和提供机体进行各种生理代谢所需的能量，使机体能进行生长与繁殖。

一、微生物细胞的化学组成

根据对各类微生物细胞物质成分的分析，发现微生物细胞的化学组成和其他生物相比较，没有本质上的差别。微生物细胞平均含水量为 80%左右，其余 20%左右为干物质，在干物质中有蛋白质、核酸、碳水化合物、脂类和矿物质等。这些干物质是由碳、氢、氧、氮、磷、硫、钾、钙、镁、铁等主要化学元素组成的，其中碳、氢、氧、氮是组成有机物质的四大元素，占干物质的 90%～97%，其余的 3%～10%是矿物质元素。除上述磷、硫、钾、钙、镁、铁外，还有一些含量极微的钼、锌、锰、硼、钴、碘、镍、钒等微量元素。这些矿物质元素对微生物的生长也起着重要作用。但微生物细胞的化学组成随微生物种类、培养条件及菌龄的不同在一定的范围内发生改变。

二、微生物生长的营养物质及其生理功能

组成细胞的物质有蛋白质、核酸、碳水化合物、脂类和矿物质等。同样地，微生物的基本营养主要包括碳源、氮源、无机盐、生长因子和水。

1. 碳源

凡是可以被微生物用来构成细胞物质或代谢产物中碳素来源的物质通称碳源。碳源也是机体生长的能源。微生物生长所需的碳源种类极其广泛，既有简单的无机含碳化合物 CO_2 和碳酸盐等，也有复杂的天然有机含碳化合物，它们是糖及其衍生物、脂类、醇类、有机酸、烃类、芳香族化合物及各种含碳的化合物。但是不同微生物利用这些含碳

化合物的能力也不相同。

目前在微生物发酵工业中，常根据不同微生物的需要，利用各种农副产品如玉米粉、米糠、麦麸、马铃薯、甘薯及各种野生植物的淀粉，作为微生物生产的廉价碳源。

2. 氮源

微生物细胞中含氮 5%～15%，氮是微生物细胞中蛋白质和核酸的主要成分。微生物利用它在细胞内合成氨基酸，并进一步合成蛋白质、核酸等细胞成分。因此，氮元素对微生物的生长发育有着重要的意义。无机氮源一般不用作能源，只有少数化能自养细菌能利用铵盐、硝酸盐作为机体生长的氮源与能源。

对于许多微生物来说，通常可以利用无机含氮化合物作为氮源，也可以利用有机含氮化合物作为氮源。许多腐生型细菌、肠道菌、动植物致病菌能利用铵盐或硝酸盐作为氮源。例如，大肠杆菌、产气杆菌、枯草杆菌、铜绿假单胞菌等都可以利用硫酸铵、硝酸铵作为氮源，放线菌可以利用硝酸钾作为氮源，霉菌可以利用硝酸钠作为氮源等。

在实验室和发酵工业中，常用的有机氮源有牛肉膏、蛋白胨、酵母膏、鱼粉、蚕蛹粉、黄豆饼粉、花生饼粉、玉米浆等。

3. 矿物质元素

矿物质元素是微生物生长必不可少的一类营养物质，也是构成微生物细胞结构物质不可缺少的成分。许多矿物质元素在机体中的生理作用如下：参与酶的合成或作为酶的激活剂，可调节细胞的渗透压，控制细胞的氧化还原电位和作为有些自养型微生物生长的能源物质等。根据微生物对矿物质元素需要量的不同，将其分为宏量元素和微量元素。

宏量元素是指磷、硫、钾、钠、钙、镁、铁等。磷和硫的需要量最大。磷在微生物生长与繁殖过程中起着重要的作用，它既是合成核酸、蛋白质、磷脂与其他含磷化合物的重要元素，也是合成许多酶与辅酶的重要元素。硫是胱氨酸、半胱氨酸、甲硫氨酸的组成元素之一，也是构成蛋白质的主要元素之一。钠、钙、镁等是细胞中某些酶的激活剂。

微量元素是指锌、钼、锰、钴、硼、碘、镍、铜、钒等。这些元素一般参与酶蛋白的组成，或者能使许多酶活化，它们的存在会大大提高机体的代谢能力。如果微生物在生长过程中缺乏这些元素，会导致机体生理活性降低，或导致生长过程停止。微量元素通常混杂于其他营养物质中，如果没有特殊原因，在配制培养基的过程中没有必要另外加入，因为过量的微量元素反而对微生物起毒害作用。

4. 生长因子

生长因子通常指那些微生物生长所必需而且需要量很小的，但微生物自身不能合成，必须在培养基中加入的有机营养物。广义的生长因子是指维生素、氨基酸、嘌呤、嘧啶等。而狭义的生长因子仅指维生素。缺少这些生长因子会影响各种酶的活性，新陈代谢就不能正常进行。

5. 水

水是微生物细胞主要的组成成分，它占鲜重的 70%～90%。不同种类微生物细胞的含水量不同。同种微生物处于发育的不同时期或不同的环境，其含水量也有差异，幼龄菌含水量较多，衰老菌和休眠体含水量较少。

第二节　微生物对营养物质的吸收

外界环境或培养基中的营养物质只有被微生物吸收到细胞内，才能被微生物逐步分解与利用。微生物是借助于细胞膜的半渗透特性及其结构特点，以不同的方式来吸收营养物质和水分的。但不同的物质对细胞膜的渗透性不一样，根据对细胞膜结构及物质传递的研究，目前一般认为营养物质主要以单纯扩散、促进扩散、主动运输和基团移位 4 种方式透过微生物细胞膜。

一、单纯扩散

在微生物营养物质的吸收方式中，单纯扩散是通过细胞膜进行内外物质交换最简单的一种方式，也称简单扩散，其特点是物质由高浓度向低浓度扩散（浓度梯度），这是一种单纯的物理扩散，不需要载体和能量。

单纯扩散的物质主要是一些小分子，如水、一些气体（O_2、CO_2）、某些无机离子及水溶性的小分子物质（甘油、乙醇等）。

二、促进扩散

促进扩散也称协助扩散，它与单纯扩散的方式相类似，营养物质在运输过程中不需要能量，物质本身在分子结构上也不会发生变化，不能进行逆浓度运输，运输的速度随着细胞内外该物质浓度差的缩小而降低，直至膜内外的浓度差消失，从而达到动态平衡。所不同的是，这种物质运输方式需要载体，即需要细胞膜上的一种称为渗透酶的特异性蛋白（运载营养物质）参与物质的运输，这样可加速营养物质的透过程度，以满足微生物细胞代谢的需要。而且每种渗透酶只运输相应的物质，即对被运输的物质有高度的专一性。

三、主动运输

如果微生物仅依靠单纯扩散和促进扩散两种方式吸收营养物质，则营养物质只能从高浓度向低浓度扩散，这样微生物就不能吸收低于细胞内浓度的外界营养物质，生长代谢就会受到限制。实际上微生物细胞中的有些物质以高于细胞外的浓度在细胞内积累。如大肠杆菌在生长期中，细胞中的钾离子浓度比细胞外环境高许多倍。以乳糖为碳源的微生物，细胞内的乳糖浓度比细胞外高 500 倍。这种营养物质由低浓度向高浓度，逆浓度梯度运输的方式称为主动运输。

主动运输过程不仅需要渗透酶，还需要代谢能量的参与。目前研究比较深入的是大肠杆菌对乳糖的吸收，其细胞膜的渗透酶为 β-半乳糖苷酶，它可以在细胞内外特异性地与乳糖结合（在膜内结合程度比膜外小），在代谢能的作用下，酶蛋白构型发生变化而使乳糖到达膜内，并在膜内降低其对乳糖的亲和力而在膜内释放出来，从而实现乳糖由细胞外的低浓度向细胞内的高浓度运输。

四、基团移位

在微生物对营养物质的吸收过程中，还有一种特殊的运输方式称为基团移位。这种方式除了具有主动运输的特点外，主要是被运输的物质改变其本身的性质，有些化学基团被转移到被运输的营养物质上。例如，许多糖及糖的衍生物在运输中由细菌的磷酸酶系统催化，使其磷酸化，这样磷酸基团被转移到糖分子上，以磷酸糖的形式进入细胞。

基团移位可转运葡萄糖、甘露糖、果糖和β-半乳糖苷及嘌呤、嘧啶、乙酸等，但不能运输氨基酸，这个运输系统主要存在于兼性厌氧菌和厌氧菌中。

第三节　微生物的营养类型

由于各种微生物的生活环境和对不同营养物质的利用能力不同，它们的营养需要和代谢方式也不尽相同。根据微生物所要求碳源的不同（无机碳化合物或有机碳化合物），可以将其分为自养微生物和异养微生物两大类。自养微生物以CO_2为唯一的碳源，能够在完全无机的环境中生长。而异养微生物的生长则至少需要一种有机物，不能以CO_2作为唯一的碳源。

根据微生物所利用能源的不同，又可将微生物分为两种：一种是吸收光能来维持其生命活动的，称为光能微生物；另一种是将吸收的营养物质降解产生化学能，称为化能微生物。将以上两种分类方法结合起来，可以把微生物的营养类型归纳为光能自养型、光能异养型、化能自养型和化能异养型4种类型。

一、光能自养型

这类微生物利用光作为生长所需要的能源，以CO_2作为碳源。光能自养微生物都含有光合色素，能够进行光合作用。但是必须注意，光合细菌的光合作用与高等绿色植物的光合作用有所区别。在高等绿色植物的光合作用中，水是同化CO_2时的还原剂，同时释放出氧。而在光合细菌中，则是以H_2S、$Na_2S_2O_3$等无机化合物作为供氢体来还原CO_2，从而合成细胞有机物的。

例如，绿硫细菌以H_2S为供氢体，它们的光合作用可以概括为

$$CO_2+2H_2S\xrightarrow[\text{细胞叶绿素}]{\text{光能}}[CH_2O]+2S+H_2O$$

二、光能异养型

这类微生物利用光作为能源，不能在完全无机化合物的环境中生长，需利用有机化合物作为供氢体来还原CO_2，合成细胞有机物质。例如，红螺细菌利用异丙醇作为供氢体，进行光合作用，并积累丙酮酸。

三、化能自养型

这类微生物的能源来自无机物氧化所产生的化学能，碳源是CO_2或碳酸盐。常见的化能自养微生物有硫化细菌、硝化细菌、氢细菌、铁细菌、一氧化碳细菌和甲烷氧化细菌等。它们分别以硫和还原态硫化物、氨和亚硝酸、氢、二价铁、CO、甲烷作为能源。硝化细菌在自然界的氮元素循环中起着重要作用，它们使自然界中的氨转化为亚硝酸、硝酸，提高了土壤的肥力。硫化细菌可用来处理矿石，浸出一些金属矿物。这样的处理方法称为湿法冶金。在农业上，硫化细菌则被用来改造碱性土壤。

化能自养微生物一般需消耗 ATP，促使电子沿电子传递链逆向传递，以取得固定CO_2时所必需的$NADH^+$和H^+。因此，这类菌的生长较为缓慢。

四、化能异养型

这类微生物所需要的能源来自有机物氧化所产生的化学能，它们只能利用有机化合物，如淀粉、糖类、纤维素、有机酸等。因此，有机碳化物对这类微生物来说既是碳源也是能源。它们的氮素营养可以是有机物，如蛋白质，也可以是无机物，如硝酸铵等。化能异养微生物又可分为腐生和寄生两类。前者利用无生命的有机物，而后者则寄生在活的有机体内，从寄主体内获得营养物质。在腐生类型和寄生类型之间存在不同程度的既可腐生又可寄生的中间类型，称为兼性腐生或兼性寄生。

第四节　培　养　基

培养基是经人工配制而成的并适合于不同微生物生长繁殖或积累代谢产物的营养基质。它是研究微生物的形态构造、生理功能及生产微生物制品等方面的物质基础。由于各种微生物所需要的营养物质不同，所以培养基的种类很多，但无论何种培养基，都应当具备所要培养的微生物生长代谢所必需的营养物质。配制培养基不但需要根据不同微生物的营养要求，加入适当种类和数量的营养物质，并要注意一定的碳氮比（C/N），还要调节适宜的酸碱度，保持适当的氧化还原电位和渗透压。

一、培养基的类型

1. 根据营养成分划分

根据营养成分划分，培养基有天然培养基、合成培养基、半合成培养基。

（1）天然培养基。天然培养基指利用天然的有机物配制而成的培养基，如用牛肉膏、麦芽汁、豆芽汁、马铃薯、玉米粉、麸皮、花生饼粉等制成的培养基。天然培养基的优点是配制方便、营养全面而丰富、价格低廉，适合于各类异养微生物生长，并适于大规模培养微生物之用。其缺点是成分复杂，不同单位生产的或同一单位不同批次所提供的产品成分也不稳定。一般自养微生物不能在这类培养基上生长。

（2）合成培养基。合成培养基是由化学成分完全了解的物质配制而成的培养基，又称化学限定培养基。例如，高氏 1 号培养基和查氏培养基就属于此种类型。这类培养基的优点是成分精确、重复性较强，一般用于实验室进行营养代谢、分类鉴定和菌种选育等工作。其缺点是配制较复杂，微生物在这类培养基上生长缓慢，成本较高，不适宜于大规模的生产。

（3）半合成培养基。用一部分天然的有机物作为碳源、氮源及生长素等物质，并适当补充无机盐类，这样配制的培养基称为半合成培养基。例如，实验室中使用的马铃薯蔗糖培养基就属于半合成培养基。这类培养基用途最广，大多数微生物能在这类培养基上生长。

2. 根据物理状态划分

根据物理状态划分，培养基有液体培养基、固体培养基、半固体培养基。

（1）液体培养基，即把各种营养物质溶于水中，混合制成水溶液，调节至适当的 pH 值，成为液体状的培养基。用液体培养基培养微生物时，通过搅拌可以增加培养基的通气量，同时使营养物质分布均匀，有利于微生物的生长和积累代谢产物。这类培养基常用于大规模工业化生产和实验室观察微生物生长特征及应用方面的研究。

（2）固体培养基，即在液体培养基中加入一定量的凝固剂，如琼脂（1.5%～2.0%）、明胶等煮沸冷却后，使其凝成固体状态。这类培养基常用于观察、鉴定、活菌计数和分离纯化微生物。

（3）半固体培养基，即加少量的凝固剂（0.5%～0.8%的琼脂）而成半固体状的培养基。这类培养基常用来观察微生物的运动特征、分类鉴定及噬菌体效价滴定等。

3. 根据用途划分

根据用途划分，培养基有增殖培养基、鉴别培养基、选择培养基等。

（1）增殖培养基（加富培养基）。根据某种微生物的生长要求，加入有利于这种微生物生长繁殖而不适合其他微生物生长的营养物质配制的培养基，称为增殖培养基或加富培养基。这类培养基常用于菌种分离筛选。

（2）鉴别培养基。根据微生物的代谢特点由指示剂的显色反应来鉴定不同种类微生物的培养基，称为鉴别培养基。

（3）选择培养基。选择培养基是用来将某种微生物从混杂的微生物群体中分离的培养基。根据不同种类微生物的特殊营养要求或对某种化学物质的敏感性不同，在培养基中加入特殊的营养物质或化学物质以抑制不需要的微生物的生长，而促进某种需要菌的生长，这类培养基称为选择培养基。

二、配制培养基的基本原则

1. 目的明确

选择适宜的营养物质：所有微生物的生长繁殖都需要培养基中含有碳源、氮源、无机盐、生长因子等，但不同的微生物对营养物质的需求是不一样的。因此，在配制培养基时，首先要考虑不同微生物的营养需求，如果是自养型微生物则主要考虑提供无机碳源，而异养型微生物主要考虑提供有机碳源；其次要考虑加入适量的无机矿物质元素。有些微生物在培养时还需加入一定的生长因子，如在培养乳酸菌时，要求在培养基中加入一些氨基酸和维生素等才能很好地生长。

2. 营养协调

培养基中营养物质的浓度合适时微生物才能生长良好。营养物质浓度过低时，不能满足微生物生长需要；浓度过高时则可能对微生物的生长起抑制作用。例如，培养基中高浓度的糖类、无机盐、生长因子不仅不能促进微生物生长，反而对微生物有杀死或抑制其生长的作用。另外，培养基中营养物质的配比也直接影响微生物的生长繁殖及代谢产物的积累，尤其是碳氮比影响最明显。例如，在利用微生物发酵生产谷氨酸时，当碳氮比为 4 时，菌体大量繁殖，积累少量谷氨酸；当碳氮比为 3 时，菌体繁殖受到抑制，谷氨酸的产量则明显增加。

不同的微生物要求不同的碳氮比，同一菌种，在不同的生长时期对碳氮比也有不同的要求，一般在发酵工业中，配制发酵培养基时对碳氮比的要求比较严格，因为碳氮比对发酵产物的积累影响很大。种子培养基营养越丰富对菌体生长越有利，尤其是氮源要丰富。

3. 条件适宜

培养基的 pH 值必须控制在不同范围内，才能满足不同微生物的生长繁殖或产生代谢产物的要求。不同类型微生物的生长繁殖或积累代谢产物的最适 pH 值条件各不相同。一般来说，大多数细菌的最适 pH 值为 7.0～8.0，放线菌要求 pH 值为 7.5～8.5，酵母菌要求 pH 值为 3.8～6.0，霉菌适宜的 pH 值为 4.0～5.8。另外，微生物在生长代谢过程中，由于营养物质被分解和代谢产物的形成与积累，可引起 pH 值的变化，对于大多数微生物来说，主要是酸性产物使培养基 pH 值下降，这种变化往往影响微生物的生长和繁殖。所以，在配制培养基过程中需加入一些缓冲剂来维持培养基 pH 值的相对恒定。常用的缓冲剂有磷酸盐类或碳酸钙缓冲剂。

4. 经济节约

在配制培养基时，应尽量利用廉价且易获得的原料作为培养基的成分。特别是发酵工业中，培养基用量大，选择培养基的原料时，除了必须考虑容易被微生物利用以及满足工艺要求外，还应考虑经济价值。尤其是应尽量减少主粮的利用，采用以副产品代用原材料的方法。例如，微生物单细胞蛋白的生产中主要是以纤维水解物、废糖蜜等代替淀粉、葡萄糖等。大量的农副产品如麸皮、米糠、花生饼、豆饼、酒糟、酵母浸膏等都是常用的发酵工业培养基的原料。

本章小结

本章主要介绍了微生物的营养需求、营养物质的吸收方式、营养类型及培养基相关知识。根据微生物的生活特征及与环境的关系，将微生物的营养需求分为5个方面：碳源、氮源、无机盐、生长因子和水。这些物质进出微生物细胞的方式主要有4种：单纯扩散、促进扩散、主动运输与基团移位。根据能源、供氢体与碳源的来源不同，微生物营养类型可分为四大类型：光能自养型、光能异养型、化学自养型和化学异养型。为人工培养微生物制备的、提供微生物合适营养条件的基质称为培养基。培养基的种类虽然繁多，但制备培养基必须遵循“目的明确、营养协调、条件适宜、经济节约”的基本原则。

复习思考题

1．简述微生物细胞的组成与营养成分的关系。
2．简述微生物的营养类型及划分依据。
3．简述微生物吸收营养物质的方式及特征。
4．简述培养基的配制原则。

第六章　微生物的代谢

☞ 知识目标	1.	了解微生物的能量产生机理。
	2.	熟悉微生物的物质代谢的基本过程。
	3.	掌握分解代谢与合成代谢的关系。
☞ 技能目标	1.	会灵活运用微生物的物质代谢原理分析具体问题。
	2.	能运用微生物的代谢调控技术，使其服务于生产。

第一节　微生物的能量代谢

微生物的能量代谢活动与食品关系较为密切。其生命活动需要能量，机体主要通过生物氧化反应获得能量，微生物氧化何种基质，氧化反应中的电子传递体是哪些？以什么物质作为最终的电子受体，氧化结果形成什么产物等主要决定于机体的酶系组成，与机体所处环境条件有关。已知异养型微生物都是以有机物为能源，它们从有机物的氧化反应中获得能量，自养型微生物从光或无机物的氧化反应中获得能量。在以有机物为基础的生物氧化反应中，以 O_2 作为最终电子受体的称为有氧呼吸，以无机氧化物中的氧作为最终电子受体的称为无氧呼吸，以有机物作为电子受体的称为发酵。有氧呼吸、无氧呼吸和发酵过程中都能产生能量。

一、异养型微生物的能量代谢

生物氧化（biological oxidation）就是发生在活细胞内的一系列产能性氧化反应的总称。概括地说，生物氧化的形式包括某物质与氧结合、脱氢和失去电子 3 种；生物氧化的过程可分脱氢（或电子）、递氢（或电子）和受氢（或电子）3 个阶段；生物氧化的功能有产能（ATP）、产还原力 [H] 和产小分子中间代谢物 3 种；而生物氧化的类型则包括发酵、有氧呼吸和无氧呼吸 3 种。

（一）发酵

狭义的“发酵”是指微生物细胞将有机物氧化释放的电子直接交给底物本身未完全氧化的某种中间产物，同时释放能量并产生各种代谢产物的过程。在这种发酵过程中，一般将底物脱下的电子和氢交给 NAD（P），使之还原成 NAD（P）H_2，后者将电子和氢交给作为最终电子受体的中间代谢产物（有机物），完成氧化还原反应，电子的传递不经过细胞色素等中间电子传递体，而是分子内部的转移。由于发酵作用对有机物的氧化不彻底，发酵结果是积累有机物，且产生能量较少。“发酵”在这里是指不需氧的产能代谢。

广义的发酵概念是在有氧或无氧条件下，利用好氧或兼性厌氧、厌氧微生物的新陈代谢活动，将有机物转化为有用的代谢产物，从而获得发酵产品和工业原料的过程。它包括好氧呼吸、厌氧呼吸和发酵 3 个方面。因此，微生物中的狭义发酵概念和工业生产中广义发酵的概念是有区别的。

发酵主要有以下几种类型。

1. 乙醇发酵

不同的微生物进行乙醇发酵的途径和产物不同，主要有酵母菌的乙醇发酵和细菌的乙醇发酵。上述两种微生物进行的乙醇发酵都产生 ATP，但酵母菌产能多，细菌产能少。

$$C_6H_{12}O_6 \xrightarrow{\text{EMP途径（酵母菌）}} 2CH_3CH_2OH + 2CO_2 + 2ATP$$

$$C_6H_{12}O_6 \xrightarrow{\text{ED途径（细菌）}} 2CH_3CH_2OH + 2CO_2 + ATP$$

2. 乳酸发酵

乳酸发酵与牛乳变酸、制酸泡菜和制作青储饲料等有关，进行乳酸发酵的微生物主要是细菌，它可分为正型乳酸发酵和异型乳酸发酵两种。

（1）正型乳酸发酵：指发酵产物只有单一的乳酸。

$$C_6H_{12}O_6 \xrightarrow[\text{德氏乳杆菌}]{\text{正型}} 2CH_3CH(OH)COOH + 2ATP$$

（2）异型乳酸发酵：指发酵产物除乳酸外，还有其他化合物。

$$C_6H_{12}O_6 \xrightarrow[\text{肠膜明串珠菌}]{\text{磷酸酮解酶}} CH_3CH(OH)COOH + CH_3CH_2OH + CO_2 + ATP$$

$$2C_6H_{12}O_6 \xrightarrow[\text{双歧杆菌}]{\text{磷酸己糖酮解酶}} 2CH_3CH(OH)COOH + 3CH_3COOH + 5ATP$$

正型乳酸发酵与异型乳酸发酵相比，所产生的能量要多，产生的乳酸要多。正型乳酸发酵的理论转化率为 100%，实际转化率为 80%以上，工业上可达 96%；异型乳酸发酵理论上 50%转化为乳酸，实际 40%转化为乳酸，其余转化为乙醇（或乙酸）。

3. 丁酸发酵与丙酮丁醇发酵

丁酸梭状芽孢杆菌可以发酵葡萄糖得到丁酸。

$$4C_6H_{12}O_6 \xrightarrow{\text{丁酸梭状芽孢杆菌}} 2CH_3COOH + 3CH_3CH_2CH_2COOH + 8CO_2 + 8H_2 + 10ATP$$

丙酮丁酸梭状芽孢杆菌在发酵葡萄糖经丙酮酸到丁酸过程中，当丁酸和乙酸大量积累时会使 pH 值下降至 4.0，这将导致丁酸进一步还原为丁醇，微生物利用还原丁酸为丁醇的酶还原乙酸为乙醇，并产生丙酮。

$$C_6H_{12}O_6 \xrightarrow[\text{发酵}]{\text{丙酮丁醇}} C_4H_9OH + CH_3COCH_3 + CH_3CH_2OH + H_2 + CO_2 + 2ATP$$

（二）呼吸

呼吸是指微生物在降解底物的过程中，将释放出的电子交给 NAD（P）、FAD 或 FMN 等电子载体，再经电子传递系统传递给外源电子受体，从而生成水或其他还原型产物并释放出较多能量的过程。呼吸作用和发酵作用的根本区别在于电子载体不是将电子直接传递给底物降解的中间产物，而是交给电子传递系统，逐步释放能量后再交给最终的电子受体。

由于葡萄糖在有氧呼吸中产生的能量比在发酵中产生的多得多，所以在有氧条件下，兼性厌氧微生物终止厌氧发酵而转向有氧呼吸，这种呼吸抑制发酵的现象称为巴斯德效应。

好氧微生物从有氧呼吸中获取能量，而有些厌氧微生物通过无氧呼吸取得能量。

1. 有氧呼吸

有氧呼吸即呼吸作用，是指微生物氧化底物时以分子氧作为最终电子受体的氧化作用。通过有氧呼吸可将有机物彻底氧化并释放出储存在有机物中的大量能量，其中一部分转移到 ATP 中，另一部分则以热的形式散出。在发酵过程中，葡萄糖经过糖酵解作用形成的丙酮酸在厌氧条件下转变成不同的发酵产物。在有氧呼吸过程中，丙酮酸进入三羧酸循环（TCA 循环），被彻底氧化生成 CO_2 和水，同时释放大量能量。

三羧酸循环中间产物氧化时所释放出的电子通常先传递给含辅酶 NAD^+ 的酶分子。

在呼吸过程中，NADH 中的电子不是传递给中间产物，而是通过电子传递系统传递给氧分子或其他最终电子受体。故在呼吸过程中，因有外源电子受体的存在，葡萄糖可以被完全氧化成 CO_2，从而可产生比发酵过程更多的能量。

经电子传递系统和底物水平磷酸化作用，每一次三羧酸循环可氧化 1 分子葡萄糖生成 15 分子 ATP。

此外，在糖酵解过程中产生的 2 分子 NADH 可经电子传递系统重新被氧化产生 6 分子 ATP。

在葡萄糖转变为 2 分子丙酮酸时还可借底物水平磷酸化生成 2 分子 ATP。

$$C_6H_{12}O_6 \longrightarrow 6CO_2 + 6H_2O + 38ATP$$

因此，需氧微生物在完全氧化 1 分子葡萄糖的过程中总共可得到 38 分子 ATP。

2. 无氧呼吸

化合物氧化脱下的氢和电子经呼吸链传递，最终交给无机氧化物的过程称为无氧呼吸。某些厌氧和兼性厌氧微生物在无氧条件下进行无氧呼吸。最终电子受体是 NO_3^-、NO_2^-、SO_4^{2-}、$S_2O_3^{2-}$、CO_2 等外源受体。

与有氧呼吸相同的是，无氧呼吸过程中底物氧化脱下的氢和电子也经过细胞色素等一系列中间传递体，并伴随有磷酸化作用产生 ATP，底物也可被彻底氧化。但与有氧呼吸相比，因最终电子受体为无机氧化物，有一部分能量转移给它们，因此生成的能量不如有氧呼吸多。例如，1 分子葡萄糖以 KNO_3 作为最终电子受体进行无氧呼吸时仅放出

1793.2kJ 的自由能，其余能量则转移到所生成的 NO_2^- 中。

无氧呼吸也需要细胞色素等电子传递体，并在能量分级释放过程中伴随有磷酸化作用，也产生较多的能量用于生命活动。由于部分能量随电子转移传给最终电子受体，所以生成的能量不如有氧呼吸中产生的多。根据呼吸链末端氢受体的不同，可把无氧呼吸分成多种类型，如硝酸盐呼吸、硫酸盐呼吸、硫呼吸、碳酸盐呼吸等，这里不再详述。

二、化能自养微生物的生物氧化与产能

化能自养微生物是指还原 CO_2 所需要的 ATP 和［H］是通过氧化无机底物，如 NH_4^+、NO_2^-、H_2S、H_2 和 Fe^{2+} 等而获得的。其产能的途径主要是经过呼吸链的氧化磷酸化反应，因此化能自养微生物一般是好氧微生物。

化能自养微生物的代谢作用与其他类型的微生物不同。总的说来，这类微生物的共同特点是利用无机物氧化过程中所产生的能量作为能源以同化 CO_2，合成有机物质。在无机能源氧化过程中通过氧化磷酸化产生 ATP。

化能自养微生物的种类很多，硝化细菌是广泛分布于各种土壤和水体中的化能自养微生物。从生理类型来看，硝化细菌分为亚硝酸细菌和硝酸细菌。由亚硝酸细菌引起的反应为

$$NH_3+O_2+2H^++2e^- \xrightarrow[\text{（在细胞膜上）}]{\text{氨单加氧酶}} NH_2OH+H_2O$$

$$NH_2OH+H_2O \xrightarrow[\text{（在细胞质上）}]{\text{羟胺氧化还原酶}} HNO_2+4H^++4e^-$$

第二节　微生物的物质代谢

微生物的物质代谢是指发生在微生物活细胞中的各种分解代谢与合成代谢的总和。微生物的这些代谢活动与动植物食品的加工和储藏有密切的关系。

一、分解代谢

分解代谢是指细胞将大分子物质降解成小分子物质，并在这个过程中产生能量。一般可将分解代谢分为 3 个阶段：第一阶段是将蛋白质、多糖及脂类等大分子营养物质降解成氨基酸、单糖及脂肪酸等小分子物质；第二阶段是将第一阶段产物进一步降解成更为简单的乙酰辅酶 A、丙酮酸及能进入三羧酸循环的某些中间产物，在这个阶段会产生一些 ATP、NADH 及 $FADH_2$；第三阶段是通过三羧酸循环将第二阶段的产物完全降解生成 CO_2，并产生 ATP、NADH 及 $FADH_2$。第二阶段和第三阶段产生的 ATP、NADH 及 $FADH_2$ 通过电子传递链被氧化，可产生大量的 ATP。

（一）大分子有机物的分解

1. 淀粉的分解

淀粉是被许多种微生物用作碳源的原料。它是葡萄糖的多聚物，有直链淀粉和支链淀粉之分。一般天然淀粉中，直链淀粉约占 20%，支链淀粉约占 80%。直链淀粉为

α-1,4-糖苷键组成的直链分子；支链淀粉只是在支点处由 α-1,6-糖苷键连接而成的。

微生物对淀粉的分解是由微生物分泌的淀粉酶催化进行的。淀粉酶是一类水解淀粉糖苷键酶的总称。它的种类很多，其作用方式及产物也不尽相同，主要有液化型淀粉酶、糖化型淀粉酶（包括 β-淀粉酶、糖化酶、异淀粉酶）。

2. 纤维素的分解

纤维素是葡萄糖由 β-1,4-糖苷键组成的大分子化合物。它广泛存在于自然界，是植物细胞壁的主要组成成分。人和大部分动物均不能消化纤维素。但是很多微生物，如木霉、青霉、某些放线菌和细菌均能分解利用纤维素，原因是它们能产生纤维素酶。纤维素酶是一类纤维素水解酶的总称。纤维素在纤维素酶的作用下，最终产物为葡萄糖。

3. 蛋白质的分解

蛋白质是由氨基酸组成的分子巨大、结构复杂的化合物。它们不能直接进入细胞。微生物要利用蛋白质，首先要分泌蛋白酶至体外，将蛋白质分解为大小不等的多肽或氨基酸等小分子化合物，然后进入细胞。

蛋白质的降解分两步完成：首先在微生物分泌的胞外蛋白酶的作用下水解生成短肽，然后短肽在肽酶的作用下进一步被分解成氨基酸。根据肽酶作用部位的不同，分为氨肽酶和羧肽酶。氨肽酶作用于有游离氨基端的肽键，羧肽酶作用于有游离羧基端的肽键。肽酶是一种胞内酶，在细胞自溶后释放到环境中。

4. 氨基酸的分解

微生物对氨基酸的分解，主要通过脱氨作用和脱羧作用。

1）脱氨作用

脱氨方式随微生物种类、氨基酸种类及环境条件的不同而不同。

（1）氧化脱氨。这种脱氨方式须在有氧气参加的条件下进行，专性厌氧菌不能进行氧化脱氨。微生物催化氧化脱氨的酶有两类：一类是氨基酸氧化酶，以 FAD 或 FMN 为辅基；另一类是氨基酸脱氢酶，以 NAD 或 NADP 作为氢载体。氧化脱氨生成的酮酸一般不积累，而被微生物继续转化成羟酸或醇，如丙氨酸氧化脱氨生成丙酮酸，丙酮酸可借三羧酸循环而继续氧化。

（2）还原脱氨。还原脱氨在无氧条件下进行，生成饱和脂肪酸。能进行还原脱氨的微生物是专性厌氧菌和兼性厌氧菌。腐败的蛋白质中常可分离到饱和脂肪酸，该饱和脂肪酸便是由相应的氨基酸生成的，如梭状芽孢杆菌可使丙氨酸还原脱氨成丙酸。

（3）水解脱氨。不同氨基酸经水解脱氨生成不同的产物。同种氨基酸水解之后也可形成不同的产物，如同一氨基酸水解之后可形成乳酸，也可形成乙醇。

（4）减饱和脱氨。氨基酸在脱氨的同时，其 α、β 键减饱和，结果生成不饱和酸，如天冬氨酸减饱和脱氨生成延胡索酸。

（5）脱水脱氨。含羟基的氨基酸在脱水过程中脱氨，如丝氨酸脱水后，经 α-氨基丙烯酸、α-亚氨基丙酸，再水解脱氨成丙酮酸。

2）脱羧作用

氨基酸脱羧多见于腐败细菌和真菌中。不同氨基酸在相应氨基酸脱羧酶的作用下，催化氨基酸脱羧生成有机胺和 CO_2。

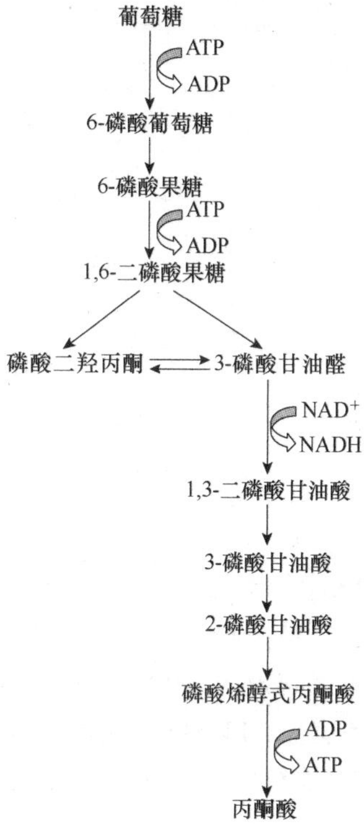

图 6-1　EMP 途径示意图

（二）微生物己糖降解途径

微生物的己糖降解途径主要有 EMP 途径、PP 途径、ED 途径。

1. EMP 途径

糖的酵解是各种发酵的基础，发酵作用是酵解过程的发展。EMP 途径又称糖酵解，或双磷酸己糖降解途径。这是氧化葡萄糖产生丙酮酸的过程，它通常是碳水化合物分解过程的第一阶段。许多微生物能进行该途径的反应。

EMP 途径包括 10 个独立的，但又连续的反应，其顺序及所需的酶如图 6-1 所示。糖酵解中的酶催化六碳葡萄糖裂解生成两个三碳糖，这些糖进一步被氧化释放能量，同时进行原子的重排而形成了 2 分子丙酮酸。糖酵解期间 NAD^+被还原成 NADH，并且通过底物水平磷酸化作用净产生 2 分子 ATP。

因此，葡萄糖经 EMP 途径降解成丙酮酸的总反应式为

$$C_6H_{12}O_6 + 2NAD^+ + 2Pi + 2ADP \longrightarrow 2CH_3COCOOH + 2NADH + 2H^+ + 2ATP + 2H_2O$$

反应中所生成 NADH 必须重新氧化为 NAD 后才能继续不断地推动全部反应。糖酵解过程不需要氧的参与，它能够在无氧或有氧的条件下发生。在无氧的条件下，如以乙醛作为受氢体，即是乙醇发酵；如以丙酮酸作为受氢体，即是乳酸发酵。在有氧情况下，NADH 经呼吸链氧化，同时丙酮酸进入三羧酸循环。

EMP 途径是多种微生物所具有的代谢途径，其产能效率虽低，但生理功能极其重要：①供应 ATP 形式的能量和 NADH 形式的还原力，厌氧微生物以该途径作为获得能量的唯一方式；②是连接其他几个重要代谢途径的桥梁，包括三羧酸循环、PP 途径和 ED 途径等；③为生物合成提供多种中间代谢物；④通过逆向反应可进行多糖合成。若从 EMP 途径与人类生产实践的关系来看，它与乙醇、乳酸、甘油、丙酮和丁醇等的发酵生产关系密切。

2. PP 途径

除了通过 EMP 途径氧化葡萄糖外，大多数微生物还有一条彻底分解葡萄糖为 CO_2 和水的途径，即葡萄糖在转化成 6-磷酸葡萄糖酸后就分解为 CO_2 和 5-磷酸核酮糖，也就是在单磷酸己糖的基础上开始降解，故称单磷酸己糖途径，简称 PP 途径，旧称 HMP

途径。又因为所生成的磷酸戊糖可重新组成磷酸己糖，形成循环反应，所以又常称为磷酸戊糖途径，如图 6-2 所示。

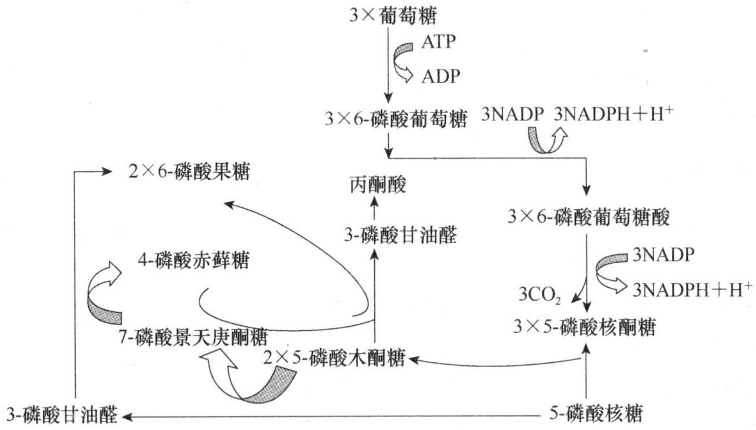

图 6-2 PP（HMP）途径示意图

PP 途径比 EMP 途径复杂，可以获得很多产物，如 C3、C5、C7 等磷酸糖脂。该途径的主要特点是葡萄糖直接脱氢和脱羧，不必先经三碳糖的阶段；另一特点是只有 NADP 参与反应。PP 途径在物质代谢中很重要，在大多数好氧和兼性厌氧微生物中都有这条途径。PP 途径与 EMP 途径、三羧酸循环可以同时存在于一细胞内，只有少数细菌以 PP 途径作为有氧分解的唯一途径，如弱氧化醋杆菌和氧化醋单胞菌。

3. ED 途径

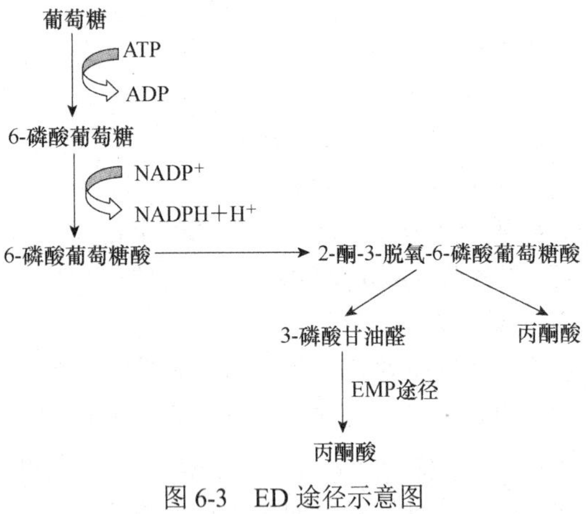

图 6-3 ED 途径示意图

Entner 和 Doudoroff 在对嗜糖假单胞菌的研究中发现，该菌缺少 6-磷酸葡萄糖酸脱氢酶，从葡萄糖生成 6-磷酸葡萄糖酸之后不氧化脱羧，而是在脱水酶作用下脱水，生成 2-酮-3-脱氧-6-磷酸葡萄糖酸，后者由脱氧酮糖醛缩酶催化裂解为 3-磷酸甘油醛和丙酮酸，这就是 ED 途径，如图 6-3 所示。3-磷酸甘油醛经 EMP 途径后半部分可转化为丙酮酸，因而 ED 途径的总反应式为

$$C_6H_{12}O_6 + NAD^+ + NADP^+ + Pi + ADP \longrightarrow$$
$$2CH_3COCOOH + NADH + NADPH + 2H^+ + ATP$$

ED 途径是少数 EMP 途径不完整的细菌（如一些假单胞菌和一些发酵单胞菌等）所特有的利用葡萄糖的替代途径，其特点是利用葡萄糖的反应步骤简单，产能效率低（1 分子葡萄糖仅产 1 分子 ATP，仅为 EMP 途径的一半）。

由于 ED 途径可与 EMP 途径、PP 途径和三羧酸循环等各种代谢途径相连接，因此可以相互协调，以满足微生物对能量、还原力和不同中间代谢产物的需要，广泛分布在细菌尤其是革兰氏阴性菌中。例如，通过与 PP 途径连接可获得必要的戊糖和 $NADPH_2$ 等。此外，在这些途径中所产生的丙酮酸对运动发酵单胞菌这类微好氧菌来说，可脱羧成乙醛，乙醛进一步被 $NADH_2$ 还原为乙醇。这种经 ED 途径发酵产生乙醇的过程与传统的由酵母菌通过 EMP 途径生产乙醇不同，因此称为细菌乙醇发酵。

二、合成代谢

微生物的合成代谢就是微生物将简单的无机物或者有机物通过体内的各种酶促反应合成大分子即菌体物质的过程。总体来说，可以概括为 3 个阶段：产生三要素——能量、还原力、小分子化合物；合成前体物——氨基酸、单糖、氨基糖、脂肪酸、核苷酸；合成大分子——蛋白质、核酸、脂肪、多糖。

（一）大分子前体物的合成

1. 单糖的合成

异养微生物所需要的各种单糖及其衍生物通常是直接从其生活的环境中吸收并衍生而来的，也可以利用简单的有机物合成。自养微生物所需要的单糖则需要通过同化 CO_2 合成。单糖的合成和互变都要消耗能量，能量都来自 ATP 的水解。

无论自养微生物还是异养微生物，其合成单糖的途径都是通过 EMP 途径逆行合成 6-磷酸葡萄糖，然后转化成其他糖。单糖合成的中心环节是葡萄糖的合成；但自养微生物与异养微生物合成葡萄糖的前体来源不同。自养微生物主要通过卡尔文循环同化 CO_2，产生 3-磷酸甘油醛，再通过 EMP 途径的逆转形成葡萄糖。自养微生物也可以通过还原性三羧酸循环同化 CO_2，得到草酰乙酸或乙酰辅酶 A 进一步产生丙酮酸，之后进一步合成磷酸己糖。自养微生物还可以通过厌氧乙酰辅酶 A 途径固定 CO_2，形成丙酮酸，丙酮酸逆行 EMP 途径生成 1,6-二磷酸果糖，再在 1,6-二磷酸果糖酶的作用下生成 6-磷酸果糖。异养微生物可利用乙酸为碳源经乙醛酸循环产生草酰乙酸；利用乙醇酸、草酸、甘氨酸为碳源时通过甘油酸途径生成 3-磷酸甘油醛；以乳酸为碳源时，可将其直接氧化成丙酮酸；将生糖氨基酸脱去氨基后也可作为合成葡萄糖的前体。

2. 氨基酸的合成

合成氨基酸的方式有氨基化作用、转氨基作用、前体转化 3 种方式。

氨基酸碳骨架来自新陈代谢的中间化合物，如丙酮酸、α-酮戊二酸、草酰乙酸或延胡索酸、4-磷酸赤藓糖、5-磷酸核糖等；而氨基则通过直接氨基化或转氨反应而导入。无机氮只有通过生成氨才能渗入有机化合物，分子氮通过固氮作用还原成氨。硝酸和亚硝酸则通过同化作用还原为氨。

（二）大分子有机物的生物合成

1. 核酸的生物合成

DNA 合成按半保留复制方式开始于特殊的起点，单向或双向进行，分子量小的环状 DNA 可以滚环式复制。DNA 复制需要 DNA 聚合酶、解链酶、解旋酶、DNA 连接酶、引物酶和 RNA 引物等。

DNA 指导下的 RNA 合成（转录），是在 RNA 聚合酶的催化下，4 种核苷三磷酸聚合成与模板 DNA 互补的 RNA。

RNA 指导下的 RNA 的合成（RNA 复制），是由依赖 RNA 的 RNA 聚合酶催化，以病毒 RNA 为模板，4 种核苷三磷酸为原料合成病毒 RNA。

2. 蛋白质的生物合成

蛋白质生物合成的机制较复杂，大约需要 200 种生物大分子，其中包括 tRNA、mRNA、核糖体、可溶性蛋白质因子等。

第三节　微生物独特的合成代谢

微生物所特有的、重要的和有代表性的合成代谢途径，包括自养微生物的 CO_2 固定及生物固氮和细胞壁肽聚糖的合成等。

一、自养微生物的 CO_2 固定

微生物中固定 CO_2 的途径有 4 条：卡尔文循环、厌氧乙酰-CoA 途径、逆向三羧酸循环和羟基丙酸途径。卡尔文循环是光能自养生物和化能自养生物固定 CO_2 的主要途径。核酮糖二磷酸羧化酶和磷酸核酮糖激酶是本途径的两种特有酶。该循环分 3 个阶段：羧化反应、还原反应、CO_2 受体的再生。卡尔文循环又称卡尔文-本森循环、核酮糖二磷酸途径或还原性戊糖磷酸循环。厌氧乙酰-CoA 途径为非循环式，主要存在于一些化能自养细菌中，如产醋酸菌、产甲烷菌等。逆向三羧酸循环又称还原性三羧酸循环，通过逆向三羧酸循环可固定 CO_2，该循环存在于绿色硫细菌中。羟基丙酸途径是少数绿色硫细菌在以 H_2 或 H_2S 作电子供体进行自养生活时所特有的一种固定 CO_2 的机制。

二、生物固氮

生物固氮是指大气中的分子氮通过微生物固氮酶的催化而还原成氨的过程，生物界中只有原核生物才具有固氮能力。

固氮微生物的种类如下。

（1）自生固氮菌。能独立进行固氮的微生物。

（2）共生固氮菌。必须与其他生物共生时才能固氮的微生物。

（3）联合固氮菌。必须生活在植物根际、叶面或动物肠道等处才能进行固氮的微生物。

生物固氮反应包括 ATP、还原力［H］及其传递载体、固氮酶、还原底物——氮气、镁离子和严格的厌氧环境等要素。

三、肽聚糖的合成

（1）在细胞质中的合成。由葡萄糖合成 *N*-乙酰葡萄糖胺和 *N*-乙酰胞壁酸，由 *N*-乙酰胞壁酸合成“Park”核苷酸。

（2）在细胞膜中的合成。由“Park”核苷酸合成肽聚糖单体。

（3）在细胞膜外的合成。从焦磷酸类脂载体上脱下来的肽聚糖单体被运送到细胞膜外正在活跃合成肽聚糖的部位，在那里，必须有现成的细胞壁残余（至少含有 6～8 个肽聚糖单体）作为引物，然后肽聚糖单体与引物分子间先后发生转糖基作用，使多糖链横向延伸一个双糖单位，再通过转肽酶的转肽作用，使前后两条多糖链间通过形成甘氨酸五肽桥而发生纵向交联。

本章小结

生物氧化是发生在活细胞内的一系列产能性氧化反应的总称，包括有氧呼吸、无氧呼吸和发酵 3 种。微生物的能量代谢具有多样性。化能异养微生物通过发酵作用和呼吸作用产能。好氧微生物通过呼吸产能，呼吸产能比发酵产能的效率高得多。微生物物质代谢是指发生在微生物活细胞中的各种分解代谢与合成代谢的总和。分解代谢是指细胞将大分子物质降解成小分子物质，并在这个过程中产生能量。微生物的合成代谢就是微生物将简单的无机物或者有机物通过体内的各种酶促反应合成大分子即菌体物质的过程。初级代谢是次级代谢的基础，初级代谢为次级代谢提供前体物质和能量；二者具有相同的重要中间体物质；次级代谢是初级代谢在特定条件下的继续和发展。

复习思考题

1．试述固氮微生物的种类及其固氮的生化机制。
2．什么是无氧呼吸？比较有氧呼吸、无氧呼吸和发酵的异同点。
3．简述化能自养微生物的生物氧化作用。

第七章　微生物的生长与控制

☞ **知识目标**　1. 了解微生物生长测定方法及工业上常用的微生物培养技术。
　　　　　　　2. 熟悉环境条件对微生物生长的影响。
　　　　　　　3. 掌握微生物的生长规律。

☞ **技能目标**　1. 会用常见方法测定微生物的生长量。
　　　　　　　2. 能选择合适的方法控制微生物的生长和繁殖。

第一节　微生物的生长及其测定

一、微生物生长的概念

当微生物合成代谢的速度超过分解代谢的速度时，个体细胞的原生质体总量增加，表现为细胞体积变大、质量增加，此现象称为生长。随着生长的持续，微生物细胞内各组分将按恰当的比例成倍增加，在达到一定程度后会引起细胞分裂，导致细胞数目的增加，对于单细胞微生物来说，则表现为个体数目的增加，称为繁殖。细菌等单细胞微生物的生长实际上就是群体细胞数目的增加；而霉菌、放线菌等丝状微生物的生长则表现为菌丝的生长和分枝，其细胞数目的增加并不意味着个体数目的增多，因此，常以菌丝长度、体积及质量增加情况来衡量其生长，其繁殖则主要通过形成无性孢子或者有性孢子使其个体数目增加来完成。可见，微生物的个体生长、繁殖与群体生长存在着以下关系：

个体生长 ⟶ 个体繁殖 ⟶ 群体生长

群体生长＝个体生长＋个体繁殖

除特定的目的外，在微生物的研究和应用过程中，只有群体生长才有实际意义，因此，微生物学中提到的“生长”，一般是指“群体生长”。

二、微生物生长量的测定

根据微生物的种类、生长状况、研究目的等的不同，可选择不同的测定方法。概括起来，常用的测定方法有以下几种。

（一）直接计数法

1. 显微计数法

取一定量稀释的单细胞培养物悬液置于血细胞计数板（适用于细胞个体较大的单细胞微生物，如酵母菌等）或细菌计数板（适用于细胞个体较小的细菌等）上，根据计数板使用规则，在显微镜下计数一定体积样品中的平均细胞数，最终换算出供测样品中的细胞数。此方法简便、快捷，是一种常用的细胞计数方法，但其无法区别死、活细胞，故又称全菌计数法。

2. 比浊法

当特定光线通过微生物菌悬液时，菌体的吸收和散射会使透光量减少。菌悬液中细胞的浓度与浑浊度成正比，而与透光度成反比，当细胞越多时，浊度越大，透光量则越少。因此，菌悬液的光密度（透光度）或浑浊度可以反映细胞的浓度。将未知细胞数的菌悬液与已知细胞数的菌悬液相比，即可求出未知菌悬液中所含的细胞数（图 7-1）。比浊仪、分光光度计是测定菌悬液中细胞浓度的常用仪器。此法简单、快捷，但不适于颜色太深或混杂有其他物质的菌悬液。通常在使用此法测定细胞浓度时，应先用显微计数法进行对应计数，取得经验数据，同时制作菌数对 OD 值（光密度）的标准曲线，方便查得菌数值。这是测定菌悬液中细胞数量的快捷方法。

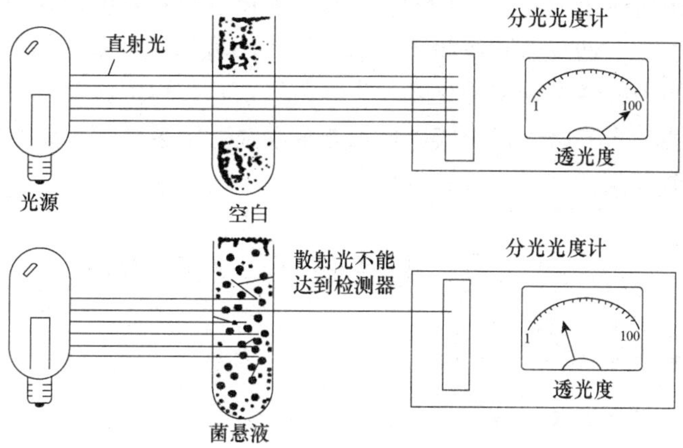

图 7-1　比浊法测定菌悬液细胞浓度的原理

（二）间接计数法

间接计数法又称活菌计数法，原理是活菌在液体培养基中会使培养基浑浊或在固体培养基上会形成菌落。

具体操作方法见第十一章。

（三）质量法

每个细胞具有一定的质量，根据待测细胞总质量及已知单细胞质量，可计算出细胞数量。该方法可以用于单细胞、多细胞、丝状体微生物等的数量测定。

1. 干重法

将一定量的培养物用离心或过滤的方法分离，洗净后离心，并称量得到湿重。若是丝状体微生物，过滤后还需要用滤纸吸去菌丝间的自由水再称量。或者将它们置于 105℃或红外线下烘干至恒重，或者置于低温下真空干燥后称量，以获得培养物中的细胞干重。

此法直接、可靠，但要求测定时菌体浓度较高，且样品中不含非菌体的干扰物质。

2. 含氮量测定法

蛋白质为细胞的主要组成成分，且含量较稳定，细菌细胞干物质中 50%～80%为蛋白质，其中重要元素氮的含量可通过凯氏定氮法、双缩脲法等测得，进而求出细胞的质量，即细胞总量＝蛋白质总量/（50%～80%）＝含氮量×6.25/（50%～80%）。通常细菌的含氮量约为其干重的 14%，而酵母菌约为 7.5%，霉菌约为 6.5%。本方法适用于固体或液体条件下微生物总生物量的测定，但测定前需充分洗涤菌体细胞以除去含氮杂质的干扰。

（四）生理指标测定法

微生物新陈代谢的过程必然要消耗或产生一定量的物质，因此可以根据某物质的消耗量或某产物的形成量来表示微生物的生长量，如微生物对氧的吸收量、发酵糖的产酸量或 CO_2 的释放量等。通过对微生物在生长过程中出现的这些指标的测定，可得出微生物的数量，即样品中的微生物数量越多或生长越旺盛，指标值就会越明显。但因为这类测定方法影响因素较多，所以误差较大，该方法仅在特定条件下，如分析微生物生理活性等做比较分析时使用。

第二节　微生物的生长规律

一、微生物的生长曲线

当把少量单细胞微生物的纯培养物接种到恒定体积的新鲜液体培养基中，在适宜的温度、pH 值、通气等条件下进行培养，该群体就会由小到大，发生有规律的增长现象，定期取样并测定单位体积培养基内的菌体细胞数，可从中得到群体生长规律。以计数获得的细胞数目的对数为纵坐标，以培养时间为横坐标作图，可得到一条定量描述一定体积液体培养基中微生物生长规律的实验曲线，该曲线就称为典型生长曲线（图 7-2）。

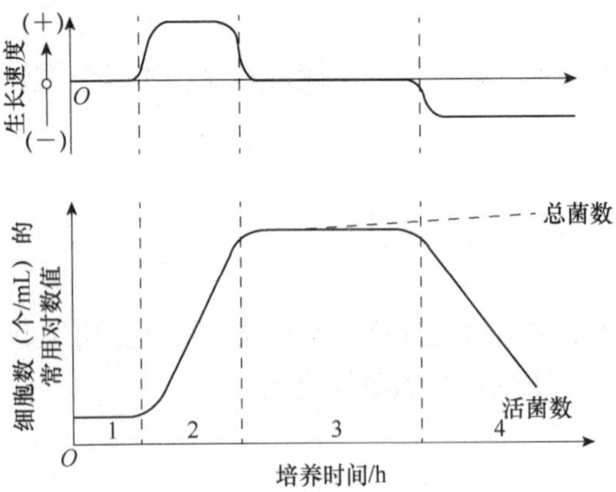

图 7-2　细菌的典型生长曲线

1. 延滞期；2. 指数生长期；3. 稳定期；4. 衰亡期

由图 7-2 可见，典型生长曲线可以划分为延滞期、指数生长期、稳定期和衰亡期 4 个时期。

典型生长曲线表现了单细胞微生物及其群体在适宜的新的培养环境中，生长、繁殖直至衰老、死亡的动力学培养过程。生长曲线上各个时期的点，反映了所培养细菌细胞与其所处环境之间进行物质、能量交换，以及细胞与环境间相互作用与制约的动态变化，深入研究各种单细胞微生物生长曲线上各个时期的特点与其内在机制，在微生物学理论与应用实践中都有着十分重要的意义。

1. 延滞期

延滞期又称迟缓期、调整期、适应期。当少量菌体被转接入新鲜液体培养基后，在最开始的一段时间内，细菌不立即进行繁殖，细胞数不增加甚至会稍有减少。延滞期菌种细胞的特点：生长速度常数几乎等于零；菌体的体积增长较快；细胞内的储藏物质逐渐被消耗，DNA 及 RNA 的含量相应提高；同时各类诱导酶的合成量增加；细胞内的原生质比较均匀一致；对外界环境中的理化因素，如热、辐射、抗生素等较为敏感；分裂迟缓，代谢活跃。此外在这一时期，细胞也正在为下一阶段（指数生长期）的快速生长与繁殖做生理与物质上的准备。

延滞期的长短，因微生物菌种、菌龄和培养条件等的不同而异，其持续时间可从几分钟到几小时、几天，甚至几个月。究其影响因素，主要有以下几个。

（1）菌种。微生物在接种后就进入延滞期，细菌和酵母菌繁殖较快，一般只需要几分钟到几小时，而霉菌繁殖较慢，需要十几小时，放线菌的延滞期则更长些。

（2）接种龄。接种龄是指接种菌种的生长年龄，即它接种时的生长状况处于生长曲线的哪个阶段。当菌种处于指数生长期时，子代培养物的延滞期相对较短；当菌种处于延滞期或衰亡期时，子代培养物的延滞期较长；而处于稳定期的菌种，其子代培养物的延滞期在以上二者之间。

（3）接种量。接种量是指接种入发酵液内的菌种的百分含量。在发酵行业中，通常以菌种与发酵培养基的体积比表示接种量。接种量大小会明显影响延滞期的长短，接种量越大，延滞期越短。

（4）培养基成分。延滞期长短还会受到发酵培养基中营养物质的丰富程度，以及种子培养基与发酵培养基的成分差异等的影响。

2. 指数生长期

单细胞微生物的纯培养物被接种到新鲜发酵培养基后，经过一段时间的适应，就会进入生长速度相对恒定的快速生长与繁殖时期，处于这一时期的单细胞微生物，其细胞将按 1→2→4→8…的方式增长。因为这一时期的细胞增长以 $2^0 \rightarrow 2^1 \rightarrow 2^2 \rightarrow 2^3 \rightarrow 2^4 \cdots 2^n$ 的指数形式进行，所以称为指数生长期，又称对数生长期。

指数生长期的菌群特点：菌种生长速度常数达到最大，细胞每分裂一次所需要的代时（G）或原生质增加 1 倍所需要的倍增时间较短；菌体的形态、大小、生理特征等比较一致；酶系活跃、代谢旺盛；活菌数和总菌数接近。

指数生长期中，细胞每分裂一次所需要的时间称为代时（G）。在一定时间内，菌体细胞的分裂次数越多，其代时就越短，则分裂速度越快。不同菌种的代时不同，同一菌种处在不同的培养条件下，代时也不同。培养基营养丰富，培养条件如温度、pH 值、渗透压等合适，代时则短；反之，代时就长。但在各生长条件一定的情况下，各菌种的代时是相对稳定的，有的为 20～30min，有的为几小时甚至几十小时。

指数生长期细胞的特点：微生物个体形态及生理特征典型，代谢活跃，生长速度恒定，繁殖能力也较强，可反映微生物菌株在特定条件下的遗传特性。在微生物发酵工业中，用指数生长期的菌种作为种子可缩短延滞期，从而缩短发酵周期。

3. 稳定期

随着细胞不断生长繁殖，培养基中的营养物质逐渐被消耗，代谢产物也逐渐形成并积累，从而使细胞的生长速度逐渐下降。该阶段细胞的繁殖速度与死亡速度基本相等，即菌种生长速度常数为零，细胞的总数达到最高点，该时期称为稳定期或恒定期。

出现稳定期的主要原因有如下 3 个方面。

（1）培养基中必要的营养成分减少，尤其是生长限制因子耗尽，或其浓度无法满足细胞指数生长的需要。

（2）细胞排出的代谢产物在培养基中大量积累，导致菌体生长受到抑制。

（3）上述两方面主要因素造成细胞内外理化环境改变，从而引起培养基中营养物质比例失调，如碳氮比失调。

稳定期菌群的特点：活菌数目相对稳定，总菌数达到最高水平；以代谢产物的合成与积累为主，细胞代谢产物积累达到最高值；多数芽孢杆菌在这个时期开始形成芽孢；细胞内开始储存糖原异染颗粒和脂肪等储藏物；某些微生物开始合成抗生素等次级代谢产物；菌体对不良环境抵抗力较强。

4. 衰亡期

达到稳定期的微生物群体，由于其生长环境的继续恶化和营养物质的进一步短缺，群体中细胞的死亡率逐渐上升，以致死亡菌数逐渐超过新生菌数，群体中的活菌数目下降，出现“负生长”现象，曲线下滑。

衰亡期的特点：菌体的细胞形状、大小出现异常，甚至畸形；有的细胞内出现多液；有的细胞革兰氏染色结果发生改变；许多胞内代谢产物和胞内酶向外释放。

二、生长曲线对生产实践的指导意义

微生物的生长曲线反映了一种微生物在一定的生活环境（试管、摇瓶、发酵罐）中生长、繁殖、衰老和死亡的规律。它既可作为特定菌种生长繁殖受营养物质和环境因素影响的理论研究指标，也可作为微生物生长代谢调控的依据，以及根据生产发酵目的的不同，确定微生物发酵的收获时期。在微生物发酵工程中，生长曲线还经常用于指导其工艺条件优化，以获得最大的经济效益。

1. 缩短延滞期

在微生物发酵工业中，若延滞期较长，会导致发酵设备利用率降低、能源消耗增加、产品生产成本上升，最终会造成劳动生产力低下，以及经济效益下降。而只有缩短延滞期，才有可能缩短发酵周期，以提高经济效益。因此，在微生物实践应用中，通常可采取措施来有效地缩短延滞期，具体措施如下。

（1）以指数生长期接种龄的种子进行接种。通过分析微生物的生长曲线可知，微生物在指数生长期的生长速度最快。实验证明，用指数生长期接种龄的种子进行接种时，其子代培养物的延滞期较短；而以延滞期、衰亡期的种子接种时，其子代培养物的延滞期较长；以稳定期的种子接种时，其延滞期则在以上二者之间。用生命力旺盛的指数生长期细胞来接种，可以有效缩短延滞期，加速进入指数生长期。

（2）适当增加种子接种量。接种量越大，延滞期就会越短。发酵行业常用的种子接种量约为10%（种子与发酵培养基的体积比为1∶10），也可根据具体情况增加至15%～20%。在实验室研究中，通过摇瓶培养，扩大种子量，使其生长状况达到指数生长期后再进行接种，也可缩短延滞期。

（3）采用营养丰富的培养基。通常情况下，微生物在营养丰富的培养基中要比在营养贫乏的培养基中的延滞期要短。培养液中营养物质的消耗、代谢产物的积累，以及由此引起的培养条件的改变是限制其内微生物继续快速增殖的重要原因，因此可通过采用营养丰富的培养基或适时更换培养基来缩短延滞期。但需要注意的是，种子培养基与下一步培养用的培养基在营养成分及其他理化条件上应尽可能保持一致，以便使微生物细胞更快适应新环境，如用糖蜜作为发酵原料，可以在末级摇瓶培养基中加入半量或少量的糖蜜作为培养料。

2. 利用指数生长期

处于指数生长期的细胞，其个体形态、化学组成和生理特性等都较为一致，且代谢旺盛、生长迅速，代时也相对稳定，因此处于该时期的微生物是发酵工业生产中的良好种子。它可以有效缩短延迟期，从而缩短发酵周期，提高设备的利用率。由于旺盛生长的细胞对周围环境中的理化因子比较敏感，指数生长期的细胞也是研究微生物的生长代谢、遗传调控等生物学基本特性的良好材料。适时补充营养物质，调节由于培养过程而改变了的环境pH值、氧化还原电位等，排除培养环境中的有害代谢产物，可适当延长指数生长期，以提高培养液的菌体浓度及有用代谢产物的产量。

3. 延长稳定期

处于稳定期的细胞，其细胞内开始积累大量储藏物，如异染颗粒、脂肪粒等，多数芽孢细菌也在这个阶段形成芽孢。在稳定期，活菌数目达到最高水平，若为了获得大量的活菌体，就应在该阶段收获。同时在稳定期，代谢产物的积累也开始增多，并逐渐趋向高峰。例如，某些产抗生素的微生物，在稳定期后期会大量形成抗生素。稳定期的长短与菌种类型和外界环境条件有关。在生产上，常常通过调节pH值和温度，以及补料等措施来延长稳定期，以便积累更多的代谢产物。

4. 掌握衰亡期

衰亡期的微生物细胞活力明显下降，与此同时逐渐积累的代谢毒物可能会与代谢产物发生某种反应，使代谢产物发生降解或影响其提纯。因此，必须掌握时间，适时结束发酵。

第三节　微生物生长繁殖的控制

一、环境因素对微生物影响的相关概念

1. 消毒

消毒是指采用较温和的理化条件，仅杀死或灭活物体中所有对人或动植物有害的病原微生物，而对消毒对象本身基本无害的措施。消毒可杀死病原微生物的营养体，但对芽孢则无杀灭作用。消毒可达到防止传染病传播的目的，如使用 75%乙醇等消毒药剂对水果、饮用水、皮肤等进行消毒；将物体加热至 60～70℃处理 30min，或煮沸 10min，对牛乳、食品等进行消毒。

2. 灭菌

灭菌是指采用强烈的物理或化学因子，杀灭物体内外部所有活的微生物（包括耐热性的芽孢）的措施（如高温灭菌、辐射灭菌等）。灭菌后的物体中无可存活的微生物。灭菌实质上还可以分为杀菌和溶菌两类：杀菌是指菌体虽死，但其形态尚存；溶菌则是指菌体被杀死后，其细胞也因发生裂解、自溶等现象而消失。

3. 防腐

防腐是指在某些理化因素的作用下，物体内外的微生物暂时处于不生长、不繁殖，但又未死亡的状态，它是一种抑菌作用。

4. 化疗

化疗即化学治疗，是指利用具有高度选择毒力的化学物质（对病原微生物具有高度毒力，而对其宿主则基本无毒）来抑制宿主体内病原微生物的生长繁殖，以达到治疗该宿主传染病的一种措施。用于化疗的化学物质称为化学治疗剂，包括抗生素、生物药物素、磺胺类等化学合成药物和若干中草药中的有效成分等。

消毒、灭菌、防腐、化疗的比较见表 7-1。

表 7-1　消毒、灭菌、防腐、化疗的比较

比较项目	消毒	灭菌	防腐	化疗
处理因素	理化因素	强理化因素	理化因素	化学治疗剂
处理对象	生物体表，酒、乳等	任何物体内外	有机质物体内外	宿主体内
微生物类型	有关病原菌	一切微生物	一切微生物	有关病原菌
对微生物作用	杀死或抑制	彻底杀灭	抑制或杀死	抑制或杀死
实例	70%乙醇消毒、巴氏消毒法	高压蒸汽灭菌、辐射灭菌、化学灭菌剂	冷藏、干燥、糖渍、盐腌、缺氧、化学防腐剂	抗生素、磺胺药、生物药物素

必须指出的是，不同微生物对各种理化因子的敏感性不同，即使为同一因素，其使用剂量不同，对微生物的效应也不一样，或起灭菌作用，或只起消毒或防腐作用。还有些化学因子，低浓度时还可能是微生物的营养物质，甚至具有刺激生长的作用。

二、控制微生物生长的物理方法

（一）温度

1. 生长温度三基点

在一定的温度范围内，机体的代谢活动与生长繁殖速度随着温度的上升而增强。在温度上升到一定程度后，高温开始对机体产生不利影响，如温度继续升高，则细胞功能将会急剧下降，直至死亡。总体而言，微生物生长温度范围很宽，在－10～100℃均可生长，但不同微生物都有其各自生长繁殖的最低生长温度、最适生长温度及最高生长温度，即生长温度三基点。在生长温度三基点内，微生物均可生长繁殖，但其生长速度不同。当温度低于最低生长温度或高于最高生长温度时，微生物将停止生长，甚至死亡。

（1）最低生长温度，即微生物能够进行生长繁殖的最低限温度。若低于该温度，微生物生长可完全停止。

（2）最适生长温度，即微生物分裂代时最短或其生长速度最高时的培养温度范围。

（3）最高生长温度，即微生物能够进行生长繁殖的最高限温度。但在该温度下，微生物细胞较容易衰老，甚至死亡。

2. 微生物的生长温度类型

根据不同微生物最适生长温度范围的差异，通常可以把微生物分为低温微生物（嗜冷型）、中温微生物（嗜温型）及高温微生物（嗜热型）三大类，它们的生长温度三基点，即最低生长温度、最适生长温度、最高生长温度及其范围见表 7-2。

表 7-2 三大类微生物最低生长温度、最适生长温度、最高生长温度及其范围

微生物类型		生长温度范围/℃			分布主要处所
		最低生长温度	最适生长温度	最高生长温度	
低温微生物	专性嗜冷	－12	5～15	20	两极地区
	兼性嗜冷	－15	10～20	30	海水及冷藏食品
中温微生物	室温	10	20～35	45	腐生菌、寄生菌的生活处所
	体温		35～40		
高温微生物		25	50～60	95	温泉、堆肥堆、土壤表层、热水加热器等

（1）低温微生物。低温微生物的最适生长温度为 5～20℃，包括水体中的发光细菌、铁细菌，以及一些常见于寒带冻土、冷泉、冷水河流、海洋、湖泊及冷藏仓库中的微生物。它们对以上水域中有机质的分解起着十分重要的作用，而冷藏食物的腐败往往也是这类微生物作用的结果。低温微生物能够在低温条件下生长，这可能是由于低温微生物细胞内的

酶仍能在低温下缓慢而有效地发挥作用，且其细胞膜中的不饱和脂肪酸含量较高，可使它们在低温下仍能保持膜的通透性，从而使其能在低温下进行活跃的物质代谢。

（2）中温微生物。在自然界中，绝大多数微生物属于中温微生物，其最适生长温度为 20～40℃。中温微生物又可分为室温型微生物和体温型微生物两大类：室温型微生物，如植物病原菌、土壤微生物等，适于在 20～35℃生长；体温型微生物，如人及温血动物寄生菌，其最适生长温度往往与其宿主体温接近，如人体寄生菌的最适生长温度约为 37℃。

（3）高温微生物。这类微生物的最适生长温度为 50～60℃，堆肥、厩肥、秸秆堆、温泉和土壤中都有高温微生物存在，它们参与厩肥、堆肥和秸秆堆高温阶段有机质的分解过程。其中芽孢杆菌和放线菌中多高温微生物种类，而霉菌则通常不能在高温下生长繁殖。

在一定的适宜温度范围内，随着温度逐渐提高，微生物的代谢活动也逐渐加强，生长、增殖加快；但当超过其最适温度后，生长速度则逐渐降低，生长周期也逐渐延长。

3. 高温灭菌

高温对微生物具有致死作用。不同微生物对高温的抵抗力不同，即使是同一种微生物，因发育形态、群体数量及环境条件不同也会具有不同的耐热性。细菌芽孢、真菌的一些孢子和休眠体，都比它们营养细胞的耐热性要强得多。大部分不产芽孢的细菌、酵母菌营养细胞及真菌菌丝体，在液体中加热至 60℃时经数分钟即可死亡，但各类芽孢细菌的芽孢即使在沸水中数分钟甚至数小时仍能存活。

当环境温度超过最高生长温度时，便可杀死微生物。这个在一定时间内和一定条件下杀死微生物的最低温度称为致死温度，而在致死温度下杀死该种微生物所需要的时间称为致死时间。当高于致死温度时，温度越高，致死时间则越短。表 7-3 列举了某些细菌芽孢的致死温度和致死时间。由此可见，运用高压蒸汽灭菌法，将温度升高到 121℃以上进行培养基灭菌，足以杀死其内包括耐热性最强的芽孢的全部微生物。

表 7-3　各种细菌芽孢的致死温度和致死时间　　单位：min

菌种	100℃	105℃	110℃	115℃	121℃
枯草芽孢杆菌	6～17	—	—	—	—
炭疽芽孢杆菌	5～10	—	—	—	—
肉毒梭状芽孢杆菌	330	100	32	10	4
嗜热脂肪芽孢杆菌	—	—	—	—	12
破伤风梭菌	5～15	5～10	—	—	—

1）干热灭菌法

（1）灼烧灭菌法。即将待灭菌物品放在火焰上灼烧，是一种最彻底的干热灭菌法，但其破坏力极强，常用于对金属接种工具、污染物品及实验材料等废弃物的处理。

（2）热空气灭菌法。即将待灭菌物品置于干热灭菌箱中，利用热空气进行灭菌，通常在 150～170℃下处理 1～2h，即可彻底灭菌（包括杀死细菌的芽孢）。当被处理物品传热性较差、体积较大或堆积过挤时，需要适当延长灭菌时间。该法可保持待灭菌物品干燥，但只适用于玻璃器皿、金属用具等耐热物品的灭菌。

2）湿热消毒法

（1）巴氏消毒法。该法是一种专门用于牛乳、果酒、啤酒或酱油等不宜进行高温灭菌的液态风味食品或调料的低温消毒方法。即用较低的温度（62～63℃，30min）处理牛乳、酒类等饮料，以杀死其中的病原微生物，如伤寒杆菌、结核杆菌等，但又不破坏食品本身的营养与风味。将处理后的物品迅速冷却至 10℃左右即可饮用。

（2）煮沸消毒法。将物品在水中煮沸（100℃）15min 以上，即可杀死细菌的所有营养细胞和部分芽孢。若延长煮沸时间，并在水中加入 1%碳酸钠或 2%～5%苯酚，则效果更好。该法适用于饮用水的消毒。

（3）间歇灭菌法。该法又称为分段灭菌法，是一种将待灭菌物品放置于盛有适量水的专用灭菌器内，利用流通蒸汽对其进行反复多次处理的灭菌方法。具体步骤如下：将待灭菌物品置于灭菌器或蒸锅中，常压下 100℃处理 15～30min，以杀死其中所有微生物的营养体。待冷却后，置于一定温度下（28～37℃）保温过夜，以促使其中可能残存的芽孢萌发成营养体，然后以同样的方法加热处理。如此反复 3 次，可杀灭物体中所有芽孢和营养体，达到灭菌目的。采用该法灭菌比较费时，一般只用于不耐热的营养物、药品、特殊培养基等的灭菌。

（4）高压蒸汽灭菌法。该法为实验室及生产中常用的灭菌方法，又称为加压蒸汽灭菌法。该法通常在高压蒸汽灭菌锅内进行，它是一个具有夹层的密闭系统，夹层和锅中可以充满蒸汽。由于连续加热，锅内蒸汽不断增多，随着压力加大，温度也逐渐上升。当锅内蒸汽达到平衡时，其中产生的蒸汽为饱和蒸汽。饱和蒸汽含热量高，穿透力强，可迅速引起蛋白质的凝固变性，从而杀死细菌和芽孢，因此高压蒸汽灭菌法在湿热消毒法中效果最佳，应用最广。它适用于各种耐热物品的灭菌，如各种缓冲液、生理盐水、一般培养基、金属用具、敷料、玻璃器皿、工作服等。

4. 低温抑菌

绝大多数微生物对低温的抵抗力要强于高温。虽然对部分微生物来说，低温能使其死亡，但对于大多数微生物来说，在低于最低生长温度的环境中，其代谢速度降低，甚至进入休眠状态，但其原生质结构通常并不被破坏，不会很快死亡，并且能在一个较长时间内保存生命力。当提高温度后，仍可恢复其正常的生命活动。在微生物学的研究工作中，常采用低温来保藏菌种。

（二）微生物与氧的关系

不同类群的微生物对氧的需求不同，根据不同微生物对氧的不同需求与影响，可把微生物分成如下 5 种类型。

（1）专性好氧菌。该类微生物具有完整的呼吸链，它们以分子氧作为最终的电子受体，因此只能在较高浓度的分子氧条件下才能正常生长。大多数细菌、放线菌及真菌属于专性好氧菌，如固氮菌属、铜绿假单胞菌、醋杆菌属等。

（2）兼性厌氧菌。兼性厌氧菌也称为兼性好氧菌，该类微生物的适应范围较广，在有氧或无氧的环境中都能生长，进行不同的代谢途径，通常以有氧生长为主。该类微生物在有氧条件下主要靠呼吸产能，兼具厌氧生长能力；在无氧条件下则通过发酵或无氧呼吸产能。例如，产气肠杆菌、大肠杆菌等肠杆菌科的各种常见细菌，以及酿酒酵母、地衣芽孢杆菌等都属于兼性厌氧菌。

（3）微好氧菌。该类微生物细胞内含有在强氧化条件下易失活的酶，只能在非常低的氧分压（即 0.01～0.03Pa）下才能生长（正常大气的氧分压为 0.2Pa）。它们具有呼吸链，且以氧为最终电子受体产能，如氢单胞菌属、发酵单胞菌属、弯曲菌属等。

（4）耐氧菌。该类微生物的生长不需要氧，但可在分子氧存在的环境下进行发酵性厌氧生长，分子氧对它们虽无用，但也无害，故也称为耐氧性厌氧菌。它们不具有呼吸链，只能通过发酵经底物水平磷酸化来获得能量，因而氧对其无用。发酵工业中常用的乳酸菌大多是耐氧菌，如肠膜明串珠菌、乳链球菌、乳酸乳杆菌和粪肠球菌等。

（5）厌氧菌。分子氧对该类微生物有毒害作用，氧可抑制大多数厌氧菌生长，甚至会导致严格厌氧菌死亡。它们在固体培养基表面不能生长，只能在深层无氧或者氧化还原电位很低的环境中生长，通过无氧呼吸、发酵、循环光合磷酸化或甲烷发酵来获得能量。常见的厌氧菌有梭菌属的丙酮丁醇梭菌、着色菌属、硫螺旋菌属等属的光合细菌及双歧杆菌属和拟杆菌属的成员，而产甲烷菌属于严格厌氧菌。

（三）微生物与氧化还原电势的关系

不同微生物对生长环境中氧化还原电势有着不同的要求，环境的氧化还原电势不仅与氧分压有关，还受 pH 值的影响。当 pH 值低时，氧化还原电势就高；而当 pH 值高时，氧化还原电势则低，一般以 pH 值中性时的氧化还原电势来表示。微生物的培养环境（培养基及其接触的气态环境）或自然环境的氧化还原电势，是整个环境中各种氧化还原因素的综合表现。一般来说，氧化还原电势在＋0.1V 以上时，适宜好氧性微生物生长，且在＋0.3～＋0.4V 最佳；在 0.1V 以下时，适宜厌氧性微生物生长。

（四）干燥对微生物生长的影响

水分是微生物进行生长繁殖的必要条件，芽孢出芽、孢子萌发都需要大量的水分，微生物是不能离开水分而生存的。通常在人工培养微生物时，要求培养基的含水量为 60%～65%，且空气相对湿度为 80%～90%。在干燥状态下，微生物会因细胞脱水、蛋白质变性而使代谢活动停止，最终导致死亡。

（五）渗透压对微生物生长的影响

一般大多数微生物不能耐受高渗透压，食品工业中常利用高浓度的糖或盐来保存食品，如利用 5%～10%浓度的盐或 50%～70%浓度的糖来腌制肉类、果脯、蜜饯及蔬菜等。在低渗溶液中，外界环境中的水分会从溶液进入细胞内，而引起细胞吸水膨胀，甚至破裂致死。低渗法可用于破碎细胞，如将洗净并经离心的菌体置于 80 倍预冷的 $MgCl_2$ 溶液中，剧烈搅拌即可使细胞内含物释放出来。

（六）pH 值对微生物生长的影响

每种微生物都有其最适 pH 值和一定的 pH 值适宜范围。大多数细菌、藻类和原生动物的最适 pH 值为 6.8～7.4，在 pH 值为 2.0～10.0 时也能生长；放线菌一般适宜弱碱性环境，其最适 pH 值为 7.0～8.0；酵母菌和霉菌在 pH 值为 4.0～6.0 的酸性环境中生长较好，但在 pH 值为 1.5～11.0 时也可生长（表 7-4）。此外，某些细菌也可在强碱性或酸性环境中生活，如大豆根瘤菌就能在 pH 值为 11.0 的环境中生活，而氧化硫硫杆菌在 pH 值为 1.0～2.0 的强酸环境中也能生活。

表 7-4　一般微生物的最低 pH 值、最适 pH 值与最高 pH 值

微生物	最低 pH 值	最适 pH 值	最高 pH 值
细菌	2.0	6.8～7.4	10.0
放线菌	5.0	7.0～8.0	10.0
酵母菌	2.5	4.0～5.8	8.0
霉菌	1.5	3.8～6.0	11.0

当微生物处于最适 pH 值环境中生长时，其酶活性最高，若其他条件适宜，微生物的生长速度也达到最高值；而当处于低于最低 pH 值或超过最高 pH 值环境中时，微生物生长将被抑制，甚至导致其死亡。pH 值主要通过影响微生物对营养物质的吸收、酶活性及代谢物形成来影响微生物的生长。

（七）辐射与紫外杀菌

与微生物生长有关的辐射主要有可见光辐射（波长 400～760nm）、紫外辐射（波长 10～400nm）和电离辐射（波长小于 100nm）。大多数微生物不能利用辐射能源，辐射往往对微生物是有害的。只有光能营养型微生物需要光照，如部分可见光能被藻类和蓝细菌用作光合作用的主要能源，红外辐射也可作为光合细菌的能源。

1. 可见光辐射

在强烈可见光照射下，微生物也会受到损害。微生物体内有一类被称为光敏化剂的化学物质，在光能作用下它能被活化而上升至能量较高状态，当其又因失能而恢复正常状态时，它所释放出的能量能被微生物体内的有机分子或氧气所吸收。该能量若被有机分子所吸收，菌体受到损害的程度则较小；若被氧气所吸收，损害程度就较大。这是由于空气中的氧气活性较低，但当其吸收能量后，会变成含有高能的强氧化剂。

2. 紫外辐射

太阳光中除可见光外，还有长光波的红外线和短光波的紫外线。微生物直接曝晒于阳光下时，红外线会产生热量，会通过提高环境中的温度和引起水分蒸发而导致其干燥，从而间接影响微生物的生长。而短光波的紫外线则具有直接杀菌作用。

紫外线是一种非电离辐射，其波长短，能使被照射物质分子或原子中的内层电子提高能级，但不引起电离。不同波长的紫外线具有不同程度的杀菌能力，一般认为 200～300nm 波长的紫外线具有杀菌作用，其中 265nm 波长的紫外线杀菌力最强，可用作强烈杀菌剂，如无菌操作和医疗卫生中广泛应用的紫外灭菌灯。

紫外线对细胞杀伤作用的原理主要是：细胞中的 DNA 能吸收紫外线，使 DNA 一条链或两条链上相邻的胸腺嘧啶间形成嘧啶二聚体，改变DNA的分子构型，导致其DNA复制异常而产生致死作用。此外，在有氧情况下，微生物细胞经紫外辐射后，能产生光化学氧化反应，生成的过氧化氢能发生氧化作用，从而影响细胞的正常代谢。紫外线杀菌效果因菌种和生理状态的不同，以及辐射时间长短和剂量的大小而有差异。干细胞比湿细胞对紫外辐射抗性强，孢子比营养细胞更具抗辐射性，带色的细胞能更好地抵抗紫外辐射。

人工紫外灯是将汞置于石英玻璃灯管中，通电后汞气化，释放出杀菌波长紫外线。紫外线杀菌力强，但穿透力差，不能透过水蒸气、尘埃、纸张、普通玻璃等，故只能用于物品表面和空气消毒。一般无菌室内装一支 30W 紫外线灯管，照射 30min 就可杀死空气中的微生物。此外，空气相对湿度超过 55%～60%时，紫外线杀菌效果明显下降。紫外线不足致死剂量时，可引起细胞内核酸结构部分改变，使微生物发生变异，因此紫外线也是一种诱变剂。紫外线对皮肤、眼结膜都有损伤作用，人工紫外灯照射时空气中产生的臭氧对人体健康也有一定影响，因此在使用紫外线消毒时，要注意防护。

3. 电离辐射

高能电磁波如 X 射线、α 射线、β 射线、γ 射线和快中子等，这类辐射光波短、能量强，有足够的能量使受照射物体原子或分子放出电子而变成离子，故称为电离辐射。例如，水被电离成 H^+和 OH^-，这些游离基是强烈的还原剂和氧化剂，可直接杀伤细胞。此外，在微生物细胞周围环境中经常有氧气存在，分子氧和电子结合生成 O_2^-、O_2^{2-}，而 $O^-{}_2$、O_2^{2-} 和 H^+结合成为 HO_2、H_2O_2。这些都是强氧化基团，它们可氧化菌体中酶类的—SH，使酶失活，还会引起 DNA 的解链、不饱和键的氧化及某些组分发生聚合作用等，最终导致菌体损伤或死亡。因此，加入含有—SH 的还原剂可适当减轻电离辐射的损害作用，而输入氧气则可增强电离辐射的损害作用。

由于电离辐射能量极大，对人体同样具有强损害效应，在常规的消毒工作中较少应用电离辐射，但在工业生产上常使用电离辐射消毒不耐热的塑料注射器、塑料管等。在食品工业中，电离辐射也可用于粮食、食品的消毒，而不破坏其营养，但经辐射后的物品中仍有部分射线残留，因此该方法的安全性尚待验证。

（八）微波杀菌和超声波破碎菌

1. 微波杀菌

微波是指频率为 300MHz～3000GHz 的电磁波，消毒用的微波主要有 2450MHz 和 915MHz 两种。微波的杀菌作用主要是通过微波的热效应使被照射物品温度升高，来实现杀菌效果。微生物在微波电磁场作用下，吸收微波的能量产生热效应，同时造成分子加速运动，而使细胞内部受到损害，从而导致微生物死亡。微波的穿透力要强于紫外线，可穿透玻璃、塑料薄膜及陶瓷等介质，但不能穿透金属，常用于对非金属器械的消毒，如实验室用品、食用器具等。

2. 超声波破碎菌

人类听觉能感受的声波频率为 20～20000Hz，而高于 20000Hz 的声波即为超声波。超声波由超声波发生器发出，用适度的超声波处理微生物细胞，可促进其细胞代谢；而强烈的超声波处理可引起细胞破碎，内含物溢出而死亡。这种破碎细胞的作用机理是：在超声波处理微生物细胞悬液时，产生的高频振动能使溶液内产生空穴，即造成细胞周围环境的局部真空状态，引起细胞周围压力的极大变化，这种压力变化足以使细胞破裂，而导致机体死亡。另外，超声波处理也会导致热的产生，热作用也是造成机体死亡的原因之一。

大多数微生物细胞能被超声波所破坏，只是敏感程度有所不同而已，故超声波是破碎细胞、提取活性蛋白质类物质的一种常用手段。超声波的杀菌效果及对细胞的其他影响与其频率、处理时间、微生物的种类、细胞大小和形状及数量等均有关系，如杆菌比球菌、丝状菌比非丝状菌、体积大的菌比体积小的菌更易受超声波破坏，而病毒和噬菌体则较难被破坏，细菌芽孢具有更强的抗性，大多数情况下不受超声波影响。一般来说，高频率超声波比低频率超声波杀菌效果好。

（九）过滤除菌

过滤除菌是利用滤器机械地滤除液体或空气中的微生物的方法。过滤除菌适用于不耐热，也不能以化学方法处理的液体或气体，如含抗生素、病毒、毒素、维生素、酶的溶液，以及血清和细胞培养液等。采用过滤除菌法可截留溶液中的微生物，从而获得无菌滤液。过滤除菌也有一定的局限性，滤器不能除去支原体、病毒等体积十分微小的微生物，且过滤效果与滤器的滤孔大小、滤器与微生物细胞间的电荷吸引、滤速等因素有关，但都必须在严格的无菌条件下进行。

三、控制微生物生长的化学方法

控制微生物生长的化学方法是指用化学药品来杀死微生物或抑制微生物生长与繁殖的方法，包括用于消毒和防腐的化学消毒剂和化学防腐剂，以及用于治疗的化学治疗剂等。

用于杀灭病原微生物的化学药品称为化学消毒剂，而用于防止或抑制微生物生长繁殖的化学药品称为化学防腐剂。

化学治疗剂是指杀灭或抑制机体组织内的病原微生物或病变细胞，用于临床治疗的化学药物，包括磺胺、抗生素等。其最大特点是具有选择毒性，即对病原微生物有杀灭作用，而对人体没有或不产生明显毒性。

（一）常用消毒剂的种类和应用

1. 重金属盐类

所有的重金属（银、汞、砷）盐类对微生物都有毒性。重金属离子易和带负电荷的菌体蛋白结合，使之变性、凝固。例如，银、汞等与酶的—SH 结合，使一些以—SH 为必要基团的酶类，如丙酮酸氧化酶、转氨酶等失去活性。常用的重金属盐类主要有硝酸银、红汞等。

（1）硝酸银：1%，用于新生儿滴眼液，预防淋球菌感染。

（2）红汞：2%，可用于皮肤、黏膜和小创伤的消毒。

2. 氧化剂

氧化剂可以使微生物菌体酶中的—SH 氧化为—S—S—，从而使酶失去活性。

（1）高锰酸钾：一种强氧化剂，其性质稳定。常将 0.1%的高锰酸钾用于皮肤、口腔、蔬菜及水果等的消毒。

（2）过氧化氢：主要通过分解成新生态氧和自由羟基发挥杀菌作用，稳定性差。常使用 3%的过氧化氢对伤口和口腔黏膜进行消毒。

（3）过氧乙酸：为无色透明液体，易溶于水，其氧化作用很强，对金属有腐蚀性；市售品为 20%水溶液，用前需稀释为 0.2%～0.5%。过氧乙酸能迅速杀灭细菌及其芽孢、真菌及病毒，可用于皮肤、塑料、玻璃、纤维制品的消毒。

3. 酚类

酚类主要作用于细菌的细胞壁和细胞膜，使菌体内含物逸出，同时也可使菌体蛋白变性。其对细菌营养体作用强烈，但对芽孢作用不大。一般常用苯酚作为标准，来比较其他消毒剂的杀菌力。

（1）苯酚：浓度为 2%～5%的苯酚，常用于器械、排泄物消毒。

（2）来苏儿（煤酚皂）：当浓度为 3%～5%时，可用于器械、排泄物、家具、地面等的消毒；而当浓度为 1%～2%时，可用于手、皮肤等的消毒。

4. 醇类

（1）乙醇：高浓度及无水乙醇会使菌体表面蛋白质很快凝固，妨碍其向内部渗入，影响杀菌能力。70%～75%的乙醇与细胞的极性接近，使其能迅速通过细胞膜，并溶解膜中脂类，同时使细胞内蛋白质变性、凝固，从而杀死菌体，但对芽孢作用不大。乙醇主要用于皮肤、手、体表等的消毒。

（2）苯氧乙醇：为无色黏稠状液体，易溶于水。2%的该溶液可用于治疗铜绿假单胞菌感染的表面创伤、灼伤和脓疡。

丙醇、丁醇、戊醇等醇类也具有较强的杀菌作用，但不易溶于水，且价格昂贵。甲醇对组织有毒性。因而这些醇类很少用于消毒。

5. 醛类

醛类的杀菌作用大于醇类，其中以甲醛和戊二醛的作用最强。醛基能与微生物细胞中蛋白质的氨基结合，使蛋白质变性，因而有较强的杀菌作用。

（1）甲醛：是气体，可溶于水制备成甲醛溶液。市售的甲醛溶液浓度为37%～40%，也称福尔马林，可用作防腐剂，来保存解剖组织标本。3%～8%的甲醛溶液即可杀死细菌及其芽孢、病毒和真菌。但甲醛溶液有强腐蚀性，刺激性强，不适用于体表。1%甲醛溶液熏蒸可用于厂房和无菌室、手术室等的空气消毒，但不适用于药品、食品存放场所的空气消毒。当室内温度为22℃左右、相对湿度保持在60%～80%时，该溶液消毒效果较好。

（2）戊二醛：比甲醛刺激性小，而杀菌力大。碱性（pH值为7.8～8.5）的2%的戊二醛水溶液可杀死细菌及其芽孢、病毒和真菌。其对金属无腐蚀性，对橡胶、塑料也无损伤，故可用于对不耐热的物品和精密仪器进行消毒。

6. 烷化剂

烷化剂是指能够作用于菌体蛋白或核酸中的—NH_2、—COOH、—OH和—SH等，与之发生烷基化反应，使其结构改变、生物学活性丧失的化学物质。烷化剂具有诱变效应，是一类常用的化学诱变剂。

作为消毒剂使用的烷化剂主要是环氧乙烷，它是一种小分子气体消毒剂，沸点为10.9℃，在常温下呈气态。环氧乙烷对细菌及其芽孢、病毒和真菌都有较强的杀菌作用，且穿透力强，目前已广泛应用于纸张、皮革、金属、塑料、木材、化纤制品等的灭菌。然而环氧乙烷具有易燃易爆的特性，空气中混入3.0%（体积分数）时即爆炸，因此在实际应用时，必须要有耐压的密闭容器，并将容器内的空气置换成环氧乙烷与CO混合的惰性气体，如此连续作用4h，即可对其中物品彻底灭菌。此外，环氧乙烷对人体有一定的毒性，严禁直接接触，且严禁接触明火。

7. 卤素类

氟、氯、溴、碘制剂都具有显著的杀菌效果，其中以氯和碘最为常用。

（1）氯：其杀菌效应是通过氯与水结合产生次氯酸，次氯酸分解产生具有杀菌能力的新生态氧来实现的。氯对许多微生物有杀灭作用，包括细菌、真菌、病毒、立克次氏体和原生动物等，但不能杀死芽孢。常用于自来水或游泳池消毒的氯气浓度为0.2～0.5mg/L。

（2）漂白粉：其主要成分为次氯酸钙。次氯酸钙在水中可分解为次氯酸，由此产生强烈的杀菌作用。10%～20%的漂白粉溶液常用于消毒厕所、地面、排泄物等，既能杀菌又能达到除臭的效果。

（3）氯胺类：为含氯的有机化合物，常用的有氯胺B和氯胺T两种。氯胺类可溶于水，无臭，且释放氯迅速，虽比漂白粉杀菌力弱，但刺激性及腐蚀性小，0.2%～0.5%的该溶液可用于对家具、空气和排泄物进行消毒。

（4）碘：杀菌作用强，能杀死各种微生物及一些芽孢。其作用机制是使蛋白质及酶的—SH 氧化，从而使蛋白质变性，酶失活。碘在碘化钾的存在下易溶于水，2.5%的碘酊常用于小范围的皮肤、伤口的消毒。

8. 酸碱类

微生物的正常生长需要适宜的 pH 值，pH 值过大或过小都可导致微生物代谢障碍，甚至死亡，因此酸碱类化学药剂也是常用的消毒剂。但由于强酸强碱具有腐蚀性，它们的应用受到限制。

酸性消毒剂有硼酸，可用作洗眼剂；苯甲酸和水杨酸，可抑制真菌；乳酸和乙酸加热蒸发，可用于手术室、无菌室的空气消毒。

碱类消毒剂常用的是生石灰。生石灰加水成为具有杀菌作用的氢氧化钙，可用于消毒地面、厕所、排泄物等。

9. 表面活性剂

表面活性剂又称去污剂，是能够浓缩在界面的化合物，能降低液体的表面张力，其同时含有亲水基和疏水基。按其亲水基的电离作用分为阴离子型表面活性剂、阳离子型表面活性剂和非离子型表面活性剂。因为细菌常带负电荷，所以阳离子型表面活性剂杀菌力较强。

阳离子型表面活性剂多是季铵盐类化合物。其阳离子亲水基可与细菌细胞膜磷脂中的磷酸结合，而疏水基可伸到细菌细胞膜内的疏水区，引起细胞膜损伤，从而使细胞内容物漏出，实现杀菌作用。阳离子型表面活性剂杀菌范围较广，能杀死多种革兰氏阳性菌和阴性菌，但对铜绿假单胞菌和芽孢作用弱。属于这类的药物有新洁尔灭、杜灭芬和洗必泰等。常以其 0.05%～0.1%的溶液消毒手、皮肤和手术器械。表面活性剂能降低液体的表面张力，使物体表面的油脂乳化，同时兼有除垢、去污的作用。

阴离子型表面活性剂杀菌作用较弱，主要对革兰氏阳性菌起作用，如十二烷基硫酸钠（肥皂）是长链脂肪酸钠盐，杀菌作用不强，常用作去垢剂。

非离子型表面活性剂一般无杀菌作用，有些甚至还能通过分散菌体细胞促进细菌生长，如吐温 80。

10. 染料

染料分为碱性染料和酸性染料。碱性染料的杀菌作用比酸性染料强，因为一般情况下细菌带负电荷，所以碱性染料的阳离子易与细菌蛋白质的羧基结合，实现杀菌或抑菌作用，且对革兰氏阳性菌的效果优于革兰氏阴性菌。常用的碱性染料包括孔雀石绿、煌绿、结晶紫等。

（二）常用治疗剂的种类和应用

1. 抗生素

抗生素是一类在低浓度时能选择性地抑制或杀灭其他微生物的低分子量的微生物

次级代谢产物。对天然来源的抗生素的化学结构进行修饰或改造得到的新抗生素称为半合成抗生素。

每种抗生素都有抑制特定种类微生物的特性，这一抑制微生物的范围称为该抗生素的抗菌谱。抗微生物抗生素可以分为抗真菌抗生素与抗细菌抗生素，而抗细菌抗生素又可分为抗革兰氏阳性菌抗生素（如青霉素、红霉素等）、抗革兰氏阴性菌抗生素（如链霉素、新霉素等）及抗分枝杆菌抗生素等。有些抗生素仅抗某一类微生物，如早先的青霉素主要对革兰氏阳性菌起作用，称为窄谱抗生素；而有些抗生素（如氯霉素、四环素、土霉素等）对革兰氏阳性菌、革兰氏阴性菌、立克次氏体及衣原体等均有效果，称为广谱抗生素。

抗生素抑制微生物生长的机制因抗生素的种类及其所作用微生物种类的不同而异，总体来说，抗生素的抗菌作用主要表现在以下几方面：①抑制或阻断细胞生长中重要大分子的生物合成或功能，如青霉素能影响肽聚糖的合成，从而形成细胞壁缺损的细菌细胞，在不利的渗透压环境中极易破裂而死亡；②影响细胞膜功能，如制霉菌素能与真菌细胞膜上的醇作用，引起细胞膜损伤；③破坏蛋白质的合成，如链霉素通过结合到核糖体中的一种蛋白质上，干扰其蛋白质合成，从而抑制微生物的生长；④干扰核酸的合成。

目前，在抗生素基础上发展起来的、具有多种生理活性的微生物次级代谢产物，如酶抑制剂、抗氧化剂、免疫调节剂等也具有控菌和抑菌的作用，称为生物药物素。

2. 抗代谢药物

抗代谢药物又称代谢类似物或代谢拮抗物，它们往往在化学结构上与细胞内必要代谢产物很相似，从而干扰正常的代谢活动，影响其生长。抗代谢药物一般具有良好的选择毒力，因此是一类重要的化学治疗剂，其种类很多，大多是有机合成药物，如磺胺类、氨基叶酸等。

第四节　工业生产上常用的微生物培养技术

一、分批培养

在一个相对独立的密闭系统中，将微生物菌体接入一定量的培养基中进行培养，最后一次性收获菌体或其代谢产物的培养方式，称为分批培养。例如在微生物研究中，用烧瓶作为培养容器来进行的微生物培养就是分批培养。采用分批培养方式时，由于系统的相对密闭性，随着培养时间的延长，被微生物消耗的营养物质得不到及时补充，代谢产物又未能及时排出培养系统，以及其他对微生物生长有抑制作用的环境条件得不到及时改善，使得微生物细胞生长繁殖所需的营养条件与外部环境逐渐恶化，从而使该微生物群体的生长曲线表现出从细胞对新环境的适应到逐步进入快速生长期，而后又较快转入稳定期，最后走向衰亡期的阶段分明的群体生长过程。分批培养相对简单与操作方便，在微生物学研究及发酵工业生产实践中仍被较为广泛地采用。

在分批培养过程中，为使培养基中营养物质的浓度保持在适宜菌体生长和利于菌体积累代谢产物的浓度，可采用中间补料法，即补料分批培养。具体操作为将种子接入发酵反应器中进行培养，经过一段时间后，间歇或连续地补加新鲜的培养基，使菌体进一步生长。补料的方式多样，可以是一次性的，也可以是间歇多次的，还可以流加补料。

二、连续培养

微生物的连续培养是相对于分批培养而言的。连续培养是指在深入研究分批培养时生长曲线形成内在机制的基础上，开放培养系统，不断补充营养液，使被消耗的营养物质得到及时补充，以解除抑制因子，并优化生长代谢环境的培养方式。连续培养方式下，培养容器内的营养物质浓度基本保持恒定，从而使菌体保持恒速生长。由于培养系统的相对开放性，连续培养也称为开放培养。连续培养的显著特点与优势是能够根据研究者的目的，人为地控制典型生长曲线中某个时期，加速或降低这个时期细胞的代谢速度，以缩短或者延长该时期，从而大大提高培养过程的人为可控性和效率。

在连续培养的过程中，可以根据研究目的与研究对象的不同，分别采用不同的连续培养方法。常用的连续培养方法有恒化法和恒浊法两类（图 7-3）。

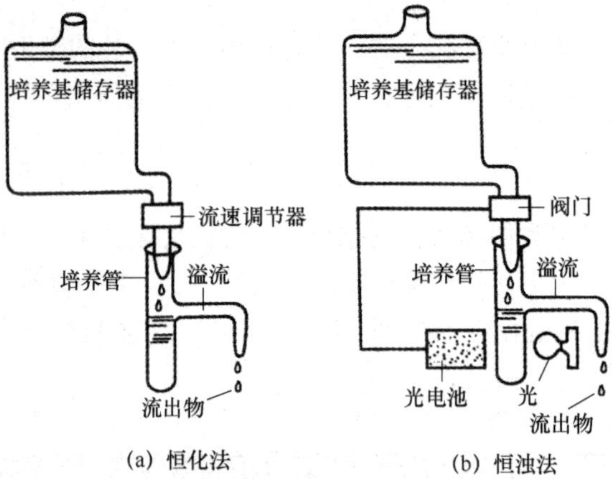

图 7-3　恒化法和恒浊法

（一）恒化法

恒化法是指恒定地流入培养物的一种连续培养方式，它主要通过控制培养基中以生长限制因子为主的营养物质的浓度，来调控微生物生长繁殖与代谢的速度，而用于恒化培养的装置称为恒化器。恒化法往往控制微生物在低于其最高生长速度的条件下生长繁殖。恒化法在研究微生物利用某种底物进行代谢的规律方面被广泛采用，是微生物营养、生长、繁殖、代谢和基因表达与调控等基础研究与应用基础研究的重要技术手段。

（二）恒浊法

恒浊法是指以培养器中微生物细胞的密度为监控对象，用光电控制系统来控制流入培养器的新鲜培养液的流速，同时使培养器中含有细胞与代谢产物的培养液也以基本恒定的流速流出，从而使培养器中微生物在保持其细胞密度基本恒定的条件下进行培养的一种连续培养方式。用于恒浊法的培养装置称为恒浊器。用恒浊法来连续培养微生物，可控制微生物在最高生长速度与最高细胞密度的水平上生长繁殖，以达到高效率培养的目的。目前在发酵工业中多种微生物菌体的生产就是根据这一原理，用大型恒浊发酵器进行恒浊法连续发酵生产的。此外，与菌体相平衡的微生物代谢产物的生产也可以采用恒浊法连续发酵生产。

生产实践中，分批培养与连续培养的分类是相对的。无论是基础研究还是在发酵工业生产中，为达到某种特殊目的或提高培养效率，往往采取对两种方法加以综合的培养方式。

第五节　微生物的菌种复壮及保藏

菌种退化是菌种稳定保存的一种潜在威胁，菌种的复壮及保藏是在微生物研究和应用领域一项困难更大的工作。

一、菌种的退化

菌种退化是指群体中退化细胞在数量上占一定数值后，表现出菌种生产性能下降的现象。对产量性状来说，菌种的负变就是退化，其他原有的典型性状变得不典型时，也是退化。退化现象中最容易察觉的是菌落和细胞形态的改变，其次是生长速度缓慢，产孢子越来越少，再次是代谢产物生产能力下降，最后是抗不良环境条件能力减弱。

菌种退化是发生在细胞群体中的一个由量变到质变的逐步演变过程。开始时，在一个大群体中仅个别细胞发生负变，这时，如不及时发现并采取有效措施，而一味移种传代，则群体中这种负变比例会逐步增加，最后占据优势，从而使整个群体表现出严重的退化。

引起菌种退化的原因有很多，但主要原因是基因突变。

二、菌种的复壮

1. 菌种复壮的概念

狭义的复壮是一种消极的措施，是指在菌种已经发生退化的情况下，通过纯种分离和测定生产性能等方法，从退化的群体中找出少数尚未退化的个体，以达到恢复该菌原有典型性状目的的一种措施。

广义的复壮则是一种积极的措施，即在菌种的生产性能尚未退化之前，就有意识地进行纯种分离和生产性能的测定工作，以期菌种的生产性能有所提高。

提倡运用广义复壮这种积极的措施。

2. 菌种复壮的方法

1）纯种分离法

通过纯种分离，可以把退化菌种细胞群体中仍保持原有典型性状的一部分单细胞分离出来，经过扩大培养，就可以恢复原菌株的典型性状。常用的分离纯化方法有两类，一类比较粗放，能达到“菌落纯”的水平，即从种的水平来说是纯的。这一类方法可以通过稀释平板法、表面涂布法、平板划线法等方法获得单菌落。另一类是较精细的单细胞或单孢子分离方法。它可以达到“细胞纯”即“菌株纯”的水平。目前这一类可应用的方法较多，可通过简单地利用培养皿或凹玻片等做分离室的方法，也可以利用复杂的显微操纵器的纯种分离方法。对于不长孢子的丝状菌，可用无菌小刀切取菌落边缘的菌丝尖端进行分离，也可用无菌毛细管截取菌丝尖端，以截取单细胞而进行纯种分离。

2）宿主体内复壮法

对于寄生性微生物的退化菌株，可通过接种至相应的昆虫或动植物宿主体内的措施来提高它们的致病性。例如，经过长期人工培养的苏云金芽孢杆菌会发生毒力减退和杀虫效果降低等现象。这时，可用已衰退的菌株去感染菜青虫等的幼虫，然后可从病死的虫体内重新分离出典型的产毒菌株，如此反复进行多次，就可提高菌株的杀虫效率。

3）淘汰法

通过物理、化学的方法处理菌体（孢子），使其死亡率在80%以上，往往可以淘汰已衰退个体而达到复壮的目的。例如，有人曾对某一抗生菌的分生孢子，采用－30～－10℃的低温处理5～7d，使其死亡率达到80%，结果发现，在抗低温的存活个体中，留下了未退化的健壮个体，从而达到复壮的目的。

三、菌种的保藏

1. 菌种保藏的原理

菌种保藏是一项重要的微生物学基础工作。菌种保藏机构的任务是在广泛收集实验室和生产菌种、菌株（包括病毒株甚至动植物细胞株和质粒等）的基础上，将它们妥善保藏，使之达到不死、不衰、不乱，以及便于研究、交换和使用的目的。为此，在国际上一些工业较发达的国家都设有相应的菌种保藏机构，如中国微生物菌种保藏委员会等。

菌种保藏技术很多，其原理都是根据微生物的生理、生化特点，选用优良菌种（最好是它们的休眠体），人工创造适合于休眠的环境条件，即低温、干燥、缺氧、缺乏营养、添加保护剂或酸度中和剂等方法，使微生物生长在代谢不活泼、生长受抑制的环境中，但又不至于死亡，从而达到保藏的目的。

2. 菌种保藏的方法

菌种保藏的方法很多，具体方法根据保藏的时间、微生物种类、具备的条件等因素来确定。常用的保藏方法如下。

1）冰箱斜面保藏法

该法是将菌种接种在试管斜面培养基上，待菌种生长完全后，置于4℃冰箱中保藏，每隔一定时间转接至新的斜面培养基上，生长后继续保藏。对细菌、放线菌、霉菌、酵母菌均可采用该法。该法操作简单、菌种存活率高，使用比较普遍，但不适合长时间保存，因为传代不可避免地会发生基因突变，因此保藏期为 3～6 个月，但可通过将棉塞换为灭过菌的橡胶塞，并用石蜡封口来减少斜面菌种与氧的接触，这样可使保存时间延长至 10 年以上。

2）液氮超低温保藏法

液氮超低温保藏法简称液氮法。它是以甘油、二甲基亚砜等作为保护剂，在液氮的超低温（－196℃）下保藏的方法。其主要原理是菌种细胞从常温过渡到低温，并在降到低温之前，使细胞内的自由水通过细胞膜外渗出来，以免膜内因自由水凝结成冰晶而使细胞损伤。该法适用于各种微生物菌种的保藏。该法的主要保藏措施是超低温和添加保护剂，保藏期一般在 15 年以上，是目前公认的有效的菌种长期保藏技术之一。

3）砂土管保藏法

该法主要用于能形成孢子或孢子囊的微生物。具体操作为将砂土灭菌后放入干燥器中使其水分逸散，然后接入菌悬液或者直接接种斜面上的孢子，充分干燥后，密封保存。该法方便简单，保存时间可达 10 年。

4）石蜡油封保藏法

该法的具体操作为在无菌条件下，将灭过菌并已蒸发掉水分的液体石蜡倒入培养成熟的菌种斜面（或半固体穿刺培养物）上，石蜡油层高出斜面顶端 1cm，使培养物与空气隔绝，加橡胶塞并用固体石蜡封口后，垂直放在室温或 4℃冰箱内保藏。该法广泛适用于各大类微生物菌种的中期保藏，不适用于保藏某些能分解烃类的菌种，一般可保存 1～2 年。

5）宿主保藏法

该法适用于专性活细胞寄生的微生物，如病毒、立克次氏体等。噬菌体可以经过细菌培养扩大后，与培养基混合直接保存。对植物病毒，可用植物幼叶的汁液与病毒混合，冷冻或干燥保存。对动物病毒，可直接用病毒感染适宜的脏器或体液，然后分装于试管中密封，低温保存。

6）冷冻干燥保藏法

冷冻干燥保藏法简称冻干法。该法可从干燥、无氧、低温 3 个方面控制微生物的变异，适合于各类微生物菌种的保藏。但该法操作比较复杂，通常是首先用保护剂制备保藏菌种的细胞悬液或孢子悬液于安瓿瓶中；然后在低温下快速将含菌样冻结，并减压抽真空，使水升华并使样品脱水干燥，形成完全干燥的固体菌块，并在真空条件下立即熔封，造成无氧真空环境；最后置于低温下，使微生物处于休眠状态，而得以长期保藏。该法适用于各大类微生物，保藏期一般为 5～15 年，存活率高，变异率低，是目前广泛采用的一种较理想的保藏方法。

本章小结

生长、繁殖是微生物获得巨大数量的生理学基础，微生物学中的“生长”通常指群体生长。研究微生物的生长规律，必须获得微生物的纯培养和同步培养。常用获得纯培养的方法有平板分离法、单细胞（单孢子）分离法及选择培养法等。微生物学研究中常常要进行微生物生长量的测定，其纯培养的测定方法有直接计数法、间接计数法、质量法、生理指标测定法。微生物的典型生长曲线可分为延滞期、指数生长期、稳定期和衰亡期 4 个时期。探求和运用微生物生长规律，对基础理论研究和指导生产实践都有重要的意义。微生物的生活环境条件是各种因素的综合，温度、水分、pH 值、溶解氧、辐射、化学药物、微波与超声波等均可影响微生物的生长和繁殖。对一切有害的微生物应进行严格的控制，控制的方法主要包括四大措施——灭菌、消毒、防腐和化疗。菌种保藏的方法很多，具体方法根据保藏的时间、微生物的种类、具备的条件等因素来确定，常用的保藏方法有冰箱斜面保藏法、液氮超低温保藏法、砂土管保藏法、石蜡油封保藏法、宿主保藏法、冷冻干燥保藏法。

复习思考题

1．测定微生物生长量的方法有哪些？
2．细菌的生长曲线分为几个时期？各有什么特点？
3．微生物生长的控制方法有哪些？

第八章　微生物与食品生产

☞ **知识目标**
1. 了解细菌、酵母菌、霉菌、微生物酶制剂在食品工业中的应用。
2. 熟悉细菌、酵母菌、霉菌、微生物酶制剂在食品工业中应用的原理。
3. 掌握细菌、酵母菌、霉菌、微生物酶制剂在食品工业中应用的加工方法。

☞ **技能目标**
1. 会灵活运用微生物的发酵作用分析具体问题。
2. 能运用微生物的发酵作用调控食品加工技术，使其服务于生产。

微生物在自然界的分布极其广泛，种类多样，繁殖迅速，在发酵食品的生产过程中起着巨大的作用。在发酵食品的生产过程中，由于一些有益菌（如乳酸菌、酵母菌等）的参与和作用，原料经过发酵作用，生产出多种营养丰富、美味可口的食品，从而开辟了新的食品资源。

第一节　细菌在食品生产中的应用

细菌在食品工业中用途十分广泛，许多酿造发酵食品、食品原料的制造，如发酵乳、食醋、氨基酸、味精等都是在细菌的参与下生产加工出来的。绝大多数细菌能对加工所用原料中的脂肪、蛋白质、糖类等营养成分进行转化，制造出多种多样的食品、调味品及食品添加剂。在发酵食品中，常用的细菌有链球菌属、明串珠菌属、乳酸杆菌属、芽孢杆菌属、醋酸杆菌属等。

一、发酵乳制品

发酵乳制品是以生牛（羊）乳或乳粉为原料，经杀菌、发酵后制成的pH值降低的产品。酸乳是乳经乳酸菌发酵而制成的，是典型的发酵乳制品。酸乳内含有大量活性乳酸菌、乳酸及其他成分，能刺激胃肠的内分泌活动，增强蠕动，调整酸碱平衡，抑制肠道内腐败菌群的生长繁殖，维持正常微生物区系稳定，减少或防止组织中毒，预防和治疗胃肠疾病，从而增进人体健康，延年益寿。

市场上销售的酸乳是鲜乳经杀菌处理，加入乳酸菌，经过保温发酵而制成的。酸乳按原料、乳酸菌及添加风味物质与否，可区分为发酵乳、风味发酵乳和嗜酸菌乳等。

（一）发酵乳

目前国内各城市生产的酸乳多数属于发酵乳。它是用保加利亚乳杆菌和嗜热链球菌发酵而制成的。这两种乳酸菌在生产酸乳时，保持共生关系。保加利亚乳杆菌在发酵过程中，对蛋白质有一定降解作用，产生甘氨酸和组氨酸等，这些成分能刺激嗜热链球菌的生长；而嗜热链球菌在生长过程中产生甲酸，为保加利亚乳杆菌所利用。这两种乳酸菌共同存在较单独存在时生长速度明显加快，这样可大大缩短酸乳发酵成熟的时间，形成的芳香物质适口性好。

由这两种乳酸菌发酵制成的酸乳，凝乳坚实，质地细腻，并具有诱人的芳香味。它们在乳中生长时可引起一系列生物化学变化，由β-D-半乳糖酶将乳糖分解为葡萄糖和半乳糖，半乳糖积累在酸乳中，葡萄糖进一步发酵为乳酸。乳酸会破坏钙-酪蛋白-磷酸复合物的稳定性，而导致乳凝固。由乳中糖发酵产生的芳香性物质有乙醛、丙酮、三羟基丁酮和丁二酮。蛋白质发生轻微降解，产生一定量的肽、氨基酸和芳香物质。脂肪也有一定程度的降解，主要形成由短链脂肪酸组成的甘油三酯及与芳香味有关的成分。在发酵过程中，乳中的烟酸、叶酸有所增加，而维生素 B_{12}、硫胺素、核黄素和泛酸有一定程度的降低。

1. 发酵乳的制作

常见的发酵乳主要有凝固型酸乳和搅拌型酸乳，下面以凝固型酸乳为例，简要介绍其生产工艺流程及操作要点。

制作发酵乳的工艺流程如下：原料乳→标准化→杀菌→均质→添加发酵剂→分装→保温发酵→冷却→成品。

（1）原料乳。制作发酵乳应选取新鲜和品质好的乳作为原料。一般细菌数不能太高，不含抗生素和消毒药。储藏时间长的乳杂菌数可能很高，不宜使用。泌乳奶牛患某些疾病时用抗生素治疗，其乳中可能残留抗生素，会抑制乳酸菌的生长。盛乳容器用消毒剂消毒后冲洗不净，消毒剂会混入乳中，也会妨碍乳酸菌的生长。脱脂乳粉和无糖乳粉也可用来加工酸乳。

（2）标准化。发酵乳的干物质含量与质量有直接关系。鲜乳的干物质含量不能低于12%，干物质含量低会使酸乳凝固不坚实，乳清析出多，影响凝固性状。如干物质含量低，可用浓缩或添加乳粉等办法来调节。

发酵乳需加糖，目前国内生产的酸乳加蔗糖的量为5%～8%。实验证明，不同品系的乳酸菌对不同浓度的蔗糖反应不一样。蔗糖浓度为 5.5%时，对乳酸菌的生长没有不良影响，高于 8%时会影响保加利亚乳杆菌的生长。

（3）杀菌。杀菌方法一般为 90～95℃加热 5～10min，对乳加热不仅可以杀死其中的微生物，还可使乳的某些成分发生降解，为乳酸菌提供营养成分，促进乳酸菌的生长。

（4）均质。杀菌后待乳冷却至 60℃左右时进行均质。均质可使酸乳凝固均匀、质地细腻、平滑，也可防止脂肪上浮。

（5）添加发酵剂。均质后的乳冷却至 45℃左右时，添加保加利亚乳杆菌和嗜热链球菌混合发酵剂2%～3%，或按量加入直投菌种。加入发酵剂后要使乳与发酵剂混合均匀。

（6）分装。制作凝固型酸乳时，当发酵剂与乳混合均匀后立即分装到容器内。目前多用一次性塑料杯和反复使用的瓷瓶，瓷瓶用前应进行清洗和杀菌处理。分装后马上封口、装箱，防止杂菌污染。

（7）保温发酵。嗜热链球菌和保加利亚乳杆菌的适宜生长温度为40～45℃，酸乳发酵一般选用42～43℃。选用的发酵温度不适宜会延长酸乳的成熟时间。发酵温度低，则嗜热链球菌较保加利亚乳杆菌生长旺盛，在29～30℃时，需发酵14～16h酸乳才能成熟。发酵温度高，保加利亚乳杆菌将占优势，在45℃时需5～6h。在发酵过程中，乳酸菌分解乳糖产生酸，使pH值降低。发酵前期产生的酸主要是由嗜热链球菌形成的。嗜热链球菌产生L型乳酸，适口性好。后期产生的酸主要是由保加利亚乳杆菌形成的，保加利亚乳杆菌产生D型乳酸，有酸涩味，适口性差。发酵时间一般需要2～5h，以乳凝固或pH值降到4.6为准，时间的长短与乳酸菌的活力有关。

（8）冷却。长时间发酵会使酸乳的pH值过低，芳香物质含量下降，适口性变差，成熟后储放在温度高（＞20℃）的条件下也会发生这种情形。所以，酸乳成熟后应立即进行冷却，在5h左右降至20℃以下，终止乳酸菌的活动，然后逐渐降至4℃储藏，直至饮用。储藏在4℃时，pH值还在缓慢下降，原来pH值为4.62的酸乳储藏6d后pH值降为4.15，这是因为乳酸菌形成的酶还在起催化作用。

（9）成品。成品应在0～4℃的冷库中储藏，严格保证仓储的卫生条件，并根据市场情况控制好酸乳储藏时间和温度。

以上是凝固型酸乳（或称稳定型酸乳）的制作程序。搅拌型酸乳与凝固型酸乳的制作方法基本一致，不同的是在制作搅拌型酸乳时，添加发酵剂后乳在发酵罐内进行保温发酵，成熟后进行搅拌、分装。

2. 生产发酵乳常见的异常现象

（1）产酸缓慢，乳不凝固。这是一种常见的现象，引起这种现象的原因很多。乳中有抑菌物质存在，即可抑制乳酸菌的生长。例如，用抗生素治疗患畜，其产的乳中就可能有抗生素，有的人为防止乳发生变质，故意向乳中添加抗生素；设备用化学药剂杀菌时，如冲洗不干净，化学药剂也可能混入乳中。

某些健康奶牛产的乳中含有抑菌物质，如乳抑菌素、乳过氧化物酶和溶菌酶等。这些物质对热不稳定，乳在加热杀菌过程中可完全破坏这些物质，如杀菌不彻底，这些成分可影响乳酸菌的生长。有的牛产的乳中脂酶含量高，游离脂肪酸的含量必然高。乳在储存过程中，如被脂肪分解菌所污染，也可能使乳中游离脂肪酸含量增高，从而抑制乳酸菌的生长。

在生产发酵乳过程中，如污染了乳酸菌的噬菌体，可影响酸的产生。噬菌体作用于细菌具有严格的特异性，不但有种的特异性，还有品系的特异性。在生产酸乳时应准备多个品系的乳酸菌，定期轮换使用，可防止污染噬菌体。

（2）乳凝固不坚实或乳清析出多。这可能是由乳中干物质含量低或发酵时间过长而造成的。污染杂菌也可能使乳清析出多，乳凝固不坚实。

（3）发酵乳有气泡或异味出现。正常酸乳中不应有气泡和异味，这种现象主要是污染杂菌的缘故。酸乳受酵母菌的污染会产气并有发面味。这些酵母菌主要来自生产环境，所以应搞好设备和用具的清洗和杀菌工作。

（二）风味发酵乳

风味发酵乳是以 80%以上生牛（羊）乳或乳粉为原料，添加其他原料，经杀菌、发酵后 pH 值降低，发酵前或后添加或不添加食品添加剂、营养强化剂、果蔬、谷物等制成的产品。

风味发酵乳是目前市场上最受欢迎的发酵乳制品，其原料一般除了乳类（80%以上）之外，还加入果蔬、谷物、食品添加剂（如糖、胶、香精等）、营养强化剂等。风味发酵乳的蛋白质含量高于 2.3%，含有丰富的蛋白质、糖类、矿物质及各种维生素。另外，乳酸菌的作用使乳中不易被人体消化吸收的乳糖变为乳酸，起到抑制肠道中有害微生物生长繁殖的作用。有的风味发酵乳会添加果粒或者果蔬汁，从而使其富含维生素。在日本和欧洲各国，大粒果肉风味发酵乳十分风行，备受当地消费者喜爱。

（三）嗜酸菌乳

嗜酸菌乳是由嗜酸乳杆菌发酵而成的。嗜酸乳杆菌的某些品系可在人的肠道内定植，并能产生抗菌物质抑制有害菌类，人们常用嗜酸菌乳来治疗消化道功能紊乱。

嗜酸乳杆菌在乳中生长缓慢，很易被旺盛生长的细菌所抑制，所以原料乳的杀菌时间长一些，一般是 95℃、1h。杀菌后的乳温度降至 37℃左右时，添加 1%嗜酸乳杆菌发酵剂，37℃保温发酵至乳酸浓度为 0.6%～0.7%，或发酵至乳凝固。发酵时间过长、酸度过高会抑制嗜酸乳杆菌的活性，使活菌数量下降。每毫升嗜酸菌乳中，嗜酸乳杆菌的活菌数最好超过 5 亿个。

嗜酸菌乳有酸涩味，多数人不喜欢，为了改变适口性，有人将其制成甜嗜酸菌乳，它的效果和适口性都很好。制法是先把嗜酸乳杆菌培养在肉汤培养基或乳清内，然后离心分离出嗜酸乳杆菌，加入杀菌过的全乳内，使菌分布均匀，每毫升菌数为 5 亿个。

（四）酸乳酒

酸乳酒的成熟包括乙醇发酵和乳酸发酵两个过程。发酵剂中的酵母菌利用乳中的乳糖进行乙醇发酵，乳酸菌利用乳糖进行乳酸发酵。酸乳酒的乙醇含量为 0.5%～1.0%，乳酸含量为 0.9%～1.1%。

酸乳酒的发酵剂为颗粒状，也称开菲粒，其中的微生物区系因地而异，一般含有分解乳糖的酵母菌、乳杆菌、明串珠菌、乳酸链球菌、醋酸杆菌和枯草杆菌等。制作酸乳酒多用牛乳，羊乳亦可以，将开菲粒接种在杀过菌的乳中，在 23～25℃保温发酵。经过 1d 的时间有新的开菲粒和二氧化碳形成，开菲粒漂浮在乳的表面（这些颗粒可用布滤出，用冷水洗净，在室温下干燥即为开菲粒）。然后在室温条件下放置 13d，使乙醇和乳酸含量达到满意程度即制成酸乳酒。

马奶酒是用马乳制作的一种酸乳酒，我国新疆等地游牧民制作和饮用马奶酒。马奶酒的乙醇含量为1.0%～2.5%，乳酸含量为0.7%～1.8%。

马奶酒发酵剂中的微生物区系因地而异，发酵乳糖酵母菌有霍尔母球拟酵母、乳克鲁维酵母，乳酸菌有保加利亚乳杆菌、嗜酸乳杆菌、乳酸链球菌等。这些菌类在乳中生长时不形成颗粒状结构，在多数情况下是将上次的发酵乳作为发酵剂使用，不单独制备发酵剂。

马乳乳糖含量高，可产生较多的乙醇。目前也有用牛乳来制作马奶酒的，但需加白糖。成熟的马奶酒有酸酒味，并不凝固。

二、食醋的酿造

自古以来，食醋是我国劳动人民创造出来的一种深受人民喜爱的酸性调味品，已有2000多年的历史。它不仅含3%～5%的乙酸，还含有氨基酸、糖类和酯类等营养成分，除食用外还可用于食品保藏和渍物。食醋具有酸、甜、鲜、咸味，能调节食品的滋味，刺激人的食欲。由于应用原料和工艺条件的不同，可生产出不同种类的食醋。

（一）酿造食醋的微生物

酿醋的第一步是酿酒。即在曲霉菌的作用下把淀粉水解为葡萄糖，酵母菌利用葡萄糖进行乙醇发酵而酿出酒。第二步是醋酸杆菌把酿出的酒氧化为乙酸。

1. 曲霉菌

曲霉菌的种类很多，生产上常用的曲霉菌有以下几种。

（1）黑曲霉。菌落生长稍局限，分生孢子头初为球形，逐渐变放射形或裂成几个放射的柱状物，褐黑色，顶囊大球形，小梗双层。

（2）亮白曲霉。菌落为白色或奶油色，分生孢子头大小不一，顶囊球形或近似球形，小梗双层，分生孢子球形或近似球形，光滑。

（3）黄曲霉。菌落生长较快，初为白色、黄色，然后变成黄绿色，分生孢子头呈疏松放射形，顶囊烧瓶形或近似球形，小梗单层、双层，或单、双层同时生于一个顶囊上，分生孢子球形、近似球形或梨形，粗糙。

这几种曲霉菌产生的酶类不一样，所以糖化速度和分解产物也不同。黑曲霉和亮白曲霉糖化能力强，液化能力较弱，而黄曲霉液化能力强，糖化能力弱。使用时，黄曲霉前期液化速度很快，后期糖化速度缓慢，其糖化能力不如黑曲霉和亮白曲霉。黄曲霉的蛋白酶活力较强，能水解蛋白质后生成氨基酸，使食醋具有一定的鲜味。

2. 酵母菌

用于乙醇发酵的酵母菌主要是啤酒酵母。啤酒酵母的细胞多为圆形，有时为椭圆形或圆柱形，以单个细胞、成对细胞或细胞呈链状排列方式存在。啤酒酵母在麦芽汁琼脂培养基经3d培养，菌落白色，略带灰黄色，隆起，边缘规整，表面光滑。啤酒酵母主要以芽殖方式进行繁殖，在细胞表面多点发芽；在麦芽汁琼脂培养基上长时间培养，有时形成子囊，每个子囊内有1～4个子囊孢子；在37℃较在25℃生长更快。啤酒酵母的品系较多，可根据原料的种类来选择。应使用乙醇发酵能力强，具有一定产酯能力的酵母菌。

3. 醋酸菌

醋酸菌是指氧化乙醇生成乙酸的一类细菌，它包括醋酸杆菌属和葡萄糖氧化杆菌属的细菌。这两属的细菌为椭圆形或杆状，革兰氏阴性，于 pH 值 4.5 可以生长，具有过氧化氢酶。醋酸杆菌氧化乙醇生成乙酸能力较强，并能进一步把乙酸氧化成二氧化碳和水。葡萄糖氧化杆菌能氧化乙醇生成乙酸，但氧化能力很弱，它们不再分解乙酸为二氧化碳和水。酿造食醋时常见的醋酸菌如下。

（1）纹膜醋酸杆菌。该菌在含乙醇和铵盐的环境中可以生长，能产生葡萄糖酸和酮葡萄糖酸，在培养过程中于液面形成乳白色褶皱状有黏性的菌膜，摇动时其易破碎使液体变浑浊；能耐 14%～15%的乙醇，最低生长温度为 4～5℃，最高生长温度为 42℃，最适生长温度为 30℃；产酸量最高可达 8.75%。

（2）奥尔兰醋酸杆菌。该菌是纹膜醋酸杆菌的一个亚种，在含乙醇和铵盐的环境中不能生长，生长温度为 7～39℃，最适生长温度为 30℃；产酸能力较弱，最高产酸量为 2.9%，但耐酸性较强，能产生少量的酯，是法国奥尔兰地区由葡萄酒生产乙酸的主要菌株。

（3）胶醋酸杆菌。该菌也是纹膜醋酸杆菌的一个亚种，在含乙醇和乙酸的环境中不能生长，能产生纤维素；可在酒类的醪液中繁殖，引起酒类酸败变黏；形成乙酸的能力很弱，又能进一步分解乙酸。该菌能产生黏液，使醋变质，是酿醋的有害菌。

（4）许氏醋酸杆菌。该菌为人工培养的速酿醋酸菌，是德国有名的速酿醋酸的菌种；产酸量最高可达 11.5%，但耐酸能力较差；最适生长温度为 25～27.5℃，最高生长温度为 37℃。

（5）恶臭醋酸杆菌。该菌在液面形成带褶皱的皮膜，皮膜沿器壁上升，液体不浑浊。该菌最高产酸量为 7%～9%，耐 8%以下乙醇，最适生长温度为 28～30℃，最适 pH 值为 3.5～6.0。

食醋产量的高低和质量的好坏取决于菌种，优良的醋酸菌种产酸能力强，产生有机酸和芳香性酯类较多，生成乙酸后不易分解。我国酿醋的工厂，有的使用人工培养的醋酸菌作为发酵剂，有的利用环境中的醋酸菌进行自然发酵，产品质量不易控制。

（二）食醋的酿造

我国生产的食醋种类很多，各种醋使用的原料、酿造方法都不同，如山西陈醋、镇江香醋、江浙的玫瑰醋及东北的白醋等各有特点。酿造方法可分为固态酿造和液态酿造两大类。

我国传统方法生产的食醋多用固态酿造法。用这种方法酿造的食醋风味较好，需要的辅料多，酿造周期长，原料利用率低。食醋酿造的一般工艺流程是：原料处理，淀粉糖化及乙醇发酵，乙酸发酵，后熟、淋醋、陈酿及加热。

1. 固态酿造法

（1）原料处理。糯米、大米、高粱、玉米、甘薯、麸皮、废糖蜜等均可用来酿醋。

首先将原料粉碎，加水拌匀，浸润一定时间，然后蒸煮。熟料出锅后加冷水冷却，过筛。

（2）淀粉糖化及乙醇发酵。待熟料品温降至25～30℃时加曲子和酿酒酵母入缸发酵，发酵室室温以20℃为宜，冬季不低于15℃，夏季不高于25℃。入缸后品温上升至36℃时应翻醅，严格控制品温不超过40℃。此阶段为边糖化边发酵，发酵5～6d后，品温下降至33～35℃，乙醇度为6.5°～7.0°，说明乙醇发酵完成。

（3）乙酸发酵。乙醇发酵完成后，拌入谷壳、麸皮及醋酸菌种进行乙酸发酵，温度控制在39～41℃，每天倒缸1～2次，使醋醅松散，便于补充氧气，经12～15d，温度开始下降，每天测定乙酸含量，直到乙酸含量不再上升时说明发酵完成，应及时加盐终止醋酸菌的活动。

（4）后熟、淋醋、陈酿及加热（灭菌）。按醋醅的1.5%～2.0%加盐，再后熟数天，使食醋产生适当香味和色泽。之后用套淋法淋醋，使醋醅中的醋最大限度地溶解淋出，淋出的液体即成品醋。

高级食醋需经长时间的陈酿，陈酿的方式有醋醅陈酿和成品醋陈酿。醋醅陈酿即把加盐的醋醅置于缸中，压实，表面加盐，用泥土封住缸口，经半个月淋醋，如长期陈酿，每半个月倒缸一次。成品醋陈酿即将成品醋置于露天缸中，缸口加玻璃盖，陈酿数月，伏夏晒，冬捞冰。陈酿过程中，由于水分的蒸发、酸度和固形物含量的增高、酯类的形成，陈酿食醋有浓郁的香气、醇和的滋味，色泽也较鲜艳。食醋的加热也称煎醋，加热具有杀菌和改善风味的作用，一般是将澄清的食醋于60～66℃加热30min或80～90℃加热2～3min。

2. *液态酿造法*

（1）传统酿造法。我国浙江、福建一带以糯米或大米为原料，依靠环境中的微生物进行自然发酵来酿造食醋。

（2）表面发酵法。该法将乙醇或白酒的稀释液放入通气的发酵槽内，接入成熟的醋液或醋酸菌培养液作为种子。醋酸菌利用稀释液表面和空气接触，在液体表面生长繁殖，形成一层白色菌膜。该法酿醋工艺简单，不需要复杂设备，能量消耗低，但需要的发酵时间较长，冬季大约一个半月，夏季大约一个月。同其他方法相比，该法酿醋占地面积大，消耗劳力多，成品中有少量乙醇存在。

（3）速酿法。该法也称液体回流发酵法，原理是让稀酒液喷淋在有醋酸菌的物料上，自上而下流过，让空气自下向上流动，使乙醇很快被醋酸菌氧化成乙酸。经过一次喷淋不可能使乙醇全部转化为乙酸，但利用循环装置反复喷淋，就可使喷淋发酵液乙酸的含量逐渐提高。

速酿法的工艺过程大致是先用白酒（或乙醇）、循环底醋、酵母液和水配制成发酵液，把负载醋酸菌的填充料放入发酵塔中，再将发酵液分次从塔顶喷洒在填充料上，每天喷洒发酵液十余次。塔内温度30℃左右，通过热交换器控制温度。发酵过程中，要不断补充氧气，每立方米填充料需要补充0.8～0.9m^3/h的流动空气。发酵液的酸度不再上升即为成熟。

速酿法的优点是发酵周期短、设备投资少、占地面积小，便于机械化生产；缺点是食醋风味不如固态酿造法生产的醋，香气不浓，鲜味较差。

（4）深层通气发酵法。该法使用的发酵罐带有搅拌器，空气通过压缩机与过滤系统进入发酵罐内，再通过搅拌器的搅拌作用使氧气均匀地溶解于发酵液中，使醋酸菌旺盛生长。醋酸菌是需氧菌，发酵需要大量溶解氧，如果只供给空气而不搅拌，会因氧气不足导致生长非常缓慢，而搅拌通风可使醋酸菌旺盛生长，缩短了发酵时间，短者 40～50h，长者 65～70h。该法需要特殊的发酵罐，耗能大、建厂费用高，醋的质量不如固态酿造法生产的醋，有待进一步改进。

三、氨基酸发酵

氨基酸发酵是典型的代谢控制发酵，由发酵所生成的代谢中间产物是氨基酸，它的积累建立在对微生物正常代谢的抑制之上。在脱氧核糖核酸的分子水平上，改变和控制微生物的代谢，使有用产物大量生成、积累。食品工业中加工赖氨酸、苏氨酸、色氨酸用于强化食品生产，加工谷氨酸钠、天冬氨酸用于生产食品增鲜剂，加工苯丙氨酸与天冬氨酸用于生产甜味剂。谷氨酸是第一种应用发酵法进行工业化生产的氨基酸，也是目前产量最高的氨基酸；全世界的年产量超过 50 万 t，中国已经成为世界上最大的氨基酸钠（味精）生产和消费国。

（一）味精

味精是指以粮食为原料经发酵提纯的谷氨酸钠结晶，又名“味之素”，是国内外广泛使用的增鲜调味品之一。我国自 1965 年以来已全部采用糖质或淀粉原料生产谷氨酸，其经等电点结晶沉淀、离子交换或锌盐法，再通过脱色、脱铁、蒸发、结晶等工序精制而成。

1. 谷氨酸的生物合成途径

谷氨酸是生物体内代谢的基本氨基酸之一，也是连接糖代谢与氨基酸代谢的枢纽之一。在谷氨酸生产菌中，葡萄糖首先经过酵解途径（EMP）和单磷酸己糖途径（PP）生成丙酮酸。然后，丙酮酸一方面氧化脱羧生成乙酰 CoA，另一方面经 CO_2 固定作用生成草酰乙酸，乙酰辅酶 A 和草酰乙酸合成柠檬酸后进入三羧酸循环（TCA 循环）。最后，三羧酸循环的中间产物 α-酮戊二酸在谷氨酸脱氢酶催化下发生还原氨基化反应，合成谷氨酸。

2. 发酵法生产谷氨酸的菌种选育

工业发酵要求选育出高产菌种。一种微生物经过育种，能够积累过量的目标产物，就可以用于工业发酵，同时也说明它的遗传基因型与野生菌相比已经发生了变化。如果目标产物的代谢途径和调节机制已经比较清楚，在菌种选育时就可以采用适当的方法对细胞内的调节机理进行改造，从而能够轻易地获得高产菌种。

细胞内氨基酸的合成具有如下特点：①某一类氨基酸往往有一个共同的前体；②氨基酸的生物合成与 EMP 途径、三羧酸循环有密切的关系；③一种氨基酸可能是另一种氨基酸的前体。因此，如果要细胞大量地积累氨基酸，就必须做到：①解除氨基酸代谢途径中存在的产物反馈抑制；②防止所合成的目标氨基酸降解或者用于合成其他细胞组分；③若几种氨基酸有一个共同的前体，应该切断其他氨基酸的合成途径；④增加细胞膜的通透性，使细胞内合成的氨基酸能够及时释放到胞外，以降低其胞内的浓度。因此在氨基酸生产菌种的育种工作中，应该在基因水平对微生物进行改造，改造的方法包括传统的诱变育种及应用现代基因工程。

（二）谷氨酸的发酵工艺

谷氨酸的发酵是一个复杂的生化过程，野生型谷氨酸产生菌不能在体外大量积累谷氨酸，故生产上常采用代谢调节异常的细菌为菌种。这些菌种对环境因素的变化非常敏感，易受多方面环境条件的影响，包括发酵培养及配比、温度、溶解氧、pH 值等。在适宜的培养条件下，谷氨酸生产菌能够将 50%以上的糖转化成谷氨酸，只有极少量的副产物；否则，几乎不产生谷氨酸，而得到大量的菌体或者由谷氨酸发酵转化为积累乳酸、琥珀酸或 α-酮戊二酸等发酵。因此，谷氨酸发酵必须严格控制工艺条件。

（1）培养基。谷氨酸生产菌为异养型微生物，只能以有机化合物为碳素营养。

（2）种子扩大培养。现代的发酵工业生产规模越来越大，谷氨酸生产的发酵罐容积可达几十立方米甚至几百立方米。要使微生物在几十个小时的较短时间内，完成如此巨大的生物转化任务，必须首先培养出数量巨大、代谢旺盛的种子。目前，谷氨酸种子的扩大培养普遍采用二级种子培养流程。

（3）温度对谷氨酸发酵的影响及其控制。温度对发酵的影响是多方面的，对菌体生长和代谢产物形成的影响是各种因素综合表现的结果。不同的微生物种类，所具有的酶系及其性质不同，所要求的温度范围也不同；同一种微生物，培养条件不同，最适温度往往也不同。谷氨酸生产菌的最适生长温度为 30～32℃，合成氨基酸的最适温度一般比生长温度高，为 34～37℃。

（4）pH 值对谷氨酸发酵的影响及其控制。pH 值对微生物的生长和代谢产物积累都有很大影响。谷氨酸生产菌均能在广泛的 pH 值范围内生长。谷氨酸发酵在中性和微碱性条件下（pH 值 7.0～8.0）积累谷氨酸，在酸性条件下（pH 值 5.0～5.8）则容易形成谷氨酰胺（*N*-乙酰谷酰胺）。不同培养阶段对 pH 值的要求也往往不同。发酵前，幼龄菌体细胞对氮的利用率高，pH 值变化大；发酵前期 pH 值偏低，菌体生长旺盛，消耗营养成分快，菌体转入正常代谢，长菌而不产谷氨酸；当 pH 值偏高时，对菌体生长不利，糖代谢缓慢，发酵周期延长。但是，在发酵前期 pH 值稍高些（pH 值 7.5～8.0）对抑制杂菌生长有利。因此，发酵前期控制 pH 值为 7.5 左右，发酵中、后期控制 pH 值为 7.2 左右。谷氨酸脱氢酶的最适 pH 值为 7.0～7.2，氨基转移酶的最适 pH 值为 7.2～7.4。在将近放罐时，为了谷氨酸后续提取工序，控制 pH 值 6.5～6.8 为宜。

（5）氧对谷氨酸发酵的影响及其控制。谷氨酸生产菌是兼性好氧菌，在谷氨酸发酵中，供氧过量或不足对菌体生长和谷氨酸积累都有很大影响。在菌体繁殖期，若供氧过量，在生物素限量的情况下，会抑制菌体生长，表现为耗糖慢，长菌慢，pH 值偏高，不易下降。在发酵产酸阶段，若供氧不足，发酵的主要产物由谷氨酸转为乳酸。在缺氧条件下，丙酮酸以后的氧化反应停滞，使糖代谢中间体——丙酮酸转化为乳酸。如果供氧过量，不利于 α-酮戊二酸进一步还原氨基化，因而积累 α-酮戊二酸。在发酵前期，以低通风量为宜；在发酵中、后期，以高通风量为主。

（6）噬菌体的污染及控制。在谷氨酸发酵生产中，噬菌体的危害很大，轻则导致减产，重则引起发酵液全部废弃，造成严重损失。因此，必须严格控制噬菌体侵入。

（三）谷氨酸的提取工艺

谷氨酸发酵完毕，发酵液外观呈浅黄色浆状，表面浮有少许泡沫。除了含有合成的大量谷氨酸外，还存在菌体、残糖、色素、胶体物质及其他发酵副产物等。

通常应用谷氨酸两性电解质的性质及其溶解度、分子大小、吸附剂的作用、谷氨酸的成盐作用等，将其从发酵液中提取出来。谷氨酸的提取方法一般有等电点法、离子交换法、金属盐沉淀法、盐酸盐法和电渗析法，以及上述某些方法的结合。其中，以等电点法和离子交换法应用较为普遍。

（四）味精的生产

从发酵液中提取得到的谷氨酸，仅仅是味精生产中的半成品。谷氨酸与适量的碱进行中和反应，生成谷氨酸钠，其溶液经过脱色、除铁、除去部分杂质，最后通过减压浓缩、结晶及分离，得到较纯的谷氨酸钠晶体，不仅酸味消失，而且有很强的鲜味。

1. 味精的生产流程

味精的生产一般分为液化和糖化、发酵、提取、精制 4 个主要工序。

2. 味精的工艺操作

（1）液化和糖化。淀粉先要经过液化阶段，再与 β-淀粉酶作用进入糖化阶段。首先利用 β-淀粉酶将淀粉浆液化，降低淀粉黏度并将其水解成糊精和低聚糖。液化过程中除了加淀粉酶，还要加氯化钙，整个液化时间约 30min。一定温度下，液化后的糊精及低聚糖在糖化罐内进一步水解为葡萄糖。淀粉浆液化后，通过冷却器降温至 60℃进入糖化罐，加入糖化酶进行糖化。糖化温度控制在 60℃左右，pH 值为 4.5，糖化时间为 18～32h。糖化结束后，将糖化罐加热至 80～85℃，灭酶 30min。过滤得葡萄糖液，经过压滤机后进行油水分离，再经过滤后连续消毒进入发酵罐。

（2）谷氨酸发酵。温度冷却至 32℃时，置入菌种、氯化钾、硫酸锰、消泡剂及维生素等，通入消毒空气，经一段时间适应后，发酵过程即开始缓慢进行。谷氨酸发酵是一个复杂的微生物生长过程，谷氨酸菌摄取原料的营养，并通过体内特定的酶进行复杂的生化反应。培养液中的反应物透过细胞壁和细胞膜进入细胞体内，将反应物转化为谷氨酸产物。整个发酵过程一般要经历 3 个时期，即适应期、对数生长期和衰亡期。每个时期对培养液浓度、温度、pH 值及供风量都有不同的要求。因此，在发酵过程中，必须为菌体的生长代谢提供适宜的生长环境。经过大约 34h 的培养，当产酸、残糖、光密度等指标均达到一定要求时即可放罐。

（3）谷氨酸提取。利用氨基酸两性的性质，谷氨酸的等电点在 pH 值为 3.0 处溶解度最低，可经长时间的沉淀得到谷氨酸。

（4）谷氨酸钠的精制。谷氨酸钠溶液经过活性炭脱色及离子交换柱除去钙离子、镁离子、铁离子，即可得到高纯度的谷氨酸钠溶液。将纯净的谷氨酸钠溶液倒入结晶罐，进行减压蒸发，当溶液浓度达到 295°Bé 时放入晶种，进入育晶阶段，根据结晶罐内溶液的饱和度和结晶情况实时控制谷氨酸钠溶液输入量及进水量。经过十几小时的蒸发结晶，当结晶形体达到一定要求、物料积累至 80%高度时，将料液放至助晶槽，结晶长成后分离出味精，送去干燥和筛选。

第二节 酵母菌在食品生产中的应用

酵母菌在食品加工工业中用途十分广泛，是应用较早和较为重要的一类微生物，许多酿造发酵食品、食品原料的制造，如啤酒、白酒、葡萄酒、面包等都是在酵母菌的参与下生产加工出来的。在酱油、腐乳等产品的生产过程中，有些酵母菌和乳酸菌协同作用，使产品产生特有的香味。在发酵食品中常用的酵母菌有酵母属、球拟酵母属、汉逊氏酵母属等。

一、乙醇和白酒的生产

（一）乙醇的生产

乙醇是一种有机物，俗称酒精，化学式为 CH_3CH_2OH，在常温、常压下是一种易燃、易挥发的无色透明液体。它的水溶液具有酒香，并略带刺激，微甘。乙醇液体的密度是 0.789g/cm^3（20℃），沸点是 78.3℃，易燃。其蒸气能与空气形成爆炸性混合物，能与水以任意比例互溶，能与氯仿等多数有机溶剂混溶。乙醇的用途很广，可制造乙酸、饮料、香精、染料、燃料等。

1. 乙醇的生产流程

20 世纪 30 年代以前，发酵法是乙醇的唯一工业生产方法。随着石油化工的迅速发展，合成法生产的乙醇的产量越来越大，但合成法生产的乙醇中夹杂的异构高碳醇对人的神经中枢有麻痹作用，不适宜用于饮料、食品、医药及香料等。因此，即使在石油化工发达的国家，发酵法生产的乙醇仍然占有一定的比例。

发酵法是首先将富含淀粉的农产品（如谷类、薯类等或野生植物果实）水洗、粉碎后，进行加压蒸煮，使淀粉糊化；然后加入适量的水，冷却至 60℃左右加入淀粉酶，使淀粉依次水解为麦芽糖和葡萄糖；最后加入酵母菌进行发酵制得乙醇。具体工艺流程为原料→除杂→粉碎→蒸煮→糖化→发酵→蒸馏。

2. 乙醇的工艺操作

（1）原料的除杂。淀粉原料中常见的杂质有泥沙、石块和金属杂质 3 类。常用的除杂方法有筛选、风送除杂和电磁除铁 3 种。

（2）原料的粉碎。在乙醇生产过程中，淀粉原料都应进行粉碎处理。投产前先把块状或粒状的原料磨碎成粉末状态。原料经粉碎后，受热面积可增加，利于淀粉原料的吸水膨胀糊化，从而提高了热处理效率。原料粉碎的方法有干法粉碎和湿法粉碎两种。干法粉碎多采用粗碎和细碎两级粉碎工艺。

（3）蒸煮。蒸煮的目的是使植物组织和细胞彻底破裂，原料内含的淀粉颗粒因吸水膨胀而破坏，使淀粉由颗粒变成溶解状态的糊液，目的是使它易受淀粉酶的作用，把淀粉水解成可发酵性糖。另外通过高温高压蒸煮后，也实现了对原料的灭菌。高温通常指130～150℃，能耗较高，近年逐渐采用高于淀粉糊化温度，但不高于100℃的低温蒸煮法。另加 α-淀粉酶作为液化剂是低温蒸煮工艺的特点。

（4）糖化。糊精不能直接被酵母菌利用发酵生成乙醇。糊化醪在发酵前必须加入一定数量的糖化剂（麸曲、液体曲、糖化酶），使淀粉、糊精水解生成酵母菌能发酵的糖类。淀粉转变为糖的这一过程，称为糖化。糖化后的醪液称为糖化醪。

淀粉质原料的糖化过程，就是把淀粉转变成葡萄糖。在进行糖化的过程中，往往需要酸或酶作为糖化剂，因此工业上常采用的方法有酸解法糖化、酶解法糖化和酸酶结合法糖化。

① 酸解法又称酸糖化法，它是以酸（无机酸或有机酸）为催化剂，在高温高压下将淀粉水解转化为葡萄糖的方法。

② 酶解法是用淀粉酶将淀粉水解为葡萄糖的方法。酶解法制葡萄糖可分为两步：第一步是 α-淀粉酶将淀粉液转化为糊精及低聚糖，使淀粉的可溶性增加，这个过程称为液化；第二步是利用糖化酶将糊精或低聚糖进一步水解转变为葡萄糖的过程，在生产上称为糖化。淀粉的液化和糖化都是在微生物酶的作用下进行的，故也称为双酶水解法。

③ 酸酶结合法是集酸解法及酶解法的优点而形成的生产工艺。根据原料淀粉性质，该法又可分为酸酶水解法和酶酸水解法。

（5）发酵。

① 乙醇发酵过程中主要经过下述 4 个阶段。

第一阶段：葡萄糖磷酸化生成 1,6-二磷酸果糖。

第二阶段：1,6-二磷酸果糖分解生成 2 分子的磷酸丙糖。

第三阶段：3-磷酸甘油醛经氧化磷酸化生成 1,3-二磷酸甘油酸，再生成丙酮酸。

第四阶段：酵母菌在无氧条件下，将丙酮酸继续降解，生成乙醇。

② 乙醇发酵过程可分为如下 3 个不同阶段。

a．前期发酵。在酿酒酵母与糖化醪加入发酵罐后，酵母菌细胞利用醪液中溶解的少量氧和营养物质迅速繁殖，并达到一定的数量。同时，醪液中的糊精继续被糖化酶作用生成糖分。接种时醪液温度为 26～28℃，前发酵期醪液温度不超过 30℃。前发酵时间的长短取决于酵母菌的接种量及种酵母菌的菌龄，一般为 6～8h。

b．主发酵期。醪液中酵母菌细胞数达 1 亿个/mL，酵母菌因氧气已消耗，基本上停止繁殖，主要进行乙醇发酵作用。该阶段醪液中糖分迅速减少，乙醇逐渐增多，并产生大量二氧化碳。发酵温度应控制在 30～34℃，时间为 10～14h。

c．后发酵期。醪液中的糖分大部分已被酵母菌消耗，其中残存的糊精会继续被淀粉酶水解为糖。该水解作用的速度缓慢，发酵作用也十分缓慢。此时醪液温度应控制在30～32℃。后发酵一般需60～72h。

③ 为提高乙醇产出率，必须创造如下有利条件。

a．在发酵前期，要创造条件让酵母菌繁殖到一定数量。

b．保持一定的糖化酶活力，保证后糖化作用继续进行，使糖化醪中的淀粉和糊精继续被分解，生成可发酵性糖。

c．发酵过程的中、后期，创造厌氧条件使酵母菌在无氧条件下将糖分变成乙醇。

d．应设法排除发酵过程中产生的二氧化碳，并注意回收二氧化碳逸出时夹带的乙醇。

（6）蒸馏。蒸馏在蒸馏塔中进行，它把乙醇从醪液中蒸馏分离出来，使之达到高浓度，同时分离出部分杂质。

（二）白酒的生产

白酒的种类很多，由于所用的原料、糖化剂及发酵工艺不同，酒的质量和风味差别很大。白酒根据生产用曲及原料的不同可分为大曲酒、麸曲白酒和小曲酒3种类型。其中麸曲白酒发酵周期短、淀粉出酒率高，在白酒生产中所占比例最大。

1. 麸曲白酒的生产工艺流程

麸曲白酒的生产工艺流程如下：原料→生产麸曲→粉碎→配料→蒸煮→加麸曲和酿酒酵母→加水→糖化发酵→蒸馏。

2. 麸曲白酒的生产工艺操作

（1）生产麸曲。麸曲是麸曲白酒生产中的糖化剂，它是以麸皮为主要原料，加入适量的新鲜酒糟和其他疏松剂，如谷糠、稻壳等，接入纯种曲霉菌培养而制成的。制备方法有帘子制曲、机械通风制曲。现以机械通风制曲为例简单介绍如下：进行配料，加入麸皮量为10%～15%的酒糟，加水量为原料的68%～70%。将配制好的料搅拌均匀后开始蒸料，时间为1h。加热要均匀，防止跑气。蒸完料后冷却至33～34℃，进行接种，接种量一般为原料的0.3%～0.5%。接种后，入房堆积，堆积是为使孢子吸水膨胀、发芽，每3～4h倒堆一次，堆积时间为8～12h，结束温度为32～33℃。

（2）粉碎。原料粉碎后，应能通过1.5～2.5mm直径的筛孔。

（3）配料。通过主辅原料的合理配比，给微生物生长繁殖创造条件，使淀粉在淀粉酶和酒化酶的作用下，尽可能多地转化成乙醇。配料往往需加入填充料，以便调整酒醅的淀粉浓度和酸度、增加酒醅的疏松性，以利于微生物的生长和酶的作用，并能吸收浆水，为发酵和蒸馏创造条件。常用的填充料有谷糠、稻壳、新鲜酒糟、玉米芯等。

配料的比例随原料特性的不同、气温的不同、酒糟所含残余淀粉量的不同、填充料特性的不同而有所变化。如果原料淀粉含量高，酒糟和其他填充料的比例应增大；如果酒糟淀粉含量高，则要减少酒糟的配比，增大稻壳或谷糠的用量。配料时要求混合均匀，保持疏松，做到拌料要细致，配料要准确。

（4）蒸煮。蒸煮温度一般为 85～95℃，时间为 35～40min。原料经过蒸煮后达到“熟而不黏，内无生心”的要求。

（5）加麸曲和酿酒酵母、水。加曲温度为 25～35℃，若温度高，易染杂菌，且醅料发黏结块，对酒不利，麸曲用量一般为原料的 6%～10%。酿酒酵母通常和浆水一起边搅拌边添加，用量为投料量的 4%～7%。

（6）糖化发酵。发酵时间一般为 3～5d。发酵过程中对温度的管理应遵守“前缓、中挺、后缓落”的原则。

（7）蒸馏。蒸馏时需去头去尾，以提高成品酒的质量。

二、啤酒的生产

啤酒为低乙醇度的营养饮料酒，受到消费者的青睐，产量居世界各种酒类之首。在我国啤酒生产已有百年的历史。

啤酒的种类很多，依颜色不同分为浅色啤酒和黑啤酒，依酵母菌品种不同分为下面发酵的啤酒和上面发酵的啤酒。目前我国生产的啤酒多为下面发酵的浅色啤酒。

（一）原料

（1）大麦。大麦是酿造啤酒的主要原料，大麦的种类和质量对啤酒的质量影响较大。大麦的主要成分是淀粉、纤维素和蛋白质。应选用谷皮含量低、浸出率高、蛋白质含量低、发酵率高的大麦来酿造啤酒。

（2）辅助原料。除大麦以外，大米、玉米和小麦等作为辅助原料也用来酿造啤酒，目的是补充淀粉，以代替部分麦芽。

（3）酒花。酒花也称啤酒花。酒花可使啤酒富有香味和爽口的苦味，增加啤酒的泡沫和稳定性。酒花与麦芽汁共同煮沸时可促进蛋白质凝固，有利于啤酒的澄清。酒花对菌类具有抑制作用，可增加啤酒的防腐效果。

（二）麦芽的制备

未发芽的大麦仅含有少量有活性的酶，在大麦发芽过程中，酶原被激活，同时合成大量新的酶类。主要的酶类有淀粉酶、蛋白酶、半纤维素酶和磷酸酯酶等。在发芽过程中，酶类本身成分也发生一定变化，大分子物质被分解成小分子物质，为酵母菌的繁殖提供营养成分。

大麦在适宜条件下即会发芽，先将大麦在水中浸泡一定时间，使大麦含水量为 41%～48%。将浸泡过的大麦置于 14～18℃条件下进行发芽，经过 7～9d 成为绿麦芽。绿麦芽经干燥后才能用来酿造啤酒。干燥麦芽可除去麦芽的生青味和麦芽根的苦味，且便于储藏。

（三）麦芽汁的制备

麦芽汁的制备过程俗称糖化。将粉碎的麦芽与温水混合，借助麦芽本身的多种水解酶类将淀粉和蛋白质分解成可溶性小分子的糖类、糊精、氨基酸、胨、肽等而成为麦芽汁。

糖化分为煮沸法和浸出法，目前国内多用煮沸法。煮沸法又进一步分为一次煮沸法、二次煮沸法和三次煮沸法，酿造淡色啤酒多用二次煮沸法。二次煮沸法是首先将辅助原料和部分麦芽粉在锅内与50℃温水混合，保温30min，然后煮沸10min，与此同时，另一部分麦芽粉在锅内与温水混合，65～70℃保温进行糖化。待糖化醪无碘反应后，取部分糖化醪进行第二次煮沸，然后放回，使糖化醪的温度升至75℃，再继续糖化30min，过滤，得到透明的琥珀色液体即为麦芽汁。

向过滤得到的麦芽汁中添加啤酒花，加热煮沸1～2h，使麦芽汁浓缩，溶出啤酒花的有效成分，促进蛋白质凝固、析出。待煮沸后将啤酒花糟粕除去。

（四）酵母菌及其扩大培养

在酿造啤酒时，发酵是关键的一步。麦芽汁中的可发酵糖，只有经过酵母菌的发酵作用，分解成乙醇及二氧化碳，才能酿制成含有少量乙醇、气体和多种营养成分的啤酒。

用于酿造啤酒的酵母菌可分为上面发酵酵母和下面发酵酵母，上面发酵酵母在主发酵结束时，随二氧化碳漂浮在发酵液的表面，即使长时间放置也只有少量的酵母菌细胞沉淀，多数酵母菌细胞继续漂浮在发酵液的表面，下面发酵酵母在主发酵时悬浮在发酵液内，主发酵后酵母菌细胞很快凝聚并沉淀在发酵池的底部。

上面发酵酵母为啤酒酵母，下面发酵酵母为葡萄汁酵母，两种酵母菌的主要区别是葡萄汁酵母发酵棉子糖，而啤酒酵母则不能。上面发酵酵母多为圆形，多数细胞聚集在一起，发酵温度高，起始温度为7.5～10℃，主发酵时间短，发酵度高；下面发酵酵母多为椭圆形，细胞较分散，发酵温度低，起始温度为5～7℃，主发酵时间长，发酵度低。目前国内大部分啤酒厂使用葡萄汁酵母来酿造啤酒。

酵母菌的扩大培养一般是用麦芽汁制备培养基，通过多次传代，传代一次可使酵母菌数量增加10倍，最终使酵母菌达到生产所需的数量。传代使用的培养温度应逐渐降到麦芽实际发酵温度。例如，将酵母菌接入1L麦芽汁内时，培养温度为14～18℃，扩大到50L麦芽汁时，为12～14℃，500L时为10～12℃，最终1500L时为8～10℃。

酵母菌的性质直接关系到发酵的快慢和啤酒的质量，扩大培养得到的酵母菌应定期进行检查，以发现微生物污染和酵母菌的异常变异。

根据酵母菌的形态可确定酵母菌是否发生变化，应注意观察酵母菌细胞的形状、大小、颗粒、空泡、发芽情况等。虽然观察结果带有一定的主观性，但熟练者仔细观察还是能够发现问题的。

利用含放线菌酮的普通啤酒琼脂培养基可检出扩大培养酵母菌中污染的细菌和某些野生酵母菌。在这种培养基上，酵母属的酵母菌，特别是葡萄汁酵母不生长，而污染的细菌和野生酵母菌生长很好。利用含赖氨酸、结晶紫、复红的3种培养基也能检出野生酵母菌，在这几种培养基上野生酵母菌能够生长，而酿造啤酒用的酵母菌不能生长。

发酵试验可测定酵母菌对糖类的分解能力。将酵母菌接入麦芽汁中，经过发酵后测定发酵液与原麦芽汁的浓度差，该浓度差即为被酵母菌分解的糖分。还应测定原麦芽汁和发酵液的 pH 值。

（五）发酵

麦芽汁冷却后接种酵母菌，酵母菌发酵麦芽汁中的糖，产生二氧化碳和乙醇。在一般情况下，添加酵母菌的量为麦芽汁的 0.5%～0.6%，麦芽汁中酵母菌的含量为（8×10^6）～（1.5×10^7）个/mL。整个发酵过程可分为主发酵和后发酵。下面发酵于 5～7℃开始进行主发酵，酵母菌经过大约 12h 的迟缓期开始繁殖。

主发酵可分为 4 期，添加酵母菌后的 12～26h，麦芽汁被二氧化碳所饱和，在麦芽汁表面出现白色、乳脂状小气泡，此时称为起泡期。随着发酵的进行，泡沫层加厚，由于大麦汁和酒花成分的变性，泡沫层为黄褐色，此时为低泡期。由于酵母菌繁殖旺盛，在发酵糖类时产生热量，发酵液的温度可升至 9℃左右，发酵进入高泡期，此时泡沫松软，为褐色。高泡期之后，进入主发酵的最后一个阶段，即落泡期。此时泡沫消退，形成深褐色的泡盖，漂浮在发酵液的表面，酵母菌停止繁殖，少量酵母菌悬浮在发酵液中，部分酵母菌沉淀在底部，此时主发酵结束。整个主发酵时间为 7～10d，沉淀在底部的泥状酵母菌可回收，洗涤后供下一次发酵时使用。

主发酵后的啤酒尚不能饮用，还需经后发酵继续成熟。后发酵的温度保持在 0～2℃，依靠酒中的酵母菌继续进行发酵，时间需 7～10 周。后发酵使酒产生更多的二氧化碳、芳香气味，还能使啤酒澄清透明。经过滤后装瓶，如装瓶后进行杀菌处理，则得到的酒称为熟啤酒。

（六）啤酒的变质

啤酒本身具有一定的防腐能力，因啤酒中含有啤酒花，它有一定的抑菌作用；啤酒的 pH 值为 4.0～4.5；啤酒内含有二氧化碳，属于无氧环境；啤酒的发酵与储温较低，这些因素不适于大多数细菌的生长。由于氧气不足，霉菌也不能生长，引起啤酒变质的主要是酵母菌和某些细菌。

引起啤酒变质的细菌主要有乳酸菌、醋酸菌和厌氧发酵单胞菌。乳杆菌中的巴氏乳杆菌和糖化乳杆菌常出现在啤酒中。在形态、培养和生理学特征方面，这两种乳杆菌都很相似，不同的是巴氏乳杆菌能够发酵葡聚糖和淀粉。除德氏乳杆菌外，异型发酵乳酸菌都能使啤酒变质，它们在啤酒中生长，可使其出现浑浊，并能产生较多的乳酸。与啤酒变质有关的球状乳酸菌是有害片球菌，也称啤酒片球菌。该菌为同型发酵乳酸菌，生长需要二氧化碳，在啤酒中生长可产生丁二酮，使酒有馊味，还能产生酸。醋酸菌为严格需氧菌，在氧气存在的条件下可在啤酒中生长，醋酸杆菌和葡糖酸杆菌能氧化乙醇为乙酸，使啤酒变酸，还能使之浑浊。厌氧发酵单胞菌是厌氧的革兰氏阴性杆菌，不形成芽孢，不耐热。该菌主要侵害生啤酒，使啤酒出现浑浊和异味。

野生酵母菌常污染啤酒酿造环境和成品，可使啤酒出现稀薄、过酸、异味和浑浊等变质现象。最常见和最有害的野生酵母菌是酵母属的酵母菌，特别是糖化酵母。侵害啤酒的野生酵母菌还有啤酒假丝酵母、柠檬克勒克酵母、异常汉氏酵母等。用于啤酒酿造下面发酵的葡萄汁酵母对上面发酵来说是野生酵母菌，而啤酒酵母对下面发酵来说也为野生酵母菌。

三、葡萄酒的酿造

葡萄酒是果酒的一种，果酒是以植物的果实为原料经乙醇发酵而酿制的酒。在果酒生产上，葡萄酒占有较大比例。

（一）葡萄的处理与乙醇发酵

葡萄收获后一般不用水清洗，直接除去梗并压碎。压碎的葡萄含有85%～95%的葡萄汁、5%～12%的葡萄皮，0.5%～4%的籽。将葡萄放入发酵罐内，如葡萄汁含糖量低，可补充蔗糖，使含糖量约为25%；若含糖量超过30%，可用水稀释。添加重亚硫酸钾和硫酸氢钾，然后进行发酵。

在葡萄皮的表面有不同种类的酵母菌，其数量随着葡萄的成熟而增加。以无菌方式得到的葡萄汁内含有酵母菌，数量为10^3～10^4个/mL。新压榨出的葡萄汁内酵母菌含量为10^5～10^6个/mL。葡萄本身天然存在的酵母菌可使葡萄汁进行乙醇发酵，有的生产厂家不用人工扩大培养的纯酵母菌，而是以葡萄汁的自然发酵来酿造葡萄酒。

在一般情况下，由发酵能力弱的酵母菌驱动葡萄汁的自然发酵，随着发酵的进行，酵母菌的区系发生改变，由发酵能力和耐受乙醇能力强的酵母属的酵母菌完成主发酵和后发酵。

用于葡萄汁乙醇发酵的酵母菌是啤酒酵母。在娄德（1952）分类中，曾称这部分酵母菌为啤酒酵母椭圆形变种，葡萄酒酿造业将其简称为葡萄酒酵母，或称为椭圆酵母，1970年将其并入啤酒酵母。这部分酵母菌的乙醇发酵能力强，可产生18%～20%的乙醇；耐受乙醇能力强，在含 8%～12%乙醇的葡萄汁内，还保持正常发酵能力；耐高渗，在含30%糖的底物中，可形成10%～13%的乙醇；于4～10℃时，可形成8%～12%的乙醇，为冷发酵酵母菌。这部分酵母菌可在葡萄汁内扩大培养，用于葡萄汁的乙醇发酵，添加的量为葡萄汁的1%～3%。

红葡萄酒于 15～20℃发酵，为使色素和单宁从葡萄皮中溶出，每日搅拌一次，20℃时，经10～15d可完成主发酵，将其移入储罐内进行成熟，使葡萄酒澄清和形成芳香气味。

（二）影响葡萄汁乙醇发酵的因素

（1）糖。糖是乙醇发酵的主要成分。葡萄汁内可被酵母菌发酵的糖主要是葡萄糖和果糖。葡萄糖的含量变化较大，受葡萄生长时的气候条件和葡萄成熟程度的影响。含糖量低的葡萄汁发酵后产生的乙醇少，应补充糖。葡萄汁内的葡萄糖和果糖的比例一般为1∶1，能发酵糖的酵母菌都能发酵葡萄糖和果糖。在葡萄汁内存在的酵母菌，多数是发酵葡萄糖的酵母菌，即发酵葡萄糖较快，而未发酵的果糖存在于葡萄酒中。啤酒酵母是嗜葡萄糖的酵母菌，但有的品系嗜果糖。

（2）氮源。葡萄汁内含有一定量的蛋白质和蛋白质的水解产物。氮的含量为 0.2～1.4g/L，氮的平均含量为 0.6g/L。这些含氮物质可满足酵母菌旺盛发酵时的营养需要。在葡萄成熟过程中，如感染灰葡萄孢菌等田间真菌，葡萄汁的蛋白质和氨基酸的含量会严重下降。此时应添加磷酸铵或硫酸铵补充含氮物质。

（3）pH 值。葡萄汁内含有 5～15g/L 的酒石酸与苹果酸，pH 值为 3.0～3.9。这个酸性环境对微生物有选择作用，也影响发酵的副产物。除醋酸菌和乳酸菌外，多数细菌不适于在葡萄汁中生存。于 pH 值高时发酵，副产物甘油产生多。虽然啤酒酵母在 pH 值为 3.0～6.0 的范围内进行繁殖和发酵活动，但在 pH 值为 3.0～4.0 时，迟缓期较长，发酵缓慢；pH 值高时，迟缓期缩短，发酵旺盛。

（4）温度。啤酒酵母可在比较广泛的温度内进行乙醇发酵，最高为 45℃，最低约为 0℃。在 15～35℃，发酵速度最快，超过 35℃时，酵母菌的发酵能力明显下降。温度低，使酵母菌繁殖速度降低，发酵产生的乙醇对酵母菌本身也有影响。乙醇的抑制作用随温度的升高而加强。温度低时，乙醇对酵母菌影响小，可产生较多的乙醇。在 20℃发酵时，乙醇产量最高，于 35℃发酵时，产量仅是 20℃时的 1/4。

（5）二氧化碳。酿造葡萄酒时需向普通汁内添加亚硫酸和亚硫酸盐，使它们转化为二氧化硫。二氧化硫可抑制醋酸菌、乳酸菌和某些酵母菌等有害菌类的活动，使啤酒酵母的乙醇发酵正常进行。葡萄汁内常污染醋酸菌，如这些细菌在葡萄汁中进行乙酸发酵，不仅影响葡萄酒的质量，也抑制酵母菌的发酵作用。啤酒酵母对醋酸菌很敏感，葡萄汁含 1g/L 乙酸时，即影响发酵速度，含 3g/L 乙酸时，发酵终止。二氧化硫对乳酸菌也有很好的抑制作用，可防止葡萄酒酸度降低。葡萄汁内二氧化硫浓度过高时，对啤酒酵母的正常发酵也有不良影响。

（三）葡萄酒的变质

引起葡萄酒发生异常变化的酵母菌主要是酵母属的酵母菌，其由于过滤不当或过滤后污染而混入葡萄酒内。这些酵母菌可利用酵母菌中残留的糖继续发酵，使葡萄酒浑浊和有异味。此外，路德类酵母可产生过量的乙酸乙酯和其他副产物，还能使葡萄酒浑浊。间型酒香酵母氧化乙醇形成乙酸、乙酸乙酯，还能产生异丁酸、异戊酸、己酸，使葡萄酒质量下降。某些酵母菌生长在葡萄酒表面形成膜醭，并能氧化乙醇形成乙醛、乙酸、乙酸乙酯等。

乳酸菌可使葡萄酒变质。葡萄汁或葡萄酒内有可发酵糖存在时，乳酸菌（特别是异型发酵乳酸菌）进行乳酸发酵，并产生二氧化碳、乙醇、挥发酸，使葡萄酒酸度升高。乳酸菌还形成丁二酮、乳酸乙酯、三羟基丁酮等，使葡萄酒有异味。

有时醋酸菌使葡萄酒发生变质。醋酸菌为需氧菌，可在葡萄酒表面生长，氧化乙醇形成乙酸和乙酸乙酯，使葡萄酒出现食醋味。醋酸菌对二氧化硫很敏感，可用二氧化硫控制醋酸菌。

四、面包的生产

面包是以面粉为主要原料，加水并加入一定量的酵母菌混合制成面团，经过发酵、造型、烘干而生产出的发酵食品。面包的营养丰富，组织膨松，易于消化吸收，食用方便，深受消费者喜爱。

（一）面包发酵用酵母菌

利用酵母菌的发酵作用，可使面包膨松，赋予面包特殊的香味。目前生产面包所用的酵母菌有鲜酵母、干酵母和液体酵母，其中以鲜酵母菌使用最为普遍。

酵母菌的用量要根据酵母菌发酵力强弱、面粉筋力大小和面包种类而定。酵母菌在使用前，要测定其发酵活力。发酵活力强的少用，发酵活力弱的多用；面筋力小的少用，面筋力大的多用；咸面包少用，甜面包多用。一般鲜酵母菌在咸面包中用量为面粉量的0.5%～0.75%，在甜面包中用量为1%左右。

（二）面包的制作

面包的制法包括一次发酵法与二次发酵法两种。

1. 一次发酵法面包的制作

一次发酵法是一种方法简单、生产周期短、发酵损耗小的方法。生产普通种类的面包时均用该法。

1）工艺流程

工艺流程如下：原料准备→和面→整批发酵→分割、称量、搓圆→中间醒发→整形、装模→醒发、烘烤→冷却、包装→成品。

2）制作方法（以主食面包为例）

（1）原料准备。

① 按配方称料备用。

② 鲜酵母菌的活化。将鲜酵母菌放入 5 倍质量的温水（26～30℃）中，加入少量的糖，用木棒搅拌，把酵母菌块充分调开，放置 20～30min，当表面出现大量气泡时即可使用。干酵母菌的活化方法与鲜酵母菌相同，只是所需时间更长些。

（2）和面。将固体物料初步混合均匀，投入和面机内，将活化酵母菌糖液及水倒入面粉料中，和面用水量约为面粉量的 60%（包括液体辅料），搅拌均匀约 10min。面团温度用水温控制，夏季一般用冷水，冬季需用温水，使和好的面团温度在 25℃左右，也可用手和面，迅速翻动，并对面团进行揉、压、甩、折叠等动作。

（3）整批发酵。将上述面团倒入发酵缸进行发酵。发酵温度为 30～32℃，相对湿度为 78%～80%，时间为 2h。

（4）分割、称量、搓圆。发酵结束后取出全部面团，按所需要形状分割成质量相等的小块面坯，称量后用锥形面包搓圆机或手工搓圆，然后将其置于烤盘中。烤盘须事先涂上油。

（5）中间醒发。将装有面包的烤盘送入醒发室醒发，醒发温度为 30～32℃，相对湿度为 78%～80%，时间为 20min。

（6）整形、装模。将面坯取出进行造型，将来面包的形状即由此造成。将整形后的面坯放入事先涂过油的烤模中。

（7）醒发。将装有面团的烤模置于烤盘上送入醒发室醒发。醒发温度为38～40℃，相对湿度为80%～85%，待醒发至成品体积的80%～90%时即可入炉。

（8）烘烤。醒发完毕后即送入烤炉烘烤，面包入炉初期，相对湿度应较高（为60%～70%，小面包应稍大于70%）。面火不宜超过120℃，底火为250～260℃，这样有利于面包体积的增加。此阶段的时间为2～3min。当面包瓤温度为50～60℃时，应同时提高面火和底火的温度，根据面包的大小和形状确定炉温。面火可达270℃，底火控制在270～300℃。经过此阶段烘烤，面包基本定形。最后，降低炉温，面火的温度为180～200℃，可高于底火的温度（140～160℃）。此阶段主要是使面包着色和增香。

（9）冷却、包装。烘烤后的面包温度很高，必须经过冷却才能包装，包装后即为成品。

2. 二次发酵法面包的制作

二次发酵法生产面包尽管生产周期长、设备多，但用该法生产的面包质量好，因此，高档点心面包大多用二次发酵法。

1）工艺流程

工艺流程如下：原料准备→第一次和面→第一次发酵→第二次和面→第二次发酵→分割、称量、搓圆→中间醒发→整形、装盘、刷面→最后醒发、烘烤、冷却→成品。

2）制作方法（以鸡蛋面包为例）

（1）原料准备与一次发酵法相同，只是第一次和面和第二次和面分开准备。

（2）第一次和面和发酵。先将全部面粉的30%～70%（一般为50%）投入和面机内，再加入全部酵母菌活化液及糖液和适量的水，搅拌10min，把面团和至表面光滑、弹性适度。和面用水量约为面粉量的60%（包括液体辅料）。

经第一次和好的面团，由和面机倒入发酵缸进行第一次发酵。发酵缸内预先涂布少量油脂，防止面团粘缸。发酵室温度为25～30℃，相对湿度为70%～75%。经2～3h发酵，当面团起发到高峰开始下陷时即可。发好的面团温度在29℃左右。

（3）第二次和面和发酵。将经过第一次发酵的面团取出，放入和面机内加入剩余的面粉、水及其他辅料和成面团，搅拌后，再加入油脂继续搅拌10min左右。将上述面团放入发酵缸内进行第二次发酵，约1h即成熟，发酵条件为温度28～32℃、相对湿度78%～80%。

（4）分割、称量、搓圆、中间醒发。方法与要求同“一次发酵法”。

（5）整形、装盘、刷面。如制造小圆面包，则不需要整形，直接进入后道工序。如制作花色面包，则将面团按要求制成各种花形，然后装盘，刷蛋液。

（6）最后醒发、烘烤、冷却。方法与要求同“一次发酵法”。

第三节　霉菌在食品生产中的应用

霉菌在食品工业中用途十分广泛，许多酿造发酵食品、食品原料，如豆腐乳、豆豉、酱、酱油、柠檬酸等都是在霉菌的参与下生产出来的。绝大多数霉菌能将加工所用原料中的淀粉、糖类等碳水化合物、蛋白质及其他种类的化合物进行转化，制造出多种多样的食品、调味品及食品添加剂。在发酵食品中常用的霉菌有毛霉属、根霉属、曲霉属等。不过，除了利用霉菌以外，还要在细菌、酵母菌的共同作用下来完成食品生产。在食品酿造业中，常常以淀粉质为主要原料。只有将淀粉转化为糖，才能被酵母菌及细菌利用。

一、淀粉质原料的糖化

淀粉的糊化（蒸煮）、液化及糖化过程是淀粉质原料制取乙醇的重要步骤，对于后续的发酵有着重要的意义。

（一）淀粉质原料糖化的过程

一般来说，原料细胞中所含的淀粉颗粒，由于植物细胞壁的保护作用，不易受到淀粉酶系统的作用。所以，淀粉原料在进行液化、糖化之前通常要经过蒸煮，使淀粉从细胞中游离出来并转化为溶解状态（即糊化），以便淀粉酶系统进行液化、糖化作用，这就是原料蒸煮处理的主要目的。

糊化之后的淀粉浆要利用酶进行分解，酶解工艺主要包括淀粉的液化和糖化两个步骤。液化是利用液化酶使糊化的淀粉浆黏度降低，并将淀粉水解成糊精和低聚糖。糖化是利用糖化酶将液化得到的糊精和低聚糖彻底水解成葡萄糖，供酵母菌进行呼吸作用产生乙醇。也就是说，淀粉质原料的液化和糖化实际上是淀粉在淀粉酶、糖化酶的作用下，水解成葡萄糖的过程，其主反应式如下：

$$\underset{\text{淀粉}}{(C_6H_{10}O_6)_n} \xrightarrow{H_2O} \underset{\text{糊精}}{(C_6H_{10}O_6)_x} \xrightarrow{H_2O} \underset{\text{麦芽糖}}{C_{12}H_{22}O_{12}} \xrightarrow{H_2O} \underset{\text{葡萄糖}}{C_6H_{12}O_6}$$

（二）淀粉质原料糖化的步骤

为将薯类、谷类、野生植物等淀粉质原料中的淀粉水解为可发酵糖类，一般需要经过糊化（蒸煮）、液化与糖化3个步骤。

1. 糊化（蒸煮）及液化

糊化（蒸煮）、液化和糖化的目的是将淀粉水解成可发酵糖类，即先通过 α-淀粉酶将淀粉水解为糊精和低聚糖；再利用糖化酶（淀粉葡萄糖苷酶）水解糊精或低聚糖释放葡萄糖。然而，为了使 α-淀粉酶能够顺利和淀粉分子作用，必须打破淀粉的颗粒状结构，这一过程称为糊化。当谷物浆与水一起加热时，淀粉颗粒开始吸水膨胀，逐渐失去晶体结构，变大，形成的凝胶囊往往填补所有可用空间。胶凝作用最高点也是糊状物的最大黏稠点。

2. 糖化工艺

我国乙醇厂最常用的糖化方法是：在糖化锅内放入一部分水，使水面没过搅拌桨叶，然后放入蒸煮醪，边搅拌，边开冷却水冷却。蒸煮醪放完并冷却到 61～62℃时，加入糖化剂，搅拌均匀后，静置糖化 30min，再开冷却水和搅拌器，将糖化醪冷却到 30℃，然后用泵送至发酵车间。

糖化过程的周转期与冷却水的温度有很大关系，如果说冷却水温为 10℃时要冷却 30min，则冷却水温为 20℃时要冷却 2h 以上。我国夏天冷却水温往往在 22℃以上，所以将糖化醪冷却到发酵温度往往要 3～4h。

二、酱油的酿造

酱油起源于我国，在《齐民要术》中最先记载了以大豆为原料，经霉菌的作用而制成酱油的方法。之后，我国的酱油生产方法传到日本、东南亚及世界各地。

酱油的酿造即利用微生物的作用，使原料中的蛋白质分解、淀粉糖化，并伴有乙醇发酵、乳酸发酵等反应过程，使酱油具有特殊的色、香、味，能提高人的食欲。酱油是人们日常生活中不可缺少的调味品。

由于应用原料和加工工艺不同，酱油的风味各异。目前生产酱油的发酵方法有低盐固态发酵、高盐稀态发酵、浇淋发酵等。

（一）酱油酿造中的微生物

酱油酿造过程中，曲霉、酵母菌和乳酸菌分泌的酶引起一系列生化反应，完成发酵过程。在酿造过程中，起主要作用的是米曲霉和酱油曲霉，它们与原料发酵的快慢、酱油的颜色和适口性有直接关系。

1. 米曲霉和酱油曲霉

米曲霉是曲霉属黄曲霉菌群的一个种，它的变种很多。米曲霉生长较快，10d 后菌落直径为 5～6cm。菌落质地疏松，初为白色、黄绿色，成熟后为黄褐色乃至淡绿褐色，但不呈绿色，反面无色。米曲霉类似黄曲霉，黄曲霉的菌落最初为黄绿色，以后变为灰绿色。米曲霉的分生孢子头呈放射形，顶囊近似球形或烧瓶形；小梗一般为单层，个别为双层，具有梗基；分生孢子较黄曲霉分生孢子大，孢子壁较薄，表面光滑或粗糙。

酱油曲霉是日本学者坂田从酱油中分离出来的。酱油曲霉分生孢子表面有小突起，孢子柄表面光滑。米曲霉含有的 α-淀粉酶较多，而酱油曲霉含的多聚半乳糖醛酸酶较多。两者在酿造性质上也有不同。这两种霉菌主要存在于发酵食品内，很少从其他地方分离到。这两种霉菌可能是由黄曲霉长期应用于食品发酵演变而来的。不像黄曲霉，米曲霉并不产生黄曲霉毒素。

米曲霉可以利用单糖、双糖、多糖、某些有机酸和醇类作为碳源，能利用淀粉进行生长繁殖。米曲霉能利用铵盐、硝酸盐、尿素、酰胺、嘌呤碱、氨基酸、小分子的蛋白质等作为氮源，还需要无机盐，如磷酸氢二钾、磷酸二氢钾、硫酸铵等。米曲霉为需氧菌，当空气不足时，生长受到抑制，因此应使用表面积大、体质疏松的原料来培养米曲霉，麸皮就具有这种特性。米曲霉在菌丝生长期产生大量的热，此时应通入较多的新鲜空气，既可供给菌丝生长需要，又可排除热量。米曲霉适宜生长温度为37℃，温度偏低，生长缓慢，温度高又会影响酶的活力。米曲霉的生长需要适当的水分，50%左右的水分较为适宜，低于30%时，菌丝生长稀少。菌丝旺盛生长时，需要较多水分，环境相对湿度保持在98%～100%。米曲霉最适生长pH值为6.0左右，pH值过高或过低均不利于米曲霉酶的分泌，也影响酶的活力。

米曲霉能形成复杂的酶类，主要有蛋白水解酶、谷氨酰胺酶、淀粉酶、果胶酶、纤维素酶、酯酶等。米曲霉产生的蛋白质水解酶有碱性蛋白酶、中性蛋白酶和酸性蛋白酶，以碱性蛋白酶和半碱性蛋白酶为主。在这些蛋白酶的共同作用下，原料中的蛋白质被分解。谷氨酰胺酶能将谷氨酰胺直接分解成谷氨酸，增加酱油的鲜味。在25℃时制得的谷氨酰胺酶活力最高。谷氨酰胺是一种胞内酶，只有在菌体细胞崩解时才能释放出来，发挥催化作用。

米曲霉还分泌淀粉酶类，淀粉酶作用于原科中的淀粉生成糊精、葡萄糖等。酵母菌可利用葡萄糖进行乙醇发酵，葡萄糖又是酱油色素的前驱物质，所以淀粉酶活力的强弱直接影响酱油的质量。同酱油酿造关系最密切的酶是蛋白质水解酶，其次是谷氨酰胺酶和淀粉酶，它们决定着原料的利用率、发酵成熟时间、产品的味道和色泽。

目前我国酱油生产已广泛使用米曲霉的纯培养菌，生产上用得较多的是沪酿3.042米曲酶，编号为中科3.951。3.042米曲霉的特点是蛋白酶活力高、繁殖速度快，对杂菌抗性强，酱油的芳香味好，不产生黄曲霉毒素。还有一些新菌株，蛋白酶活力高，被广泛用于生产上。

2. 酱油酵母

酱醪中盐含量高，能在酱醪中生长的酱油酵母为耐盐性酵母菌。从酱醪中已分离出几十种酵母菌，其中与酱油质量关系密切的是鲁氏酵母。

鲁氏酵母是耐高渗透压的酵母菌，能在含糖极高的环境中生长，也能在含18%食盐的酱醪中选择性生长。在制曲和酱醪发酵过程中，鲁氏酵母由空气自然落入而繁殖，占酱醪中酵母菌总数的45%左右，能进行乙醇发酵，能发酵葡萄糖及麦芽糖生成乙醇、甘油、琥珀酸，能由醇生成酯，并能生成糖醇，增加酱油的风味。鲁氏酵母是发酵型酵母菌，出现在主发酵期。随着发酵的进行，环境变得不适宜鲁氏酵母生长，鲁氏酵母细胞自溶，释放出细胞内的酶和其他成分，从而促进了易变球拟酵母、埃切球拟酵母、假丝酵母、毕赤氏酵母、汉逊氏酵母和其他酵母的生长。这些酵母菌出现在发酵后期，为酯香型酵母，参与酱醪的成熟，能生成4-乙基愈创木酚等香味成分。酵母菌在酱油的发酵过程中起重要作用，与酱油的香气和风味的形成有直接关系。

3. 酱油乳酸菌

酱油乳酸菌是指能在酱醪中生长，参与酱油成熟的耐盐性细菌。这些细菌一般由环境进入酱醪中。比较重要的乳酸菌有酱油片球菌和酱油四联球菌。这两种细菌呈球形，直径为1μm，无运动性，革兰氏染色阳性，不产生靛基质、氨、硫化氢及其他气体；最适生长pH值为7.0～7.2，在pH值为5.5～9.0时都可生长繁殖，最适生长温度为30～35℃。它们能耐18%～20%的食盐，甚至食盐浓度在24%～26%时也能生长。在酱醪发酵过程中，前期酱油片球菌多，后期酱油四联球菌多。

在酱油发酵过程中，由于乳酸菌的作用，酱醪的pH值下降至5.0左右，如pH值再低，乳酸菌也不能生长，因此不会产生过多的酸而影响酱醪的成熟和风味。鲁氏酵母只有酱醪pH值降到5.5时才开始繁殖，因此酱油片球菌和酱油四联球菌具有降低酱醪pH值的作用，可使酱醪适合鲁氏酵母的生长繁殖。乳酸菌和酵母菌协同作用使酱油具有特殊的香味。

（二）酱油的酿造

酱油是经过原料处理、制曲、发酵、淋油或压榨、配制、加热等步骤酿制而成的。

1. 原料处理

制作酱油使用的蛋白质原料有大豆、豆粕和豆饼等，淀粉质有麸皮、小麦、玉米和甘薯等。豆饼要经过粉碎，以保证有适当粒度。颗粒过大，会延长浸渍时间，影响蒸煮，达不到蛋白质一次变性的目的。粒度过细，浸水时容易结块，影响制曲、发酵和淋油工艺的进行。适当的粒度有利于米曲霉的繁殖及酶的作用。

粉碎的原料与水混合，一边加水，一边搅拌，使水均匀分布于原料中。原料吸水后变得膨胀松软，在蒸煮过程中蛋白质能够完成一次变性，淀粉充分糊化，并供给米曲霉生长需要的水分。

原料润水之后进行蒸煮，使原料中的蛋白质适度变性，容易被酶水解，使淀粉糊化，杀死原料中的微生物。原料蒸煮后迅速冷却至接种温度。

2. 制曲

制曲是酱油酿造的重要环节之一，直接关系到酱油的品质。制曲的目的是给米曲霉创造一个良好的生长条件，使其旺盛繁殖，分泌大量酶类，依靠这些酶类的作用，使原料中的蛋白质、淀粉、脂肪等进行水解。可用帘子和木盘制成帘曲和盘曲，近年来，多数工厂采用深层通风的方法制曲。

深层通风制曲的做法是将蒸煮过的原料冷却至38～40℃，收入曲槽内，接入种曲。接入种曲量为原料的0.3%左右，曲料品温为30℃左右，料层厚度为30～40cm。

先静置培养，在接种10h内为孢子发芽期，尽量不要搅拌。当品温升至36～37℃时，通风降温，使品温不超过35℃，同时供给新鲜空气。接种11～12h后，米曲霉进入菌丝生长期，曲料出现结块时，进行第一次翻曲。此后连续通风，控制品温不超过35℃，当曲料表层出现裂缝，并全部发白时，可进行第二次翻曲。培养18h左右，米曲霉开始着生孢子，进入孢子生长期，此时米曲霉分泌蛋白酶最旺盛。米曲霉孢子逐渐成熟，孢子呈淡黄绿色，品温逐渐下降至30～32℃，通风培养24～36h，孢子充分着生，即可出曲。

3. 发酵

酱油酿造的发酵过程即利用米曲霉、酵母菌和乳酸菌所分泌的多种酶类的作用，使原料中的蛋白质、淀粉等物质发生一系列生物化学变化，其中包括大分子物质的分解和新物质的生成，从而使酱油具有特殊的色、香、味。发酵可分为固态低盐发酵、固态无盐发酵、低盐稀态发酵和保温速酿稀态发酵等，目前我国多数工厂采用固态低盐发酵。酱油的发酵在发酵室内进行，常用的发酵容器有缸、桶及水泥发酵池等。

固态低盐发酵综合了其他发酵方法的优点，具有发酵周期短、操作简便、容易管理、蛋白质利用率高，以及酱油色泽深、滋味鲜美、后味浓厚等优点，是适合我国国情的一种发酵方法。固态低盐发酵的工艺流程是将制得的成曲粉碎，加入适当的盐水，制成不流动状态的混合物，这个过程称为制酱醅。将酱醅放入发酵容器内，保湿发酵而制成熟酱醅。稀态发酵是指成曲拌入较多的水，形成流动状态的稀酱醪，然后入池发酵。由于在液体状态下发酵，酶的活力较强，稀态发酵制得的酱油比固态发酵制得的酱油质量好。缺点是稀态发酵占用设备多、占地面积大，发酵周期也比较长，酱油色泽较淡。

4. 淋油或压榨

采用固态发酵酿造酱油，酱醅成熟后，大多用浸出法来提取酱油。即以盐水充分浸渍酱醅，使酱醅中的酱油成分最大限度地溶于盐水中，然后过滤即可得到生酱油。

采用稀态发酵酿造酱油，醪成熟后，需把醪中的液体与不溶性物质分开，常用压榨方法把酱油从醪中分离出来。将压榨后得到汁液放入储藏室进行澄清，澄清部分即为生酱油。

5. 配制与加热

通常很少食用生酱油，为提高酱油的品质或延长储藏期，常加入一些添加剂，称为酱油的配制。添加谷氨酸钠和鸟苷酸可提高酱油鲜味，添加食糖可提高酱油甜味，添加苯甲酸钠或苯甲酸可防止酱油发霉变质。

一般生酱油的香味和色泽都比较淡，加热后，芳香味增加，不良气味挥发，从而使酱油风味更加调和；加热可促进酱油色素的进一步生成，增加色泽；加热可破坏酶的活性，使酱油成分保持恒定，还有杀菌作用，可延长酱油储藏期。质量好的酱油可用较低的温度进行加热，质量差的酱油加热温度可高一些，一般酱油的加热温度为65～70℃，时间为30min或80℃加热10min，然后迅速冷却，置于澄清池内沉淀数日，去除微小的固形物。

三、豆腐乳生产

豆腐乳又名腐乳或乳腐，也称酱豆腐，它味道鲜美、营养丰富、风味独特，是深受我国人民喜爱的一款佐餐佳品，在我国各地均有生产且历史悠久。

豆腐乳是用大豆作为原料制成的。豆腐乳生产过程如下：大豆洗涤、浸泡、磨成浆液、过滤、煮沸豆浆，用卤水使豆浆起团凝固。除去水分为豆腐。豆腐切成小块、100℃蒸 15min，在豆腐块表面涂上盐水和柠檬酸液或在 6%食盐及 2.5%柠檬酸液中浸泡 1h。将豆腐块分别放在具有孔洞的容器内，以利空气流通，豆腐块之间应有一定空隙。接种腐乳毛霉，在 20℃左右的温度下培养 3～7d，在此期间豆腐块表面覆满白色的菌丝。最后一步是将这些发霉的豆腐浸于 12%食盐及米酒的溶液中，密封，成熟 2 个月或更长的时间后即为豆腐乳。

接种用的霉菌应分泌分解蛋白和脂肪能力强的酶类，能利用脂肪作为碳源。因豆腐中的多糖类不易被利用，它们形成的菌丝为白色或淡黄色，使成品具有良好的外观，形成在豆腐块表面的菌丝应致密，以防豆腐块在成熟时变形。接种用的霉菌还不应产生异味物质和毒素。可以用于接种豆腐乳的霉菌除腐乳毛霉外，还有林生毛霉、冻土毛霉等。在豆腐乳发酵过程中，除有接种的霉菌生长外，还有来自环境中的多种微生物，如总状毛霉、华根霉、米根霉及某些酵母菌和细菌。

在豆腐块上生长的微生物产生多种酶类，蛋白酶将蛋白质水解为多肽和氨基酸，脂酶将脂肪水解为甘油和脂肪酸。脂肪酸与添加的酒形成酯类，这些成品使豆腐乳具有鲜美的味道。

盐水不仅可使豆腐乳具有咸味，同时可抑制某些微生物的生长，还可促进某些霉菌细胞内酶的释出，有利于豆腐乳的成熟。各地生产的豆腐乳由于工艺和配方不同，品种多种多样，风味各异。

四、有机酸生产

有机酸的生产是利用微生物发酵作用来进行的。用微生物发酵生产的有机酸有 80 余种，且有逐年增加的趋势，如乙酸、柠檬酸、乳酸、琥珀酸、延胡索酸、苹果酸、酒石酸、葡萄糖酸、丙酸、丁酸、丙酮酸、α-酮戊二酸和二羧酸等。有机酸的生产用菌种也很多，有细菌、酵母菌、霉菌及少数放线菌，以霉菌种类为最多。现以柠檬酸为例，介绍有机酸的微生物发酵生产。

柠檬酸作为酸味料广泛用于食品工业，如饮料、果酱、水果糖、冰激凌等，还用于制药、化工、塑料等工业。能用于生产柠檬酸的菌种有毛霉、青霉、曲霉，其中尤以黑曲霉产生柠檬酸的能力最强，且能利用多种碳源，是生产中常见的菌种。柠檬酸发酵的碳源主要是蔗糖、葡萄糖或淀粉等，以蔗糖为最好，以硝酸盐或铵盐作为氮源，还需加磷酸盐和硫酸盐等无机盐类。发酵温度控制在 30～32℃，通气培养 7～10d。在黑曲霉的作用下，发酵基质糖酵解产生丙酮酸等多种有机酸，其中草酰乙酸与乙酰辅酶 A 缩合形成柠檬酸。

柠檬酸发酵工艺，起初用浅盘表面法培养菌种。该法操作繁重、占地面积大，产量受限制，后逐步发展为深层二步培养法，即分为菌种培养阶段和柠檬酸产生阶段，以后又发展为深层发酵一步法制取柠檬酸。

我国以薯干为原料，用黑曲霉的优良菌株 N-558 深层发酵一步法生产柠檬酸，其工艺水平世界领先。发酵液经过过滤、中和，形成柠檬酸钙沉淀，用硫酸置换出游离的柠檬酸，进行阳离子树脂交换加以纯化。

柠檬酸发酵有固态发酵、液态浅盘发酵和深层发酵 3 种方法。固态发酵是以薯干粉、淀粉粕及含淀粉的农副产品为原料，配好培养基后，在常压下蒸煮，冷却至接种温度，接入种曲，装入曲盘，在一定温度和相对湿度条件下发酵。采用固态发酵生产柠檬酸，设备简单、操作容易。液态浅盘发酵多以糖蜜为原料，其生产方法是将灭菌的培养液通过管道转入一个个发酵盘中，接入菌种，待菌体繁殖形成菌膜后添加糖液发酵。发酵时要求在发酵室内通入无菌空气。深层发酵生产柠檬酸的主体设备是发酵罐。微生物在这个密闭容器内繁殖与发酵。现多采用通用发酵罐，它的主要部件包括罐体、搅拌器、冷却装置、空气分布装置、消泡器、轴封及其他附属装置。发酵罐的径高比一般是 1∶2.5，应能承受一定的压力，并有良好的密封性。除通用发酵罐外，还可采用带升式发酵罐、塔式发酵罐和喷射自吸式发酵罐等。为了得到产柠檬酸的优良菌种，通常是从不同地区采集的土壤或从腐烂的水果中分离筛选，然后通过物理和化学方法进行菌种选育。柠檬酸的发酵因菌种、工艺、原料而异，但在发酵过程中还需要掌握一定的温度、通风量及 pH 值条件。一般认为，黑曲霉适合在 28～30℃产酸。温度过高会导致菌体大量繁殖、糖被大量消耗，以致产酸量降低，同时还生成较多的草酸和葡萄糖酸；温度过低，则发酵时间延长。微生物生成柠檬酸要求低 pH 值，最适 pH 值为 2.0～4.0，这不仅有利于生成柠檬酸、减少草酸等杂酸的形成，还可避免杂菌的污染。柠檬酸发酵要求较好的通风条件，以有利于在发酵液中维持一定的溶解氧量。通风和搅拌是增加培养基内溶解氧的主要方法。随着菌体生成，发酵液中的溶解氧会逐渐减少，从而抑制了柠檬酸的合成。柠檬酸的生成和菌体形态有密切关系，若发酵后期形成正常的菌体，则有利于降低发酵液黏度而增加溶解氧，因而产酸量就高；若出现异状菌丝体，而且菌体大量繁殖，造成溶解氧降低，则产酸量会迅速下降。发酵液中金属离子的含量对柠檬酸的合成有非常重要的作用，过量的金属离子会引起产酸量下降。其中，铁离子能刺激乌头酸水合酶的活性，从而影响柠檬酸的积累。柠檬酸发酵用的糖蜜原料，因含有大量金属离子，必须应用离子交换法或添加亚铁氰化钾脱铁方能使用。然而微量的锌离子、铜离子又可以促进产酸。

在柠檬酸发酵液中，除了主要产物外，还含有其他代谢产物和一些杂质，如草酸、葡萄糖酸、蛋白质、胶体物质等，成分十分复杂，必须通过物理和化学方法将柠檬酸提取出来。大多数工厂仍采用碳酸钙中和及硫酸酸解的工艺提取柠檬酸。除此之外，还研究成功用萃取法、电渗析法和离子交换法提取柠檬酸。

第四节 微生物酶制剂及其在食品生产中的应用

酶制剂是指从生物中提取的具有酶特性的一类物质，酶制剂的主要作用是催化食品加工过程中的各种化学反应，改进食品加工方法。微生物酶制剂就是从微生物中提取的蛋白质。

微生物酶制剂在食品工业中有着广泛的应用，主要用于淀粉、果汁、饮料、调味品、油脂加工等领域。α-淀粉酶是分布最广泛的酶制剂，遍及微生物至高等动物。现代化连续焙烤过程中，往面粉里添加α-淀粉酶不仅可以增加发酵率，降低生面团的黏度（改进产品的体积和质地），增加生面团中糖的含量，改良面包的口感、外皮颜色和焙烤质量，还可以延长焙烤食品的保鲜时间。在食品工业中，酶制剂不只是作为一种添加剂，在食品保鲜方面也有很大的应用。溶菌酶由于专一地作用于细菌的细胞壁，使细菌溶解，而对没有细胞壁的人体细胞不会产生不利影响，广泛地应用于医药、食品等需要灭菌的领域。在食品保鲜方面，溶菌酶可用于各种食品，如干酪、水产品、低浓度酿造酒、乳制品等食品的保鲜。蛋清溶菌酶对人体无害，可有效地防止细菌对食品的污染，已广泛地用于各种食品的防腐保鲜。

一、淀粉酶类

在淀粉类食品的生产中，经常会用到酶制剂，其中主要是α-淀粉酶、β-淀粉酶、糖化酶、支链淀粉酶、葡萄糖异构酶等。

（一）淀粉类食品的生产用酶

1. α-淀粉酶

α-淀粉酶又称液化型淀粉酶，它是一种催化淀粉水解成糊精的淀粉酶，在食品、轻工业等领域被广泛应用。

（1）α-淀粉酶一般在pH值为5.5～8.0时比较稳定，最适pH值为5.0～6.0，pH值4.0以下容易失活。不同的α-淀粉酶的pH值特性不同，如黑曲霉α-淀粉酶的最适pH值为4.0，在pH值2.5的情况下，40℃处理30min，酶的活性不受影响，而在pH值7.0时，55℃处理15min，酶的活性几乎完全失去。枯草杆菌α-淀粉酶的最适pH值为5.0～7.0。

（2）α-淀粉酶在50℃以上容易失活，最适温度为70℃，在钙离子或高浓度的淀粉液中，热稳定性增强。芽孢杆菌产生的α-淀粉酶耐热性较强。嗜热芽孢杆菌产生的α-淀粉酶热稳定性更高，一般最适温度为90～95℃，有的在更高温度下仍可催化淀粉水解。

（3）α-淀粉酶是一种金属酶，每个酶分子含有一个钙离子，从而可以维持酶的活性和稳定性。钙离子与酶结合的牢固程度不同，一般是霉菌＞细菌＞动物＞植物。此外，钠离子、镁离子等有助于提高α-淀粉酶的稳定性。

2. β-淀粉酶

β-淀粉酶又称麦芽糖苷酶，是一种催化淀粉水解生成麦芽糖的淀粉。β-淀粉酶作用于淀粉时，从淀粉链的非还原端开始，作用于α-1,4-糖苷键，顺次切下麦芽糖单位，同时发生沃尔登转位反应，使生成的麦芽糖由α型转化为β型。

（1）植物β-淀粉酶的最适pH值为5.0～6.0，而微生物β-淀粉酶的最适pH值为6.5～7.5。来源不同的酶，其最适pH值有较大差别。

（2）β-淀粉酶作用的最适温度为40～60℃，来源不同，其最适温度也有很大差别。微生物β-淀粉酶的耐热性能优于植物β-淀粉酶。

（3）植物 β-淀粉酶的等电点为 pH 值 4.8～6.0，而微生物 β-淀粉酶的等电点较高。例如，巨大芽孢杆菌 β-淀粉酶的等电点为 pH 值 9.1，多黏芽孢杆菌 β-淀粉酶的等电点为 pH 值 8.6。

3. 糖化酶

糖化酶又称葡萄糖淀粉酶或外切 α-1,4-D-葡萄糖苷酶，是一种催化淀粉水解生成葡萄糖的淀粉酶，作用方式为从淀粉分子的非还原性末端开始，逐个水解 α-1,4-葡萄糖苷键，生成葡萄糖。该酶还具有一定的水解 α-1,6 键和 α-1,3 键的能力。

（1）糖化酶的最适作用温度为 50～60℃，70℃以上会引起严重失活。其中红曲霉来源的糖化酶的耐热性较差，55℃以上就可失活。

（2）糖化酶的最适 pH 值为 4.0～5.0。不同来源的糖化酶有不同的最适值，各自的耐酸性也有差别，在 pH 值 2.5、40℃条件下作用 30min，黑曲霉糖化酶的活性几乎不改变，而米曲霉糖化酶的活性却完全丧失。

（3）糖化酶分子中含有一定量的糖类，如爪哇根霉糖化酶分子中含有 27 个甘露糖和 4 个 *N*-乙酰氨基葡萄糖。

（二）淀粉酶在食品生产中的应用

淀粉酶在食品生产中的应用范围很广，主要有糊精、麦芽糖、葡萄糖、果糖等的生产及啤酒、白酒、乙醇、谷氨酸等发酵原料的处理等，现以葡萄糖的生产为例进行介绍。

酶法生产葡萄糖是以淀粉为原料，先经 α-淀粉酶液化成糊精，再利用糖化酶糖化生成葡萄糖。

酶法生产葡萄糖的工艺流程如下：淀粉→调浆→液化→糖化→脱色→过滤→离子交换→浓缩→结晶→分离→干燥→成品。

在生产过程中，首先根据原料淀粉的特性，将淀粉加水配制成一定浓度的淀粉浆。薯类淀粉比谷类淀粉更容易液化，故薯类淀粉可配制成 35%～40%的浓度，而玉米淀粉等谷类淀粉配制成 30%～32%的浓度。淀粉浆的 pH 值应调节至 6.0～6.5。边搅拌边加淀粉酶，在 85～90℃下保温 45min 左右，使淀粉液化成糊精。如采用耐高温 α-淀粉酶液化，温度可提高到 95℃以上，这样就可缩短反应时间，提高效率。

为了保持 α-淀粉酶的催化活性，淀粉浆中宜添加一定量的氯化钙和氯化钠。对一般的淀粉酶，氯化钙的添加量约为 500mg/kg，而对耐高温 α-淀粉酶，氯化钙的添加量为 5～10mg/kg，氯化钠的添加量为 500～700mg/kg。

淀粉的液化程度以控制 DE 在 15～20 为宜。DE（dextrose equivalent，葡萄糖当量）值太低，液化不完全；DE 值太高，则生成的糊精分子太小，会影响下一步糖化酶的催化作用。液化完成后，冷却至 55～60℃，调节 pH 值到 4.5～5.0，加入一定量的糖化酶，于 60℃保温 48h，使糊精转化为葡萄糖，糖化液的 DE 值约为 97。糖化完成后，立即将温度升至 80℃以上，使酶失活以终止反应。否则，糖化酶会催化葡萄糖缩合反应生成异麦芽糖等低聚糖，使 DE 值降低。

葡萄糖生产中所采用的 α-淀粉酶和糖化酶都应达到一定的纯度，尤其是糖化酶中应不含葡萄糖苷转移酶。这是因为其可催化葡萄糖生成异麦芽糖等杂质，从而影响葡萄糖的得率，且有碍于葡萄糖的结晶。因此，如果糖化酶纯度不够，则在使用前要进行处理。向糖化酶液中加酸，调节 pH 值为 2.0～2.5，在室温下放置一段时间，可以选择性地使葡萄糖苷转移酶失活而除去。还可采用添加硅酸镁、硅藻土等吸附剂或表面活性剂等方法将其除去。

葡萄糖的生产除了使用游离酶分批进行液化和糖化以外，还可采用喷射液化器进行连续液化，采用固定化糖化酶进行连续糖化。

液化和糖化完成后，再进行一系列分离纯化工序，除去杂质，以得到葡萄糖产品。葡萄糖产品可以是液体葡萄糖浆，也可以是结晶或粉状的固体葡萄糖。液体葡萄糖可用作各种发酵产品的生产原料，如乙醇、白酒、谷氨酸等，也可进一步用于生产果糖、果葡萄浆等。

二、蛋白酶类

蛋白酶是一类催化蛋白质水解的酶，根据来源不同，可分为动物蛋白酶（胰蛋白酶、胃蛋白酶）、植物蛋白酶（木瓜蛋白酶、菠萝蛋白酶）及微生物蛋白酶（枯草杆菌蛋白酶、黑曲霉蛋白酶）；根据蛋白酶作用的 pH 值不同，可分为酸性蛋白酶、中性蛋白酶和碱性蛋白酶；根据蛋白酶作用的方式不同，可分为内肽酶和端肽酶；根据蛋白酶活性中心的基团不同，可分为丝氨酸蛋白酶、巯基蛋白酶、羧基蛋白酶和金属蛋白酶。

（一）蛋白酶的基本性质

蛋白酶种类繁多，性质上差别较大，但同一类别的蛋白酶之间也有其共同之处。蛋白酶的基本性质如下。

（1）从蛋白酶活性中心的基团来看，丝氨酸蛋白酶的活性中心均含有丝氨酸；巯基蛋白酶的活性中心含有半胱氨酸；羧基蛋白酶的活性中心含有酸性氨基酸，即谷氨酸或天冬氨酸；金属蛋白酶的活性中心则含有二价金属离子，如锌离子、铁离子、铜离子等。

（2）许多霉菌蛋白酶和动物胃蛋白酶、胰凝乳蛋白酶等是酸性蛋白酶，其最适作用 pH 值为 2.0～4.5，等电点为 pH 值 3.0～5.0，在 pH 值 2.0～5.0 的范围内较稳定，最适作用温度为 37～60℃。

（3）许多芽孢杆菌蛋白酶和植物蛋白酶为中性蛋白酶，其最适 pH 值为 6.0～8.0，等电点为 pH 值 8.0～9.0，在 pH 值 6.0～7.0 稳定，反应时间为 10～30min，最适温度为 40～50℃，热稳定性差。大多数中性蛋白酶属于金属蛋白酶。

（4）碱性蛋白酶大多数由微生物产生，其最适 pH 值为 9.0～10.5，等电点为 pH 值 8.0～9.0，分子量较小，热稳定性较差。

（二）蛋白酶在食品工业中的应用

蛋白酶和乳糖酶等在蛋白类食品的生产中应用广泛，如蛋白质水解产物、氨基酸、明胶、干酪等的生产，肉类的微化，低乳糖乳的生产等。

1. 蛋白质水解产物的生产

蛋白质是由各种氨基酸通过肽键连接而成的高分子化合物，在蛋白酶的作用下，可水解生成蛋白胨、多肽、氨基酸等蛋白质水解产物。这些产物在食品、医药、细胞培养等领域有广泛的应用价值。用于生产蛋白质水解产物的原料可以是动物蛋白，如肉、鱼、蛋、乳、血及其他下脚料，也可以是植物蛋白和微生物蛋白。水解的条件根据所使用的蛋白酶和原料的不同有所差别，应加以适当控制。水解的产物可根据人们的需要而定。蛋白质水解产物还应根据使用要求，经过不同程度的分离纯化，制成固体、液体等不同形态、不同形状的产品。

2. 氨基酸的生产

蛋白质在蛋白酶的催化作用下，水解生成甘氨酸、丙氨酸、丝氨酸等 20 余种氨基酸。其中 8 种氨基酸是人体不能合成，必须从食品中摄取的，具有重要的营养价值。

用蛋白酶水解法生产氨基酸的基本工艺流程如下：蛋白质→原料处理→加蛋白酶→水解→氨基酸混合液→分离纯化→成品。

蛋白质在加酶水解之前必须经过一定的处理，以破坏其完整的空间结构，使其变性，以利于酶的水解。一般可采取加热处理的方法，也可采取生化分离技术将蛋白质先提取出来，再进行酶解。

加入一定量的蛋白酶进行水解时，要根据所使用的蛋白酶的动力学特性，选择并控制好各种水解条件，使蛋白质完全水解成氨基酸。

水解完成后，得到氨基酸混合液。该混合液可以直接食用，也可使用各种生化分离技术将氨基酸分开，再经浓缩、结晶等工序，得到单一的氨基酸产品。

三、纤维素酶类

纤维素酶是酶的一种，在分解纤维素时起生物催化作用，是可以将纤维素分解成寡糖或单糖的蛋白质。

纤维素酶广泛存在于自然界的生物体中。细菌、真菌、动物体内都能产生纤维素酶。一般用于生产的纤维素酶来自真菌，比较典型的有木霉属、曲霉属和青霉属。

纤维素酶的最适 pH 值一般为 4.5～6.5。纤维素酶分为葡聚糖内切酶、葡聚糖外切酶或纤维二糖酶、β-葡萄糖苷酶 3 种。葡萄糖酸内酯能有效地抑制纤维素酶，重金属离子如铜离子和汞离子也能抑制纤维素酶，但是半胱氨酸能消除它们的抑制作用，甚至进一步激活纤维素酶。植物组织中含有天然的纤维素酶抑制剂，它能保护植物免遭霉菌的分解作用，这些抑制剂是酚类化合物。如果植物组织中氧化酶活力高，那么它能将酚类化合物氧化成醌类化合物，后者能抑制纤维素酶。

纤维素酶在食品行业和环境行业均有广泛应用。在进行乙醇发酵时，纤维素酶的添加可以增加原料的利用率，并使酒的品质有所提升。

四、果胶酶类

为了提高果蔬类食品的产量和品质，生产上经常使用各种酶，如果胶酶、柚苷酶、橙皮苷酶等。现就果胶酶介绍如下。

（一）果胶酶

果胶酶是催化果胶质分解的酶的总称，主要包括果胶酯酶、聚半乳糖醛酸酶、聚甲基半乳糖醛酸酶、聚半乳糖醛酸裂合酶和聚甲基半乳糖醛酸裂合酶。其中，聚半乳糖醛酸酶根据作用方式的不同，可分为内切聚半乳糖醛酸酶和外切聚半乳糖醛酸酶。

1. 果胶酯酶

果胶酯酶是一种催化果胶分子中的甲酯水解生成果胶酸和甲醇的水解酶。

（1）果胶酯酶的最适作用 pH 值，根据其来源不同而有所差别。霉菌果胶酯酶的最适 pH 值约为 5.0，细菌果胶酯酶的最适 pH 值则为 7.5～8.0。

（2）果胶酯酶的最适作用温度为 35～50℃，温度超过 55℃，很容易引起失活。

（3）钙离子和钠离子对果胶酯酶有激活作用。

2. 内切聚半乳糖醛酸酶

内切聚半乳糖醛酸酶（endo-PG）随机水解果胶酸和其他聚半乳糖醛酸分子内部的糖苷键，生成分子量较小的寡聚半乳糖醛酸。

许多植物、霉菌、酵母菌和细菌均可产生内切聚半乳糖醛酸酶。当其作用于聚半乳糖醛酸溶液时，使聚半乳糖醛酸溶液黏度迅速下降，在果汁澄清中有重要作用。

不同来源的内切聚半乳糖醛酸酶有不同的特性。例如，霉菌内切聚半乳糖醛酸酶的最适作用 pH 值为 4.0～5.0，细菌内切聚半乳糖醛酸酶的最适作用 pH 值较高，假单胞菌内切聚半乳糖醛酸酶的最适作用 pH 值为 5.2；芽孢杆菌在碱性培养基中产生的内切聚半乳糖醛酸酶的最适作用 pH 值为 10.0～10.5，在 pH 值 6.0 时最稳定。

3. 外切聚半乳糖醛酸酶

外切聚半乳糖醛酸酶从聚半乳糖醛酸链的非还原端开始，逐个水解 α-1,4-糖苷键，生成 D-半乳糖醛酸和每次少一个半乳糖醛酸单位的聚半乳糖醛酸。

外切聚半乳糖醛酸酶在植物、霉菌、细菌中均存在。外切聚半乳糖醛酸酶作用于聚半乳糖醛酸分子非还原性末端的 α-1,4-糖苷键，放出半乳糖醛酸。其作用结果是使溶液的黏度下降不明显，但是还原性显著增加。外切聚半乳糖醛酸酶的最适作用 pH 值一般为 4.0～5.0，但也有例外，如欧氏植病杆菌外切聚半乳糖醛酸酶的最适 pH 值为 7.5。

黑曲霉外切聚半乳糖醛酸酶有两种同工酶：PG-1 和 PG-2。它们在最适 pH 值、稳定剂和激活剂等方面均有差异。PG-1 的最适 pH 值为 4.5，汞离子对它有激活作用，而其他二价阳离子对其活力无影响。PG-2 的最适 pH 值为 5.1，金属离子对其活性无任何影响。

（二）果胶酶在食品工业中的应用

在果汁生产过程中，使用果胶酶处理能促进凝聚沉淀物的分离，使果汁澄清，有利于压榨，提高产品的出汁率，且经酶处理后的果汁比较稳定，可防止浑浊。因此，果胶酶已广泛用于葡萄汁、柑橘汁等的生产中。

1. 葡萄汁的生产

葡萄的品种很多，大多数葡萄在破碎后得到的葡萄浆浓稠黏滑，难以压榨。为了提高葡萄出汁率，减轻劳动强度及缩短加工时间，获得色泽好、汁液清澈的葡萄汁，在生产中普遍采用酶法加工工艺。其工艺流程如下：葡萄→洗涤→破碎→去梗→葡萄浆→果胶酶处理→压榨→过滤→灭菌→成品。

葡萄汁液的pH值一般为3.0～3.6，大多数果胶酶制剂的最适pH值都在此范围内，生产中不必调节pH值。加入酶制剂的量一般为葡萄质量的0.2%～0.4%。首先在40～50℃的条件下，搅拌处理30min左右。然后升温至60～90℃，保温10～30min。最后经压榨、灭菌，得到葡萄原汁产品。如果制造浓缩葡萄汁，则增加浓缩工序。

2. 柑橘汁的生产

柑橘汁的生产工艺流程如下：柑橘→温水清洗→剥皮→破碎→压榨→分离→瞬间加热→冷却→加酶处理→过滤→浓缩→灭菌→成品。

柑橘经清洗、剥皮、破碎、压榨、分离，得到浑浊的果汁，于95℃下加热45s，冷却至45℃，加入一定量的复合酶制剂处理4h左右。所使用的复合酶制剂，除了各种果胶酶以外，最好含有半纤维素酶，以加强澄清效果。柑橘汁的pH值一般为2.8～3.2，比果胶酶的最适作用pH值稍低，仍然可以发挥作用，但需延长时间，在40℃左右，需处理4h左右。这就要求在酶作用之前进行瞬间加热，以杀灭果汁中存在的微生物，保证果汁的质量。

本章小结

本章主要介绍微生物在食品工业中的应用原理、加工方法及异常情况处理等。微生物是食品发酵的动力。细菌、酵母菌、霉菌、微生物酶制剂广泛应用于食品生产的各个领域，它们的参与使发酵食品具有丰富的营养价值，且赋予产品特有的香气、色泽和口感。另外一些微生物是发酵工业中的有害菌，它们对食品加工起阻碍作用，使食品腐败变质，甚至产生有毒物质。

复习思考题

1. 细菌在食品工业中有哪些应用？
2. 酵母菌在食品工业中有哪些应用？
3. 霉菌在食品工业中有哪些应用？
4. 微生物酶制剂在食品工业中有哪些应用？

第九章　微生物与食品腐败变质

☞ **知识目标**　1. 了解食品腐败变质过程中发生的化学变化及食品基质条件和外界环境条件。
2. 熟悉食品微生物污染的来源及控制措施，各类食品腐败变质现象及其原因。
3. 掌握微生物引起的食品腐败变质的主要外在形态及初步鉴定方法，目前食品工业中常用的食品防腐保藏方法和杀菌措施。

☞ **技能目标**　1. 会判断某一食品是否腐败变质，并分析变质的原因。
2. 在生产中能运用合理的方法预防食品腐败变质的产生。

食品腐败变质是指食品受到各种内外因素的影响，其原有化学性质或物理性质和感官性状发生变化，降低或失去营养价值和商品价值的过程，如鱼肉的腐臭、油脂的酸败、水果蔬菜的腐烂和粮食的霉变等。食品腐败变质的原因较多，有物理因素、化学因素和生物因素。在食品腐败的诸因素中，微生物的污染是最活跃、最普遍，起主导作用的因素。这是因为：第一，食品通常含有丰富的碳源、氮源与生长因子，并且一般情况下水分活度较高，适合各种微生物生长；第二，微生物分布广泛，在自然界中几乎无所不在，食品在生产、加工、运输、储存和销售过程中，很容易被微生物污染。食品中存在的微生物只要环境条件（如温度、相对湿度等）适宜，就会迅速生长繁殖，分解食品中的各种营养物质，以满足自身需要，造成食品腐败变质。微生物的污染不仅降低食品的营养和卫生质量，还可能对人体健康造成危害。食品加工的目的之一就是要控制微生物污染食品而导致的相关问题。

第一节　食品的微生物污染及其控制

一、污染食品的微生物来源

一般情况下，若食品中污染的微生物数目多，保藏期限就较短，而且污染病原微生物的机会也增大。食品中微生物污染的主要来源包括土壤、空气、水、人和动物体、植物体、加工机械与设备、包装材料及原辅材料等方面。

1. 土壤

土壤有“微生物的天然培养基”和“微生物大本营”之称，与其他环境相比，土壤中微生物数量最大，种类最多。土壤中含有微生物所需的一切营养物质，满足微生物生命活动及生长繁殖的各种条件。土壤中含有大量的可被微生物利用的碳源和氮源，还含有大量的硫、磷、钾、钙、镁等无机元素及硼、钼、锌、锰等微量元素；加之土壤具有一定的保水性、通气性及适宜的酸碱度（多数 pH 值为 5.5～8.5），土壤温度变化范围通常为 10～30℃；而且表面土壤的覆盖有保护微生物免遭紫外线危害的作用。可见，土壤为微生物的生长繁殖提供了有利的营养条件和环境条件。

土壤中的微生物数量为 10^7～10^9 个/g，包含的微生物种类十分庞杂，其中细菌所占比例最大，为 70%～80%，其中放线菌占 5%～30%，其次是真菌、藻类和原生动物。因为霉菌菌丝比放线菌菌丝粗几倍至十几倍，比一个细菌大几百倍到几千倍，所以霉菌的生物量比细菌和放线菌少。

土壤中微生物的种类和数量有很大差异，随着土壤类型、层次、季节、天然植被等的不同变化差异较大，特别是土壤表层的微生物波动较大。土壤中除一部分自养菌外，大部分为异养菌。随着土层加厚，微生物数量逐渐减少，地面下 3～25cm 是微生物活动最活跃的场所，肥沃的土壤中微生物的数量和种类较多，果园土壤中酵母菌数量较多。土壤中的微生物除了自身发展外，分布在空气、水和人及动植物体内的微生物也会不断进入土壤。许多病原微生物就是随着动植物残体及人和动物的排泄物进入土壤的。因此，土壤中的微生物既有病原菌也有非病原菌。通常无芽孢菌在土壤中生存的时间较短，而有芽孢菌在土壤中生存的时间较长。例如，沙门氏菌只能生存数天至数周，炭疽芽孢杆菌却能生存数年或更长时间。同时土壤中还存在着能够长期生活的土源性病原菌。霉菌及放线菌的孢子在土壤中也能生存较长时间。

2. 空气

空气中不具备微生物生长繁殖所需的营养物质和充足的水分条件，加之室外空气经常受到来自日光的紫外线照射，所以空气不是微生物生长繁殖的适宜场所。然而空气中也确实含有一定数量的微生物，这些微生物是随风飘扬而悬浮在大气中或附着在飞扬起来的尘埃或液滴上的。它们可来自土壤、水、人和动植物体表的脱落物及呼吸道、消化道的排泄物。

空气中的微生物主要为霉菌、放线菌的孢子和细菌的芽孢及酵母菌。不同环境的空气中，微生物的数量和种类有很大差异。公共场所、街道、畜舍、屠宰场等通气不良处的空气中微生物数量较高。空气中的尘埃越多，所含微生物的数量也越多，室内污染严重的空气中微生物数量可达 10^6 个/m^3。海洋、高山、乡村、森林等空气清新的地方微生物的数量较少。空气中可能会出现一些病原微生物，它们直接来自人或动物呼吸道、皮肤干燥脱落物及排泄物或间接来自土壤，如结核杆菌、金黄色葡萄球菌、沙门氏菌、流感病毒等。空气中的微生物是培养基、生物制药、食品工业的主要污染源。

3. 水

水是很好的溶剂，天然水体中溶解或悬浮着一些无机物质和有机物质，基本能供给微生物营养。自然界中的江、河、湖、海等各种淡水与咸水水域中都生存着相应的微生物。由于不同水域中的有机物和无机物的种类和含量、温度、酸碱度、含盐量、含氧量及不同深度光照度等的差异，其中的微生物种类和数量呈明显差异。通常水中微生物的数量主要取决于水中有机物质的含量，纯水不适宜微生物生长繁殖，有机物质含量越多，其中微生物的数量也就越大。

淡水域中的微生物可分为两大类型：一类是清水型水生微生物。这类微生物习惯于在洁净的湖泊和水库中生活，以自养型微生物为主，可被看作水体环境中常住的微生物，如硫细菌、铁细菌、衣细菌及含有光合色素的蓝细菌等。也有部分腐生性细菌，如色杆菌属、无色杆菌属和微球菌属的一些种能在低含量营养物的清水中生长。霉菌中也有一些水生性种类，如水霉属和绵霉属的一些种可以生长于腐烂的有机残体上。此外，还有单细胞和丝状的藻类及一些原生动物常在水中生长，通常它们的数量不大。另一类是腐败型水生微生物，它们是随腐败的有机物质进入水域获得营养而大量繁殖的，是造成水体污染、传播疾病的重要原因。其中数量最大的是革兰氏阴性菌，如变形杆菌属、大肠杆菌、产气肠杆菌和产碱杆菌属等，还有芽孢杆菌属、弧菌属和螺菌属中的一些种。当水体受到土壤和人畜排泄物的污染后，肠道菌的数量会增加，如大肠杆菌、粪链球菌和魏氏梭菌、沙门氏菌、产气荚膜芽孢杆菌、炭疽杆菌、破伤风芽孢杆菌等。污水中还会有纤毛虫类、鞭毛虫类和根足虫类原生动物。进入水体的动植物致病菌，因为通常水体环境条件不能完全满足其生长繁殖的要求，所以一般难以长期生存，但也有少数病原菌可以生存达数月之久。

海水中也含有大量的水生微生物，主要是细菌，它们均具有嗜盐性。近海中常见的细菌有假单胞菌、无色杆菌、黄杆菌、微球菌属、芽孢杆菌属和噬纤维菌属，它们能引起海产动植物的腐败，有的是海产鱼类的病原菌。海水中还存在可引起人类食物中毒的病原菌，如副溶血性弧菌。矿泉水及深井水中通常含有很少的微生物。

4. 人和动物体

人和动物体内的微生物主要分布在体表和与外界相通的体腔，在健康身体的器官内部及血液和淋巴系统内是没有微生物的，如皮肤、毛发、口腔、消化道、呼吸道均有大量的微生物，未经清洗的动物被毛、皮肤中微生物数量为 10^5～10^6/cm^2。皮肤与空气、土壤、动物排泄物等接触，受到污染而富含各种微生物，动物体表以球菌占多数；口腔中含有碱性唾液、食物残渣、适宜温度等微生物生长繁殖适宜的条件，含有各类细菌及少量真菌；消化道中的微生物主要分布在大肠中。由于胃酸的杀菌作用，人和动物胃内微生物较少（反刍动物瘤胃中微生物较多）。由于消化后食物残渣在大肠中停留时间较长，同时消化液杀菌功能丧失，人和动物的大肠中微生物特别多，以大肠杆菌为主。

当人或动物感染了病原微生物后，体内会存在不同数量的病原微生物，其中有些菌种是人畜共患病原微生物，如沙门氏菌、结核杆菌、布氏杆菌。这些微生物可以通过直接接触或通过呼吸道和消化道向体外排出而污染食品。蚊、蝇及蟑螂等各种昆虫也都携带大量的微生物，其中可能有多种病原微生物，它们接触食品同样会造成微生物污染。

5. 植物体

植物体上的微生物主要分布于植物体表和与外界相通的部位。蔓延于土壤中的根系，其表面附生的微生物种类与数量受根际微生物影响较大，根际微生物数量最大，主要是革兰氏阴性菌；植物地上部分微生物的数量和种类，受空气中微生物的状况和植物种类影响很大，不同植物的地上部分附生不同种类和数量的微生物，许多蔬菜表面附生乳酸菌，水果表面附生酵母菌；植物体内还有可能寄生植物病原菌，包括细菌、放线菌、真菌和植物病毒。

6. 加工机械与设备

各种加工机械设备本身没有微生物所需的营养物质，但在食品加工过程中，食品的汁液或颗粒黏附于内表面，食品生产结束时机械设备没有得到彻底的灭菌，使原本少量的微生物得以在其上大量生长繁殖，成为微生物的污染源。这种机械设备在以后的使用中会通过与食品接触而造成食品的微生物污染。

7. 包装材料及原辅材料

各种包装材料如果处理不当也会带有微生物。一次性包装材料通常比循环使用的材料所带有的微生物数量要少。塑料包装材料由于带有电荷会吸附灰尘及微生物。

动物和植物原料表面及内部不可避免地带有一定数量的微生物，如果在加工过程中处理不当，容易使食品变质。有些来自动物原料的食品还有引起疾病传播的可能。

原辅材料如各种佐料、淀粉、面粉、糖等，通常仅占食品总量的一小部分，但往往带有大量微生物。调料中含菌可高达 10^8 个/g。佐料、淀粉、面粉、糖中都含有耐热菌。原辅材料中的微生物，一是来自于生活在原辅材料体表与体内的微生物；二是来自原辅材料的生长、收获、运输、储藏、处理过程中的二次污染。

二、微生物污染的途径与控制措施

（一）微生物污染食品的途径

食品在原料的生产及储运、加工过程、成品的储藏与销售各个环节均有可能遭受微生物的污染。微生物污染食品的途径是多方面的，被污染后的食品及其原料携带的微生物数量会因环境条件、食品性状及加工条件的变化而出现消长，甚至导致食品的腐败变质。因此，应加强食品的微生物污染控制。

微生物对食品的污染，根据污染的情况，可分为内源性污染和外源性污染。凡由动物体在生活过程中，由身体感染微生物而造成的食品污染称为内源性污染，如畜禽在生活期间，其消化道、上呼吸道和体表总是存在着一定类群和数量的微生物，当受到沙门氏菌、布氏杆菌、炭疽杆菌等病原微生物感染时，畜禽的某些器官和组织内就会有病原微生物存在。外源性污染则是由不遵守操作规程、不讲究卫生等人为因素导致的微生物对食品的污染。微生物污染食品，常见的主要有以下几个方面。

1. 环境污染

与食品接触的空气中的微生物及黏附有微生物的尘埃均可沉降于食品，从而导致食品的微生物污染；来自食品加工操作人员的带有微生物的痰沫、唾液、鼻涕的小水滴通过讲话、咳嗽、打喷嚏，可直接或间接地污染食品。

2. 原料和水污染

食品加工原料上存在的微生物，可以直接污染食品；水污染是微生物污染食品的主要途径，食品加工过程中的洗涤、烫漂、煮制、注液等工艺，若使用不符合国家标准的水，特别是使用不清洁的水，将会引起食品的微生物污染。食品加工过程中生熟没有严格分开，使原料、生熟品、半成品、成品出现交叉污染。

3. 人和动物污染

生产过程中接触食品的操作人员，是微生物污染食品的媒介，他们的手、工作衣（帽）若不定期清洗消毒，保持清洁，就会有大量的微生物附着而污染食品。鼠、蝇、蟑螂等动物，其体表及消化道内带有大量的微生物，若直接接触食品或加工器具，就会导致食品的微生物污染。

4. 器具污染

食品加工设备、包装容器与材料，若未经过消毒就接触食品，则这些器具上的微生物就会污染食品。

5. 保藏与运输污染

食品在保藏过程中，因环境被微生物污染而导致食品的再次污染是经常发生的，如阴冷潮湿仓库会导致食品的霉菌污染。食品在运输过程中，运输工具不卫生也会导致食品的微生物污染。

（二）微生物污染的控制措施

食品的微生物污染控制是指从食品生产制造到食用的各个环节，采取各种有效措施，防止微生物污染食品，使食品处于食用安全状态。控制微生物污染食品的主要措施有以下几种。

1. 落实废弃物的无害化处理

人类生活的废弃物如粪便、污水和垃圾中，不仅含有大量的微生物和寄生虫虫卵，甚至可能含有病原微生物和对人体有害的物质。这些废弃物污染环境后，将会以土壤、水等为媒介污染食品。落实有关废弃物的无害化处理，对切断食品的微生物污染源具有重要作用。

2. 加强食品生产环境管理

食品生产只有在良好的卫生环境中进行，才能有效地防止食品的微生物污染。这是因为食品生产车间的空气、水、加工用器具等是引起食品微生物污染的重要污染源和污染途径。

（1）设置防护带，隔离污染源。为避免废弃物料、粪便、污水和污物等污染食品，应按国家工业企业设计卫生标准设置防护带。生产厂房、办公房及生活用房应分开设置，食品仓库、冷藏库、屠宰场等房舍要单独设置。厂区及其周围空地要做好绿化和清洁工作，以达到隔离污染源的目的。

（2）清洁车间，及时消毒。生产车间的卫生工作是防止微生物污染食品的重要措施。车间的门窗应设有严密的防蝇装置，安排专门的清洁工负责设备、门窗、墙裙、地面及下水道的清洗工作，防止微生物生长繁殖。不允许在车间抽烟和堆放杂物。操作人员进入车间要用专用消毒液洗手洗脚，并穿上已消毒的工作服装；运输车辆进入车间要经专用清洗消毒设备处理；生产设备要定期消毒。

（3）清洁空气。即使生产车间经常清洗，保持清洁状态，也不能完全避免空气中微生物对食品的污染。为防止来自空气的污染，可采取空气洁净技术，将空气中的微生物阻隔在食品生产车间以外。

3. 加强生产过程管理

食品生产过程的卫生管理直接关系到食品的微生物污染控制效果，应引起高度重视。

（1）操作人员应注意个人卫生。操作人员要勤洗手、洗澡、理发、剪指甲，保持工作衣帽洁净。凡患有消化道传染病、传染性肝炎、结核病、蠕虫症及皮肤、口腔等部位的化脓性疾病者，不能直接从事食品生产工作。

（2）食品生产用原料要符合卫生要求。原料使用前必须认真挑选并彻底清洗，盛装容器应洗净消毒。已被微生物严重污染，甚至出现明显病变、腐烂等不符合卫生要求的原料，绝不能用作食品加工原料。

（3）食品生产用水必须符合国家饮用水的卫生标准。天然水源因易受各种污物和微生物污染，使用前必须经过净化和消毒，并定期检测，以确保安全。

（4）做好污染测报工作。设置专人负责原辅材料及生产设备上的细菌、半成品中的芽孢数的检验，以避免微生物大量繁殖而导致前期腐败。

（5）遵守操作规程。食品生产应明确加工先后顺序，尽力缩短生产时间，避免反向流动而导致微生物污染；杀菌时应控制好杀菌温度和时间，以保证杀菌效果；荤、素产品，生、熟食品及原料、半成品、成品应分开，以防止交叉污染。

第二节　微生物引起食品腐败变质的原理

食品腐败变质的过程实质上是食品中蛋白质、碳水化合物、脂肪等被微生物的分解代谢作用或自身组织酶催化进行的某些生化过程。例如，粮食、水果的呼吸等可以引起食品成分的分解、食品组织的溃破和细胞膜的碎裂，为微生物的广泛侵入与生长繁殖提供条件，其结果是导致食品腐败变质。由于食品成分的分解过程和形成的产物十分复杂，建立食品腐败变质的定量检测尚有一定的难度。

一、食品中碳水化合物的分解

食品中的碳水化合物包括纤维素、半纤维素、淀粉、糖原及双糖和单糖等。含有这些成分较多的食品主要是粮食、蔬菜、水果和糖类及其制品。在微生物及动植物组织中的各种酶及其他因素作用下，这些食品组成成分被分解成单糖、醇、醛、酮、羧酸、二氧化碳和水等低级产物。由微生物引起糖类物质发生的变质，习惯上称为发酵或酵解。

碳水化合物含量高的食品变质的主要特征为酸度升高、产气，稍带有甜味、醇类气味等。食品种类不同也表现为糖、醇、醛、酮含量升高或产气（CO_2），通常带有这些产物特有的气味。

细菌中能高效分解淀粉的为数不多，主要是芽孢杆菌属和梭状芽孢杆菌属的某些种，如枯草杆菌、巨大芽孢杆菌、马铃薯芽孢杆菌、蜡样芽孢杆菌、淀粉梭状芽孢杆菌等。它们是引起米饭发酵、面包黏液化的主要菌株，能分解纤维素和半纤维素的只有芽孢杆菌属、梭状芽孢杆菌属和八叠球菌属的一些种。但绝大多数细菌具有分解某些糖的能力，特别是利用单糖的能力极为普遍。某些细菌能利用有机酸或醇类，能分解果胶的细菌主要有芽孢杆菌属、欧氏植病杆菌属、梭状芽孢杆菌属中的部分菌株，它们参与果蔬的腐败。多数霉菌有分解简单碳水化合物的能力，能够分解纤维素的霉菌并不多，常见的有青霉属、曲霉属、木霉属等中的几个种，其中绿色木霉、里氏木霉、康氏木霉分解纤维素的能力特别强。分解果胶质的霉菌中活力强的有曲霉属、毛霉属、蜡叶芽枝霉等，曲霉属、毛霉属和镰刀霉属等还具有利用某些简单有机酸和醇类的能力。绝大多数酵母菌不能使淀粉水解，少数酵母菌如拟内孢霉属能分解多糖，极少数酵母菌如脆壁酵母能分解果胶，大多数酵母菌有利用有机酸的能力。

二、蛋白质的分解

肉、鱼、禽蛋和豆制品等富含蛋白质的食品主要以蛋白质分解为腐败变质特征。由微生物引起蛋白质食品发生的变质，通常称为腐败。

蛋白质在动植物组织酶及微生物分泌的蛋白酶和肽链内切酶等的作用下，首先水解成多肽，进而裂解形成氨基酸。氨基酸通过脱羧、脱氨、脱硫等作用进一步分解成相应的氨、胺类、有机酸类和各种碳氢化合物，食品即表现出腐败特征。

蛋白质分解后所产生的胺类是碱性含氮化合物，如胺、伯胺、仲胺及叔胺等具有挥发性和特异的臭味。各种不同的氨基酸分解产生的腐败胺类和其他物质各不相同，甘氨酸产生甲胺，鸟氨酸产生腐胺，精氨酸产生色胺进而又分解成吲哚，含硫氨基酸分解产生硫化氢和氨、乙硫醇等。这些物质都是蛋白质腐败产生的主要臭味物质。

分解蛋白质而使食品变质的微生物，主要是细菌、霉菌和酵母菌，它们多数是通过分泌胞外蛋白酶来完成的。细菌中，芽孢杆菌属、梭状芽孢杆菌属、假单胞菌属、变形杆菌属、链球菌属等分解蛋白质的能力较强，即使无糖存在，它们在以蛋白质为主要成分的食品上也生长良好。肉毒梭状芽孢杆菌分解蛋白质的能力很微弱，但该菌为厌氧菌，可引起罐头的腐败变质。小球菌属、葡萄球菌属、黄杆菌属、产碱杆菌属、埃希氏菌属等分解蛋白质的能力较弱。许多霉菌具有分解蛋白质的能力，霉菌比细菌更能利用天然蛋白质，常见的有青霉属、毛霉属、曲霉属、木霉属、根霉属等。多数酵母菌对蛋白质的分解能力极弱。啤酒酵母属、毕赤氏酵母属、汉逊氏酵母属、假丝酵母属、球拟酵母属等能使凝固的蛋白质缓慢分解。在某些食品上，酵母菌竞争不过细菌，往往是细菌占优势。

三、脂肪的分解

虽然脂肪发生变质主要是由化学作用引起的，但是许多研究表明，它与微生物也有着密切的关系。脂肪发生变质的特征是产生酸和刺激的哈喇味。人们一般把脂肪发生的变质称为酸败。

食品中油脂酸败的化学反应主要是油脂的自身氧化，其次是水解。油脂的自身氧化是一种自由基的氧化反应；而水解则是指在微生物或动物组织中的解脂酶作用下，食物中的中性脂肪分解成甘油和脂肪酸等。

食品中脂肪及食用油脂的酸败程度受脂肪的饱和度、紫外线、氧、水分、天然抗氧化剂及铜离子、铁离子、镍离子等催化剂的影响。油脂中脂肪酸不饱和度、油料中动植物残渣等，均有促进油脂酸败的作用；而油脂的脂肪酸饱和程度和维生素 C、维生素 E 等天然抗氧化物质及芳香化合物含量高时，则可减慢氧化和酸败。

一般对蛋白质分解能力强的好氧性细菌，大多数也能分解脂肪。细菌中的假单胞菌属、无色杆菌属、黄色杆菌属、产碱杆菌属和芽孢杆菌属中的许多种具有分解脂肪的特性。能分解脂肪的霉菌比细菌多，在食品中常见的有曲霉属、白地霉、娄地青霉和芽枝霉属等。酵母菌中能分解脂肪的菌种不多，主要是解脂假丝酵母，这种酵母菌对糖类不发酵，但分解脂肪和蛋白质的能力很强。因此，在肉类食品、乳及其制品中脂肪酸败时，也应考虑其是否是由酵母菌引起的。

四、有害物质的形成

腐败变质的食品表现出使人难以接受的感官性状，如异常颜色、刺激气味和酸臭味及组织溃烂、发黏等症状。食品腐败后，营养物质分解、营养价值下降。同时食品的腐败变质可产生对人体有害的物质，如蛋白质类食品的腐败可产生的某些胺类物质及脂肪酸败的产物等都可使人发生中毒反应。微生物严重污染食品，从而也增加了致病菌和产毒菌存在的机会。微生物产生的毒素分为细菌毒素和真菌毒素，它们能引起食物中毒，有些毒素还能引起人体器官的病变及癌症。

第三节 微生物引起食品腐败变质的基本条件

食品加工前的原料，总是带有一定数量的微生物。在加工过程中及加工后的成品，也不可避免地要接触环境中的微生物，因而食品中必然会存在一定种类和数量的微生物。然而微生物污染食品后，能否导致食品的腐败变质，以及变质的程度和性质如何，受多方面因素的影响。一般来说，食品发生腐败变质与食品本身的性质、污染微生物的种类和数量及食品所处的环境等因素有着密切的关系，而它们三者之间又是相互作用、相互影响的。

一、食品基质条件

1. 食品的营养

食品含有蛋白质、糖类、脂肪、无机盐、维生素和水分等丰富的营养成分，是微生物的良好培养基，因而微生物污染食品后很容易迅速生长繁殖造成食品的变质。但不同的食品中上述各种成分的比例差异很大，而各种微生物分解各类营养物质的能力不同，这就导致了引起不同食品腐败的微生物类群也不同。例如，肉、鱼等富含蛋白质的食品，容易受到对蛋白质分解能力很强的变形杆菌、青霉等微生物的污染而发生腐败；米饭等含糖量较高的食品，容易受到曲霉属、根霉属、乳酸菌、啤酒酵母等对碳水化合物分解能力强的微生物的污染而变质；而脂肪含量较高的食品，容易受到黄曲霉和假单胞杆菌等分解脂肪能力很强的微生物的污染而发生酸败变质。

2. pH 值条件

各种食品都具有一定的氢离子浓度。根据食品 pH 值范围的不同，可将食品划分为两大类：酸性食品和非酸性食品。一般规定，pH 值在 4.5 以上者为非酸性食品，pH 值在 4.5 以下者为酸性食品。例如，动物食品的 pH 值一般为 5.0～7.0，蔬菜的 pH 值为 5.0～6.0，它们一般为非酸性食品；水果的 pH 值为 2.0～5.0，一般为酸性食品。

各类微生物都有其最适宜的 pH 值范围，食品中氢离子浓度可影响菌体细胞膜上电荷的性质。当微生物细胞膜上的电荷性质受到食品氢离子浓度的影响而改变后，微生物对某些物质的吸收机制会发生改变，从而影响细胞的正常物质代谢活动和酶的作用，因此食品 pH 值是制约微生物生长、影响食品腐败变质的重要因素之一。

大多数细菌的最适生长 pH 值是 7.0 左右。酵母菌和霉菌生长的 pH 值范围较宽，因而非酸性食品适合于大多数细菌及酵母菌、霉菌的生长；细菌生长下限一般在 4.5 左右。pH 值为 3.3～4.0 时只有个别耐酸细菌，如乳杆菌属尚能生长，故酸性食品的腐败变质主要是由酵母菌和霉菌的生长导致的。

另外，食品的 pH 值也会因微生物的生长繁殖而发生改变。当微生物生长在含糖与蛋白质的食品基质中时，微生物首先分解糖产酸使食品的 pH 值下降；当糖不足时，蛋白质被分解，pH 值又回升。由于微生物的活动，食品基质的 pH 值发生很大变化。当酸或碱积累到一定量时，反过来又会抑制微生物的继续活动。

3. 水分

水分是微生物生命活动的必要条件。微生物细胞组成不可缺少水，细胞内所进行的各种生物化学反应均以水分为溶剂。在缺水的环境中，微生物的新陈代谢会发生障碍，甚至死亡。但各类微生物生长繁殖所要求的水分含量不同，因此，食品中的水分含量决定了生长微生物的种类。一般来说，含水分较多的食品，细菌容易繁殖；含水分少的食品，霉菌和酵母菌容易繁殖。

食品中水分以游离水和结合水两种形式存在。微生物在食品上生长繁殖，能利用的水是游离水，因而微生物在食品中的生长繁殖所需的水不是取决于总含水量（%），而是取决于水分活度（A_w，也称水活性）。因为一部分水是与蛋白质、碳水化合物及一些可溶性物质（如氨基酸、糖、盐等）结合的（这种结合水对微生物是无用的），所以通常使用水分活度来表示食品中可被微生物利用的水。纯水的 A_w 为 1，无水食品的 A_w 为 0。由此可见，食品的 A_w 为 0～1。表 9-1 给出了不同微生物类群生长的最低 A_w，从表中可以看出，食品的 A_w 在 0.60 以下，则认为微生物不能生长。一般认为，食品 A_w 在 0.64 以下是食品安全储藏的防霉含水量。

表 9-1　食品中主要微生物类群生长的最低 A_w

微生物类群	最低 A_w	微生物类群	最低 A_w
大多数细菌	0.90	嗜盐性细菌	0.75
大多数酵母菌	0.88	耐高渗透酵母菌	0.60
大多数霉菌	0.73	干性霉菌	0.65

新鲜的食品原料，如鱼、肉、水果、蔬菜等含有较多的水分，A_w 值一般为 0.98～0.99，适合多数微生物生长，如果不及时加以处理，很容易发生腐败变质。为了防止食品变质，最常用的方法就是降低食品的含水量，使 A_w 降低至 0.70 以下，这样可以进行较长期保存。许多研究报道，A_w 为 0.80～0.85 的食品，一般只能保存几天；A_w 为 0.72 左右的食品，可以保存 2～3 个月；如果 A_w 在 0.65 以下，则可保存 1～3 年。

在实际中为了方便，也常用水分所占的百分率来表示食品的含水量，并以此作为控制微生物生长的一项指标。例如，为了达到保藏目的，乳粉含水量应在 8%以下，大米含水量应在 13%左右，豆类在 15%以下，脱水蔬菜为 14%～20%。这些物质的含水量虽然不同，但其 A_w 约在 0.70 以下。

4. 渗透压

渗透压与微生物的生命活动有一定的关系。如将微生物置于低渗透压的溶液中，菌体吸收水分发生膨胀，甚至破裂；若置于高渗透压的溶液中，菌体则发生脱水，甚至死亡。一般来讲，微生物在低渗透压的食品中有一定的抵抗力，较易生长；而在高渗透压的食品中，微生物常因脱水而死亡。当然不同种类的微生物对渗透压的耐受能力大不相同。

绝大多数细菌不能在较高渗透压的食品中生长，只有少数能在高渗透压环境中生长，如盐杆菌属中的一些种，在食盐浓度为 20%～30%的食品中能够生活；肠膜明串珠菌能耐高浓度糖。而酵母菌和霉菌一般能耐受较高的渗透压，如异常汉逊酵母、鲁氏糖酵母、膜毕赤酵母等能耐受高浓度糖，常引起糖浆、果酱、果汁等含糖量高的食品变质。霉菌中比较突出的耐高渗透压的代表是灰绿曲霉、青霉属、芽枝霉属等。

食盐和糖是形成不同渗透压的主要物质。在食品中加入不同量的糖或盐，可以形成不同的渗透压。所加的糖或盐越多，则浓度越高，渗透压越大，食品的 A_w 就越小。为了防止食品腐败变质，常用盐腌和糖渍的方法来较长时间地保存食品。

二、微生物条件

在食品发生腐败变质的过程中，起重要作用的是微生物。如果某一食品经过彻底灭菌或过滤除菌，则长期储藏也不会发生腐败。反之，如果某一食品被微生物污染，一旦条件适宜，就会引起该食品腐败变质。所以说，微生物的污染是导致食品发生腐败变质的根源。

能引起食品发生腐败变质的微生物种类很多，主要有细菌、酵母菌和霉菌。一般情况下细菌常比酵母菌占优势。在这些微生物中，有病原菌和非病原菌，有芽孢菌和非芽孢菌，有嗜热性菌、嗜温性菌和嗜冷性菌，有好气菌或厌气菌，有分解蛋白质、糖类、脂肪能力强的菌。

三、外界环境条件

从某种意义上讲，环境因素也是引起食品变质的重要方面。污染食品的微生物能否生长，还要看环境条件，如温度高时饭菜容易变坏，潮湿时粮食容易发霉。影响食品变质的环境因素和影响微生物生长繁殖的环境因素一样，也是多方面的。影响食品变质的较重要的因素是温度、湿度和气体。

（一）温度

根据微生物对温度的适应性，可将微生物分为 3 个生理类群，即嗜冷微生物、嗜温微生物、嗜热微生物。每一类群微生物都有其最适宜生长的温度范围，但这三类微生物又都可以在 20～30℃生长繁殖，当食品处于这种温度的环境中时，各种微生物都可生长繁殖而引起食品变质。

1. 低温对微生物生长的影响

低温对微生物生长极为不利，但由于微生物具有一定的适应性，在 5℃左右或更低的温度（甚至－20℃以下）下仍有少数微生物能生长繁殖，使食品发生腐败变质，我们称这类微生物为低温微生物。低温微生物是引起冷藏、冷冻食品变质的主要微生物。食品中可在低温下生长的微生物主要有假单胞杆菌属、黄色杆菌属、无色杆菌属等革兰氏阴性无芽孢杆菌，小球菌属、乳杆菌属、小杆菌属、芽孢杆菌属和梭状芽孢杆菌属等革兰氏阳性菌，假丝酵母属、隐球酵母属、圆酵母属、丝孢酵母属等酵母菌，青霉属、芽枝霉属和毛霉属等霉菌。食品中不同微生物生长的最低温度见表 9-2。

表 9-2　食品中微生物生长的最低温度

食品	微生物	生长最低温度/℃	食品	微生物	生长最低温度/℃
猪肉	细菌	−4	乳	细菌	−1～0
牛肉	霉菌、酵母菌、细菌	−1.0	冰激凌	细菌	−10～−3
羊肉	霉菌、酵母菌、细菌	−5	大豆	霉菌	−6.7
火腿	细菌	1	豌豆	霉菌、酵母菌	−4～+6.7
腊肠	细菌	5	苹果	霉菌	0
熏肉	细菌	−10～−5	葡萄汁	酵母菌	0
鱼贝类	细菌	−7～−4	浓橘汁	酵母菌	−10
草莓	霉菌、酵母菌、细菌	−6.5～−0.3	—	—	—

表 9-2 中微生物虽然能在低温条件下生长，但其新陈代谢活动极为缓慢，生长繁殖的速度也非常迟缓，因而它们引起冷藏食品变质的速度也较慢。

有些微生物在很低的温度下能够生长，其机理还不完全清楚。但至少可以认为，它们体内的酶在低温下仍能起作用。另外，也观察到嗜冷微生物的细胞膜中不饱和脂肪酸含量较高。这可能是由于它们的细胞膜在低温下仍保持半流动状态，能进行活跃的物质传递，而其他生物则由于细胞膜中饱和脂肪酸含量高，在低温下成为固体而不能履行其正常功能。

2. 高温对微生物生长的影响

45℃以上的高温对微生物生长来讲是十分不利的。在高温条件下，微生物体内的酶、蛋白质、脂质体很容易发生变性而失活，细胞膜也易受到破坏，这样会加速细胞的死亡。温度越高，死亡率也越高。

在高温条件下，仍然有少数微生物能够生长。通常把能在 45℃以上条件下进行代谢活动的微生物称为高温微生物或嗜热微生物。嗜热微生物之所以能在高温环境中生长，是因为它们具有与其他微生物所不同的特性，如它们的酶和蛋白质的热稳定性比中温菌强得多；它们的细胞膜上富含饱和脂肪酸。饱和脂肪酸和不饱和脂肪酸相比可形成更强的疏水键，从而使膜能在高温下保持稳定；它们的生长曲线独特，和其他微生物相比，其延滞期、对数期都非常短，进入稳定期后，会迅速死亡。

在食品中生长的嗜热微生物，主要是嗜热细菌，如芽孢杆菌属中的嗜热脂肪芽孢杆菌、凝结芽孢杆菌，梭状芽孢杆菌属中的肉毒杆菌、热解糖梭状芽孢杆菌、致黑梭状芽孢杆菌，乳杆菌属和链球菌属中的嗜热乳杆菌、嗜热链球菌等。霉菌中纯黄丝衣霉耐热能力也很强。

在高温条件下，嗜热微生物的新陈代谢活动加快，所产生的酶对蛋白质和糖类等物质的分解速度也比其他微生物快，因而使食品发生变质的时间缩短。由于它们在食品中经过旺盛的生长繁殖后很容易死亡，在实际中若不及时进行分离培养，就会失去检出的机会。高温微生物造成的食品变质主要是酸败，由微生物分解糖类产酸而引起。

（二）相对湿度

空气中的相对湿度对微生物生长和食品变质来讲起着重要的作用，尤其是未经包装的食品。例如，把含水量少的脱水食品放在湿度大的地方，食品易吸潮，表面水分迅速增加。长江流域在梅雨季节，粮食、物品容易发霉，就是因为空气相对湿度太大（相对湿度70%以上）。

A_w 反映了食品溶液中的水分状态，而相对湿度则表示食品周围的空气状态。每种微生物只能在一定的 A_w 范围内生长，但这一范围的 A_w 要受到空气相对湿度的影响。

（三）气体

微生物与 O_2 有着十分密切的关系。一般来讲，在有氧的环境中，微生物进行有氧呼吸，生长、代谢速度快，食品变质速度也快；缺乏 O_2 的条件下，由厌氧微生物引起的食品变质速度较慢。O_2 的存在与否决定着兼性厌氧微生物是否生长和生长速度的快慢。例如，当 A_w 是 0.86 时，无氧情况下金黄色葡萄球菌不能生长或生长极其缓慢；而在有氧情况下则能良好生长。

新鲜食品原料中，由于组织内一般存在还原性物质（如动物原料组织内的巯基），具有抗氧化能力。在食品原料内部生长的微生物绝大部分应该是厌氧微生物，而在原料表面生长的则是需氧微生物。食品经过加工，物质结构改变，需氧微生物能进入组织内部，食品更易发生变质。

另外，H_2 和 CO_2 等气体的存在对微生物的生长也有一定的影响。实际中可通过控制它们的浓度来防止食品变质。

第四节　食品腐败变质的鉴定及不同食品的腐败变质

一、食品腐败变质的鉴定

食品受到微生物的污染后，容易发生变质。一般从感官、化学、物理和微生物 4 个方面来进行食品腐败变质的鉴定。

（一）感官鉴定

感官鉴定是以人的视觉、嗅觉、触觉、味觉来查验食品初期腐败变质的一种简单而灵敏的方法。食品初期腐败时会产生腐败臭味，发生颜色的变化（褪色、变色、着色、失去光泽等），出现组织变软、变黏等现象。这些都可以通过感官分辨出来。

1. 色泽

食品无论在加工前或加工后，本身均呈现一定的色泽，如有微生物繁殖引起食品变质，色泽就会发生改变。有些微生物产生色素，分泌至细胞外，色素不断累积就会造成食品原有色泽的改变。例如，食品腐败变质时常出现黄色、紫色、褐色、橙色、红色和黑色的片状斑点或全部变色。另外，由于微生物代谢产物的作用，食品发生化学变化时也可引起食品色泽的变化。例如，肉及肉制品的绿变就是由硫化氢与血红蛋白结合形成硫化氢血红蛋白引起的。腊肠由于乳酸菌增殖过程中产生了过氧化氧，促使肉色素褪色或绿变。

2. 气味

食品本身有一定的气味。动植物原料及其制品因微生物的繁殖而产生极轻微的变质时，人们的嗅觉就能敏感地觉察到有不正常的气味产生。例如，氨、三甲胺、乙酸、硫化氢、乙硫醇、粪臭素等物质在空气中浓度为10^{-11}～$10^{-8}mol/m^3$时，人们的嗅觉就可以察觉到。此外，食品腐败变质时其他胺类物质如甲酸、酮、醛、醇类、酚类等也很容易被察觉到。

食品中产生的腐败臭味，常是多种臭味混合而成的，有时也能分辨出比较突出的不良气味，如霉味臭、乙酸臭、胺臭、粪臭、硫化氢臭、酯臭等。但有时产生的有机酸味、水果变坏产生的芳香味，人的嗅觉习惯不认为是臭味。因此评定食品质量不是以香味、臭味来划分，而是应该按照正常气味与异常气味来评定。

3. 口味

微生物造成食品腐败变质时也常引起食品口味的变化。而口味变化中比较容易分辨的是酸味和苦味。一般碳水化合物含量多的低酸食品，变质初期产生酸是其主要特征。但对于原来酸味就高的食品，如番茄制品来讲，微生物造成酸败时酸味稍有增高，辨别起来就不那么容易。另外，某些假单胞菌污染消毒乳后可产生苦味，蛋白质被大肠杆菌、小球菌等微生物作用也会产生苦味。

4. 组织状态

固体食品变质时，可使动物性、植物性组织细胞破坏，造成细胞内容物外溢。这样食品即出现变形、软化；鱼肉类食品则呈现肌肉松弛、弹性差，有时组织体表出现发黏等现象；粉碎后加工制成的食品，如乳粉、果酱等变质后常出现黏稠、结块等表面变形、湿润或发黏现象。

液态食品变质后即会出现浑浊、沉淀，表面出现浮膜、变稠等现象。鲜乳因微生物作用而变质可出现凝块、乳清析出、变稠等现象，有时还会产气。

（二）化学鉴定

微生物的代谢可引起食品化学组成的变化，并产生多种腐败性产物，因此直接测定这些腐败产物就可作为判断食品质量的依据。

一般氨基酸类、蛋白质类等含氮高的食品，如鱼、虾、贝类及肉类，在需氧性腐败时，常以测定挥发性盐基氮的含量作为评定的化学指标；对于含氮量少而含碳水化合物丰富的食品，在缺氧条件下腐败则经常以测定有机酸的含量或 pH 值的变化作为指标。

食品中 pH 值的变化，一方面可由微生物的作用或食品原料本身酶的消化作用使 pH 值下降，另一方面也可由微生物的作用所产生的氨而使 pH 值上升。一般腐败开始时食品的 pH 值略微降低，随后上升，因此多呈现 V 字形变动。例如，牲畜和一些青皮红肉的鱼在死亡之后，肌肉中的碳水化合物产生消化作用，造成乳酸和磷酸在肌肉中积累，以致引起 pH 值下降；其后因腐败微生物繁殖，肌肉被分解，造成氨积累，促使 pH 值上升。我们借助于 pH 计测定 pH 值，则可评价食品变质的程度。

（三）物理鉴定

食品的物理鉴定主要是根据蛋白质分解时小分子物质增多这一现象，来先后研究食品浸出物量、浸出液电导度、折射率、冰点下降、黏度上升等指标。其中肉浸液的黏度测定尤为敏感，能反映腐败变质的程度。

（四）微生物鉴定

对食品进行微生物菌数测定可以反映食品被微生物污染的程度以及是否发生变质，同时它是判定食品生产的一般卫生状况及食品卫生质量的一项重要依据。在国家卫生标准中，常用细菌总数和大肠杆菌群数的近似值来评定食品卫生质量，一般食品中的活菌数达到 10^8 个/g 时，则可认为处于初期腐败阶段。

腐败变质的食品首先是带有使人们难以接受的感官性状，如刺激性气味、异常颜色、酸臭味道和组织溃烂、黏液污秽感等。其次是营养成分分解，营养价值严重降低。腐败变质食品一般由于微生物污染严重，菌相复杂和菌量增多，因而增加了致病菌和产毒霉菌等存在的机会。由于菌量增多，某些致病性微弱的细菌可引起人体的不良反应，甚至中毒；致病菌引起的食物中毒，大多数有菌量异常增大这个必要条件。至于腐败变质分解产物对人体的直接毒害，至今研究仍不够明确；然而这方面的报告与中毒事件却越来越多，如某些鱼类腐败产生的组胺使人体中毒，脂肪酸败产物引起人的不良反应及中毒，以及腐败产生的亚硝胺类、有机胺类和硫化氢等都具有一定毒性。

因此，对食品的腐败变质要及时、准确鉴定，并严加控制，但这类食品的处理还必须充分考虑具体情况。例如，轻度腐败的肉类、鱼类通过煮沸可以消除异常气味，部分腐烂的水果蔬菜可拣选分类处理等。虽然人体有足够的解毒功能，但是在短时间内摄入腐败变质食品的量不可过大。应强调指出，一切处理的前提，都必须以确保人体健康为原则。

二、罐藏食品的变质

罐藏食品是食品原料经过预处理、装罐、密封、杀菌之后而制成的食品，通常称为罐头。其种类很多，依据 pH 值的高低可分为低酸性、中酸性、酸性和高酸性罐头四大类（表 9-3）。低酸性罐头以动物性食品原料为主要成分，富含大量的蛋白质。而中酸性、酸性和高酸性罐头以植物性食品原料为主要成分，碳水化合物含量高。

表 9-3　罐头食品的分类

罐头类型	pH 值	主要原料	罐头类型	pH 值	主要原料
低酸性罐头	5.3 以上	肉、禽、蛋、乳、鱼、谷类、豆类	酸性罐头	3.7～4.5	多数水果及果汁
中酸性罐头	4.5～5.3	多数蔬菜、瓜类	高酸性罐头	3.7 以下	酸菜、果酱、部分水果和果汁

罐头的密封可防止内容物溢出和外界微生物的侵入，而加热杀菌则是要杀灭存在于罐内的全部微生物。罐头经过杀菌可在室温下保存很长时间。但由于某些原因，罐头有时也会出现腐败变质现象。

（一）罐装食品腐败变质的原因

罐藏食品腐败变质是由罐内微生物引起的，这些微生物的来源有两种情况。

1. 杀菌后罐内残留微生物

在罐头杀菌操作不当、罐内留有空气等情况下，有些耐热的芽孢杆菌不能被彻底杀灭。这些微生物在保存期内遇到合适条件就会生长繁殖而导致罐头的腐败变质。

2. 杀菌后发生漏罐

由于罐头密封不好，杀菌后发生漏罐而遭受外界的微生物污染，其主要的污染源是冷却水，冷却水中的微生物通过漏罐处进入罐内。空气也是一个微生物污染源，通过漏罐污染的微生物既有耐热菌，也有不耐热菌。

（二）罐装食品变质外形及微生物种类

合格的罐头，因罐内保持一定的真空度，罐盖或罐底应是平的或稍向内凹陷的，软罐头的包装袋应与内容物接合紧密。当罐头食品杀菌强度不足，或者密封不严造成漏罐时，微生物有可能在罐内生长繁殖，引起食品的腐败变质。杀菌强度不足的罐头食品，往往会因嗜热或嗜温的芽孢杆菌生长繁殖导致平盖酸败，或因厌氧梭状芽孢杆菌生长繁殖造成膨听或硫化物腐败。杀菌强度不足的低酸性罐头食品，甚至可能由于肉毒梭状芽孢杆菌的繁殖产生毒性极强的肉毒毒素，如果消费者误食，即能中毒致死。罐头食品常见变质类型及引起变质的微生物见表 9-4。

表 9-4　罐头食品常见变质类型及引起变质的微生物

变质类型	罐头食品类型	变质现象	引起变质的微生物	原因
平盖酸败	低酸性或中酸性罐头	罐头外形正常，内容物变酸，汤汁浑浊并有异味	嗜热脂肪芽孢杆菌、凝结芽孢杆菌、嗜温性芽孢杆菌	杀菌强度不足或罐内真空度不足
膨听	低酸性或中酸性罐头	罐头膨胀甚至爆裂，内容物变酸，有时有干酪味	嗜热解糖梭状芽孢杆菌、酪酸梭状芽孢杆菌、巴氏固氮芽孢杆菌、魏氏杆菌	杀菌不完全
膨听	pH值4.5以上的罐头食品	胀罐，内容物出现酸臭味	液化链球菌、粪链球菌、嗜热链球菌、大肠杆菌、产气肠杆菌、变形杆菌	杀菌不完全，罐头密封不良造成二次污染
膨听	pH值4.5以下的果蔬罐头	罐头膨胀甚至爆裂	酵母菌、乳酸杆菌异型发酵菌种、明串珠菌	杀菌不充分，罐头密封不良
硫化物腐败	低酸性罐头	不胀罐，食品变黑，有臭味或恶臭，产生硫化氢、氨、粪臭素等	致黑梭状芽孢杆菌、生芽孢梭状芽孢杆菌、双酶梭状芽孢杆菌、腐化梭状芽孢杆菌	杀菌不完全或高温下放时间过长

续表

变质类型	罐头食品类型	变质现象	引起变质的微生物	原因
肉毒腐败	pH值4.5以上的罐头食品	不胀罐，罐内有恶臭，误食后引起中毒或致人死亡	肉毒梭状芽孢杆菌	杀菌不完全
霉变	pH值4.5以下的果蔬罐头，低酸度的炼乳罐头	罐头一般不膨胀，个别也有膨胀现象，罐内水果柔化解体，可见明显霉变现象	青霉、曲霉、丝衣霉等	杀菌不充分，罐头密封不良，罐内真空度不足

总之，罐头的种类不同，导致其腐败变质的菌也就不同，而且这些菌时常混在一起产生作用。因此，对每一种罐头的腐败变质都要做具体的分析，根据罐头的种类、成分、pH 值、灭菌情况和密封状况综合分析，必要时还要进行微生物学检验、开罐镜检及分离培养才能确定。

三、肉及肉制品的腐败变质

各种肉及肉制品均含有丰富的蛋白质、脂肪、水、无机盐和维生素，不仅营养全面、丰富，而且水分含量高，pH 值接近中性，适合多种微生物生长，是微生物天然的培养基，所以肉类食品容易腐败变质。肉及肉制品中的污染微生物以细菌为主，也会有霉菌和酵母菌，因为肉的种类、处理方法和储藏方式不同而有所差异。

（一）肉及肉制品中微生物的来源

1. 屠宰前的微生物来源

屠宰前健康的畜禽具有健全而完整的免疫系统，能有效地防御和阻止微生物的侵入和在肌肉组织内扩散。所以正常机体组织内部（包括肌肉、脂肪、心、肝、肾等）一般是无菌的，而畜禽体表、被毛、消化道、上呼吸道等器官总是有微生物存在，如未经清洗的动物被毛、皮肤微生物数量为 10^5～10^6 个/cm^2。如果被毛和皮肤污染了粪便，微生物的数量会更多。刚排出的家畜粪便微生物数量可多达 10^7 个/g。

患病的畜禽其器官及组织内部可能有微生物存在，如病牛体内可能带有结核杆菌、口蹄疫病毒等。这些微生物能够冲破机体的防御系统，扩散至机体的其他部位，它们多为致病菌。动物皮肤被刺伤、咬伤或化脓感染时，淋巴结中会有细菌存在。其中一部分细菌会被机体的防御系统吞噬或消除掉，而另一部分细菌可能存留下来导致机体病变。畜禽感染病原菌后有的呈现临床症状，但也有相当一部分为无症状带菌者。这部分畜禽在运输和圈养过程中，由于拥挤、疲劳、饥饿、惊恐等刺激，机体免疫力下降而呈现临床症状，并向外界扩散病原菌，造成畜禽相互感染。

2. 屠宰后的微生物来源

屠宰后的畜禽即丧失了先天的防御机能，微生物侵入组织后迅速繁殖。屠宰过程中卫生管理不当将造成微生物广泛污染的机会。最初污染微生物是在使用非灭菌的刀具放血时，将微生物引入血液中的，随着血液短暂的微弱循环而扩散至胴体的各部位。在屠宰、分割、加工、储存和肉的配销过程中的每一个环节，微生物的污染都可能发生。

肉类一旦被微生物污染，其生长繁殖是很难完全抑制的。因此限制微生物污染的最好方法是在严格的卫生管理条件下进行屠宰、加工和运输，这也是获得高品质肉类及其制品的重要措施。对已遭受微生物污染的胴体，抑制微生物生长的最有效方法是进行迅速冷却和及时冷藏。

屠宰前畜禽的状态也很重要。屠宰前让畜禽充分休息和给予良好的饲养，使其处于安静舒适的条件，这种状态下进行屠宰其肌肉中的糖原将转变为乳酸。在屠宰后 6～7h 内由于乳酸的增加，胴体的 pH 值降为 5.6～5.7，24h 内 pH 值降为 5.3～5.7。在该 pH 值条件下，污染的细菌不易繁殖。如果宰前家畜处于应激和兴奋状态，则将动用储备糖原，宰后动物组织的 pH 值接近于 7.0，在这样的条件下腐败细菌的侵染会更加迅速。

（二）肉及肉制品中微生物的种类及特性

参与肉类腐败过程的微生物是多种多样的，常见的有腐生微生物和病原微生物。腐生微生物包括有细菌、酵母菌和霉菌，它们污染肉品，使肉品发生腐败变质。它们都有较强的分解蛋白质的能力。

细菌主要是需氧的革兰氏阳性菌，如蜡样芽孢杆菌、枯草芽孢杆菌和巨大芽孢杆菌等；需氧的革兰氏阴性菌有假单胞杆菌属、无色杆菌属、黄色杆菌属、产碱杆菌属、埃希氏菌属、变形杆菌属等。此外，还有腐败梭菌、溶组织梭菌和产气荚膜梭菌等厌氧梭状芽孢杆菌。

酵母菌和霉菌主要包括假丝酵母菌属、丝孢酵母菌属、交链孢霉属、曲霉属、芽枝霉属、毛霉属、根霉属和青霉属。

病畜、禽肉类可能带有各种病原菌，如沙门氏菌、金黄色葡萄球菌、结核分枝杆菌、炭疽杆菌和布氏杆菌等。它们对肉的主要影响并不在于使肉腐败变质，而是传播疾病，造成食物中毒。

（三）鲜肉的腐败变质

健康动物的血液、肌肉和内部组织器官一般是没有微生物存在的，但由于屠宰、运输、保藏和加工过程中的污染，肉体表面污染了一定数量的微生物。这时，肉体若能及时通风干燥，使肉体表面的肌膜和浆液凝固形成一层薄膜，则可阻止微生物侵入内部，从而延缓肉的变质。

通常鲜肉保藏在 0℃左右的低温环境中，可存放 10d 左右而不变质。当保藏温度上升时，表面的微生物就能迅速繁殖，其中以细菌的繁殖速度最为显著。细菌吸附鲜肉表面的过程可分为两个阶段：第一个阶段是可逆吸附阶段，即细菌与鲜肉表面微弱结合，此时用水洗可将其除掉；第二个阶段为不可逆吸附阶段，即细菌紧密地吸附在鲜肉表面，而不能被水洗掉，吸附的细菌数量随着时间的延长而增加，它沿着结缔组织、血管周围或骨与肌肉的间隙蔓延到组织的深部，最后使整个肉变质。宰后畜禽的肉体由于有酶存在，肉组织产生自溶作用，结果使蛋白质分解产生蛋白胨和氨基酸，这样更有利于微生物的生长。鲜肉在搅拌过程中微生物可均匀地分布到碎肉中，所以绞碎的肉比整块肉含菌数量高得多。绞碎肉的菌数为 10^8 个/g 时，在室温条件下，24h 就可能出现异味。

值得注意的是，肉腐败变质与保藏温度有关，当肉的保藏温度较高时，杆菌的繁殖速度较球菌快。引起鲜肉类腐败变质的主要微生物类群见表 9-5。

表 9-5　引起鲜肉类腐败变质的主要微生物类群

变质类型	现象	主要微生物类群
表面变质（需氧腐败）	气味陈腐，变坏，表面灰白色、发黏，肉类纹理丧失	肠细菌、变形杆菌、埃希氏菌、芽孢杆菌、假单胞菌
表面变质（厌氧腐败）	失去肉的纹理结构，组织松软，颜色变绿，尸腐臭浓烈	梭状芽孢杆菌、变形杆菌、芽孢杆菌
霉变	气味陈腐，有霉味，表面产生菌丝	青霉、曲霉、毛霉
积霜	肉品表面产生白色碎屑状干菌苔，部分有水果气味	小球菌、酵母菌
变色	红色斑 蓝色斑 黄色斑 黄红色斑	假单胞菌 赛氏杆菌 黄杆菌、八叠球菌 小球菌

（四）肉制品的腐败变质

1. 熟肉类制品

鲜肉经过热加工制成各种熟肉制品后理应不含菌体，但由于加热程度不同，带有芽孢的细菌可存留下来，这是储存期间造成肉类制品败坏的主要隐患所在。在熟肉制品上存在的其他细菌、霉菌及酵母菌常是热加工后的二次污染菌。熟肉制品腐败可出现酸味、黏液和恶臭味。若被厌氧梭状芽孢杆菌污染，熟肉制品深部会发生腐败，甚至产生毒素。

2. 腌制肉制品

对肉类进行腌制可达到防腐和延长其保存期的目的，并有改善肉品风味的作用。肉的腌制分湿腌和干腌。湿腌用的腌制液一般含 4%的 NaCl，对微生物有一定的抑制作用。假单胞菌是冷藏鲜肉的重要变质菌，其数量的多寡是腊肉制品微生物学品质优劣的标志，该菌在腌制液中一般不生长，只能存活而已。弧菌是腌腊肉制品的重要变质菌，该菌在胴体肉上很少发现，但在腌腊肉上很易见到。腌制肉中微生物的分布与腌制肉的部位和环境条件有关，一般肉皮上的细菌数比肌肉中的细菌数要高。当 pH 值为 6.3 时，以微球菌占优势。微球菌具有一定的耐盐性和分解蛋白质及脂肪的能力，并能在低温条件下生长。大多数微球菌能还原硝酸盐，某些菌株还能还原亚硝酸盐，因此它是腌制肉中的主要菌类。弧菌具有一定的嗜盐性，并能在低温条件下生长，有还原硝酸盐和亚硝酸盐的能力，在 pH 值 5.9 以上生长时，在肉表面生长形成黏液。

在腌制肉上常发现的酵母菌有球拟酵母、假丝酵母、德巴利酵母和红酵母，它们可在腌制肉表面形成白色或其他色斑。在腌制肉上也常发现青霉、曲霉、枝孢霉和交链孢霉等生长，并以青霉和曲霉占优势。污染腌制肉的曲霉多数不产生黄曲霉毒素。引起腌腊肉制品腐败变质的主要微生物类群见表 9-6。

表 9-6 引起腌腊肉制品腐败变质的主要微生物类群

变质类型	现象	主要微生物类群
表面腐败	表面出现黏液膜，颜色灰绿，有腐败味	芽孢杆菌、假单胞菌、产碱杆菌、弧菌
腌制池腐败	盐水浑浊、发黏，产生泡沫，有霉腐气味，肉品霉腐，表面发黏，气味刺鼻，组织松软	产碱杆菌、弧菌、芽孢杆菌、假单胞菌
深层腐败	有霉味，骨部腐败	芽孢杆菌、梭状芽孢杆菌
霉变	表面有菌丝生长，有霉味	青霉、曲霉、毛霉

带骨腌腊肉制品有时会发生仅限于前后腿或关节周围深部变质的现象。这主要是由于原料肉在腌制前细菌已污染腿骨或关节处，在腌制时盐分又未能充分扩散进入腿骨及关节处，使污染菌在此生长繁殖，引起骨腐败。

3. 香肠和灌肠制品

原料肉经过切碎或绞碎并加入辅料及调味料后，灌入肠衣或其他包装材料内，经过加热或不加热而制成的一类食品称为香肠和灌肠制品。在加工过程中，分布在肉表面的微生物及环境中的微生物会大量扩散到肉中去。为防止微生物生长，绞碎与搅拌过程应在低温条件下进行。

在肠类制品中，如中国腊肠虽含有一定盐分，但仍不足以抑制其中的微生物生长。酵母菌可在肠衣外面形成黏液层，微杆菌能使肉肠变酸和变色，革兰氏阴性杆菌也可使肉肠发生腐败变质。

熟肉肠类是经过热加工制成的产品，因此可杀死肉馅中微生物的营养体，但一些细菌的芽孢仍可能存活。如加热不充分，不形成芽孢的细菌也可能存活。因此，熟制后的肉肠也应进行冷藏，以使肠内中心温度在 4～6h 降低至 5℃，否则梭状芽孢杆菌的芽孢可能发芽并繁殖。硝酸盐可抑制芽孢发芽，尤其能抑制肉毒杆菌的芽孢，但对其他菌类抑制作用很弱。熟肉肠类制品发生变质的现象主要有表面变色或发绿。前者是由于加工后又污染了细菌，而储存条件又不当，细菌繁殖所致；后者则是由于原料含菌数过高，加工处理不当，没有将细菌全部杀死，成品又没及时冷藏，细菌大量繁殖所致。当肉肠表面潮湿、环境温度高时，更易发生变质。引起香肠类腐败变质的主要微生物类群见表 9-7。

表 9-7　引起香肠类腐败变质的主要微生物类群

变质类型	现象	主要微生物类群
产酸发酵	气味发酸，有时酸味强烈，组织状态与颜色发生变化	乳杆菌、链球菌、小球菌、芽孢杆菌
腐败	气味辛辣，有 H_2S 臭味，组织松软	芽孢杆菌、肠细菌、变形杆菌、革兰氏阴性菌
拉丝	黏液状丝	明串珠菌、芽孢杆菌
酸败	气味辛辣刺鼻，脂肪部分变黄	芽孢杆菌等
霉变	表面有菌丝生长，有霉腐味	青霉、曲霉、毛霉
积霜	表面产生干白薄膜，有霉味，部分有类似干酪臭味	酵母菌、小球菌等
霉腐	表面发黏，有类似干酪味，表面潮湿光亮	小球菌
黏滑	表面灰白物质积累，有霉腐味	酵母菌、小球菌、链球菌、假单胞菌
发绿	表面发绿	乳杆菌、明串珠菌、产生 H_2S 的细菌

四、乳及乳制品的腐败变质

各种不同的乳，其成分虽各有差异，但都含有脂肪、蛋白质、乳糖、矿物质等丰富的营养成分。例如，鲜牛乳中蛋白质含量为3.3%～3.5%，脂肪含量为3.4%～3.8%，乳糖含量为4.5%～4.7%，矿物质含量为0.7%～0.75%。乳的正常 pH 为6.4～6.8，由此可见，乳类不仅是适合人类的营养品，也是微生物生长繁殖的良好培养基。一旦微生物污染鲜乳，在适宜条件下，就会迅速繁殖引起乳及乳制品腐败变质而失去食用价值，甚至可能引起食物中毒或其他传染病的传播。

（一）鲜乳中微生物的来源及种类

刚生产出来的鲜乳，总是会含有一定数量的微生物，而且在运输和储存过程中还会受到微生物的污染，使乳中的微生物数量增多。

1. 乳房内微生物的污染

即使是健康乳畜的乳房内，也可能生长一些细菌，严格无菌操作挤出乳汁，在 1mL 中也有数百个细菌。乳房中的正常菌群主要是小球菌属和链球菌属。这些细菌能适应乳房的环境而生存，称为乳房细菌。乳畜感染后，体内的致病微生物可通过乳房进入乳汁而引起人类的传染。常见的引起人畜共患疾病的致病微生物主要有结核分枝杆菌、布氏杆菌、炭疽杆菌、葡萄球菌、溶血性链球菌、沙门氏菌等。

2. 挤乳过程中环境、器具及操作人员的污染

污染的微生物的种类、数量直接受畜体表面卫生状况、畜舍空气、挤乳用具、容器，以及挤乳工人个人卫生情况的影响。另外，挤出的乳在处理过程中，如不及时加工或冷藏不仅会增加新的污染机会，还会使原来存在于鲜乳内的微生物数量增多，这样很容易导致鲜乳变质。所以挤乳后要尽快进行过滤、冷却。

3. 鲜牛乳中微生物的种类

新鲜的乳液中含有多种抑菌物质，它们能维持鲜乳在一段时间内不变质。鲜乳若不经消毒或冷藏处理，污染的微生物将很快生长繁殖造成腐败变质。鲜乳中的菌数为10^3～10^8个/mL。自然界多种微生物可以通过不同途径进入乳液中，但在鲜乳中占优势的微生物主要是一些细菌、酵母菌和少数霉菌。

（1）乳酸菌。乳酸菌在鲜乳中普遍存在，它能利用乳中的碳水化合物进行乳酸发酵，产生乳酸。其种类很多，有些同时还具有一定的分解蛋白质的能力。常见的有乳酸链球菌、乳脂链球菌、粪链球菌、液化链球菌、嗜热链球菌、嗜酸乳杆菌。此外，鲜乳中经常还可分离到干酪乳杆菌、乳酸乳杆菌、乳短杆菌等。

（2）胨化细菌。胨化细菌可使不溶解状态的蛋白质变成溶解状态。乳酸菌产酸使蛋白质凝固或细菌的凝乳酶作用使乳中酪蛋白凝固。而胨化细菌能产生蛋白酶，使凝同的蛋白质消化为溶解状态。乳中常见的胨化细菌有枯草芽孢杆菌、地衣芽孢杆菌、蜡状芽孢杆菌、荧光假单胞菌、腐败假单胞菌等。

（3）脂肪分解菌。这类细菌主要是一些革兰氏阴性无芽孢杆菌，如假单胞菌属和无色杆菌属等。

（4）酪酸菌。这是一类能分解碳水化合物，产生酪酸、CO_2和H_2的细菌。

（5）产气细菌。这是一类能分解糖类，产酸又产气的细菌，如大肠杆菌和产气杆菌。

（6）产碱菌。这类细菌能分解乳中的有机酸、碳酸盐和其他物质，使牛乳的 pH 值上升。产碱菌主要是革兰氏阴性的需氧性细菌，如粪产碱杆菌、黏乳产碱杆菌。这些菌在牛乳中生长除产碱外，还可使牛乳变得黏稠。

（7）酵母菌和霉菌。鲜乳中常见的酵母菌有脆壁酵母、霍尔姆球拟酵母、高加索酒球拟酵母、拟圆酵母等。常见的霉菌有乳卵孢霉、乳酪卵孢霉、黑丛梗孢霉、变异丛梗孢霉、蜡叶芽枝霉、乳酪青霉、灰绿青霉、灰绿曲霉和黑曲霉等。

（8）病原菌。鲜乳中有时会含有病原菌。患结核或布氏杆菌病的牛分泌的乳中会有结核杆菌或布氏杆菌，患乳房炎的奶牛的乳中会有金黄色葡萄球菌和病原性大肠杆菌。

（二）鲜乳的腐败变质

乳中含有溶菌酶等抑菌物质，使乳汁本身具有抗菌特性。但这种特性延续时间的长短随乳汁温度和细菌的污染程度而不同。通常新挤出的乳迅速冷却到0℃可保持48h，5℃可保持36h，10℃可保持24h，25℃可保持6h，30℃仅可保持2h。在这段时间内，乳内细菌是受到抑制的。

当乳的自身杀菌作用消失后，将其静置于室温下，可观察到乳所特有的菌群交替现象。这种有规律的交替现象分为以下几个阶段。

1. 抑制期

在新鲜的乳液中含有溶菌酶、乳素等抗菌物质，其对乳中存在的微生物具有杀灭或抑制作用。在杀菌作用终止后，乳中各种细菌均发育繁殖，由于营养物质丰富，暂时不发生互联或拮抗现象。这个时期约持续 12h。

2. 乳链球菌期

鲜乳中的抗菌物质减少或消失后，存在于乳中的微生物，如乳链球菌、乳酸杆菌、大肠杆菌和一些蛋白质分解菌等迅速繁殖，其中以乳链球菌的生长繁殖居优势，它们分解乳糖产生乳酸，使乳中的酸性物质不断增加。酸度的增加抑制了腐败菌和产碱菌的生长。以后随着产酸增多，乳链球菌本身的生长也受到抑制，数量开始减少。

3. 乳杆菌期

当乳链球菌在乳液中繁殖，乳液的 pH 值下降至 4.5 以下时，乳酸杆菌由于耐酸力较强，尚能继续繁殖并产酸。在该时期，乳中可出现大量乳凝块，并有大量乳清析出，这个时期约 2d。

4. 真菌期

当 pH 值继续下降至 3.0～3.5 时，绝大多数细菌的生长受到抑制或死亡。而霉菌和酵母菌尚能适应高酸环境，并利用乳酸作为营养来源而开始大量生长繁殖。由于酸被利用，乳液的 pH 值回升，逐渐接近中性。

5. 腐败期（胨化期）

经过以上几个阶段，乳中的乳糖已基本被消耗掉，而蛋白质和脂肪含量相对较高，因此，此时能分解蛋白质和脂肪的细菌开始活跃，乳凝块逐渐被消化，乳的 pH 值不断上升，向碱性转化，同时伴随有芽孢杆菌属、假单胞杆菌属、变形杆菌属等腐败细菌的生长繁殖，于是牛乳出现腐败臭味。

鲜乳的腐败变质还会出现产气、发黏和变色的现象。气体主要由细菌及少数酵母菌产生，主要是大肠杆菌群，其次是梭状芽孢杆菌属、芽孢杆菌属、异型产酸的乳酸菌类、丙酸细菌及酵母菌。这些微生物分解乳中的糖类产酸并产 CO_2 或 H_2。发黏现象是由具有荚膜的细菌生长造成的，主要是产碱杆菌属、肠杆菌属和乳酸菌中的某些种。变色主要是由假单胞菌属、黄色杆菌属和酵母菌等的一些种造成的。

在菌群交替现象结束时，乳也产生各种异色、苦味、恶臭味及有毒物质，外观上呈现黏稠的液体或清水，至此鲜乳已完全腐败变质。

（三）乳制品的腐败变质

1. 杀菌乳和灭菌乳

鲜乳需经过一定的处理才能进入市场供给消费者饮用，即鲜乳的消毒和灭菌，其目的是杀灭致病菌和部分腐败菌，在保持乳品营养成分和风味的基础上，提高乳品的食用安全性，延长其保质期。按照主要杀菌处理方法区分，目前市场上主要有巴氏杀菌乳和灭菌乳 2 种产品。

（1）巴氏杀菌乳。鲜乳巴氏消毒通常采用高温短时杀菌法（71～74℃，30min）或超高温瞬时灭菌法（85℃，15min）。采用上述两种杀菌方法不可能杀灭鲜乳中所有的微生物，但可以杀死其中98%～99%的细菌。鲜乳巴氏消毒后，较耐热的细菌通常会残存下来。这些细菌包括微杆菌、芽孢杆菌、小球菌、梭状芽孢杆菌和链球菌等。杀菌后快速将乳冷却到6～8℃，可大大延缓乳中残存微生物的生长繁殖。应该注意的是，鲜乳经巴氏消毒后，如果后续加工工序（如管道输送、包装等）管理不善，经消毒处理的乳将会被二次污染。因此，加强加工管道、设备的清洗与消毒非常重要。经冷却过的巴氏杀菌乳中还会有嗜冷细菌生长繁殖，通常可检出的嗜冷微生物有假单胞菌属、产碱杆菌属和芽孢杆菌属的一些种。

（2）灭菌乳。灭菌乳的生产通常采用超高温瞬时灭菌法（如140℃，2～3s）。该法可杀灭鲜乳中所有的微生物，从而使产品获得较长的保质期。这类产品通常采用无菌包装技术生产，包装材料为复合纸。

2. 乳粉

乳粉是由全脂乳或脱脂乳经过浓缩、干燥而制得的干制品。由于水分含量很低，微生物难以生长，乳粉中微生物的数量主要取决于原料乳中微生物的数量。合格的鲜乳经过过滤、离心、巴氏消毒等工序，微生物的数量会降到很低的水平。这样的原料生产出的乳粉中微生物数量也较低。

在乳粉的加工过程中，乳液浓缩时乳温一般保持在48～60℃。干燥过程中乳粉粒的温度一般也会维持在60℃左右。在这样的温度条件下，微生物生长繁殖受到抑制，但不足以引起微生物死亡。因此，浓缩、干燥前后，乳中的微生物数量变化很小。但如果浓缩干燥设备与管道使用前清洗消毒不彻底，空气过滤装置滤菌不完全，或者乳粉包装时无菌条件差，都有可能造成乳液或乳粉的二次污染，导致乳粉成品中微生物数量的增加。

成品乳粉的含水量一般应控制在2%～3%。在此干燥条件下，多数残存的微生物会不断死亡。因此，乳粉储藏过程中，细菌总数会呈逐渐递减趋势。有关资料显示，乳粉经一年储存后，细菌总数可减少90%。乳粉储存时残留下来的细菌主要是抗热力大的芽孢菌，但其数量很少。在保存条件不当或包装不好的情况下，残存在乳粉中的微生物就会生长繁殖，造成乳粉的腐败变质。这主要是由一些耐热的细菌，如芽孢杆菌、微球菌、嗜热链球菌等引起的。

3. 淡炼乳

淡炼乳是将消毒乳浓缩至原体积的2/5或1/2而制成的乳制品，其固形物含量在25.5%以上。由于淡炼乳含水量较鲜乳大大降低，且装罐后经115～117℃高温灭菌15min以上，在正常情况下，罐装淡炼乳成品应不含病原菌和在保存期内可能引起变质的杂菌，可以长期保存。但是如果加热灭菌不充分或罐体密封不良，会造成微生物残留或再度受到外界微生物的污染，使淡炼乳发生变质，表现有凝乳、产气、苦味乳等。例如，枯草芽孢杆菌、嗜热芽孢杆菌在淡炼乳中生长可造成凝乳，包括产生凝乳酶凝固和酸凝固；一些耐热的厌氧芽孢杆菌可引起淡炼乳产生气体，使罐发生爆裂或膨胀现象；面包芽孢杆菌等分解酪蛋白使炼乳出现苦味。

4. 甜炼乳

甜炼乳是在消毒乳液中加入一定量的蔗糖，经加热浓缩至原有体积的1/3～2/5，使蔗糖浓度为40%～45%，装罐后一般不再灭菌，而是依靠高浓度糖分形成的高渗透压环境抑制微生物的生长，达到长期保存的目的。若原料污染严重或加工工艺粗放造成再度污染以及蔗糖含量不足，则可使甜炼乳中微生物生长而引起变质。例如，炼乳球拟酵母等分解蔗糖而产生大量气体；芽孢杆菌、微球菌、葡萄球菌、乳酸菌等生长产生乳酸、酪酸、琥珀酸等有机酸以及这些菌产生的凝乳酶等，使炼乳变稠，不易倾出；当罐内残存一定的空气，又有霉菌污染时，会出现白、黄、红等多种颜色的形似纽扣状的干酪样凝块，并呈现金属味、干酪味等异味。在甜炼乳中生长的霉菌有匍匐曲霉、芽枝霉等。

五、果蔬及其制品的腐败变质

水果与蔬菜中一般含有大量的水分、碳水化合物、较丰富的维生素和一定量的蛋白质。水果的pH值大多数在4.5以下，而蔬菜的pH值一般为5.0～7.0。

（一）果蔬中微生物的来源

在一般情况下，健康果蔬的内部组织应是无菌的，但有时外观看上去是正常的果蔬，其内部组织中也可能有微生物存在。例如，有人从苹果、樱桃等组织内部分离出酵母菌，从番茄组织中分离出酵母菌和假单胞菌属的细菌。这些微生物是在果蔬开花期侵入并生存于果实内部的。此外，植物病原微生物可在果蔬的生长过程中通过根、茎、叶、花、果实等不同途径侵入组织内部，或在收获后的储藏期间侵入组织内部。

果蔬表面直接接触外界环境，因而污染大量的微生物，其中除大量的腐生微生物外，也有植物病原菌，还可能有来自人畜粪便的肠道致病菌和寄生虫卵。新鲜果蔬表面附有大量的微生物，一般每平方厘米有几百个或几千个乃至几百万个微生物。

（二）果蔬的腐败变质

新鲜的果蔬表皮及表皮外覆盖的蜡质层可防止微生物侵入，使果蔬在相当长的一段时间内免遭微生物的侵染。当这层防护屏障受到机械损伤或昆虫的刺伤时，微生物便会从伤口侵入果蔬内进行生长繁殖，使果蔬腐烂变质。这些微生物主要是霉菌、酵母菌和少数的细菌。霉菌或酵母菌首先在果蔬表皮损伤处生长繁殖，或霉菌在表面有污染物黏附的部位生长繁殖。霉菌侵入果蔬组织后，细胞壁的纤维素首先被破坏，进一步分解细胞的果胶质、蛋白质、淀粉、有机酸、糖类等成为简单的物质，随后酵母菌和细菌开始大量生长繁殖，使果蔬内的营养物质进一步被分解、破坏。新鲜果蔬组织内的酶仍有活性，在储藏期间，这些酶以及其他环境因素对微生物所造成的果蔬变质有一定的协同作用。果蔬经微生物作用后外观上出现深色斑点、组织变软、变形、凹陷，并逐渐变成浆液状乃至水液状，产生各种不同的酸味、芳香味、酒味等，不能食用。

低温（0～10℃）可有效地抑制酶的作用，对微生物的活动也有一定的抑制作用，因此可有效地延长果蔬的储藏时间。但该温度只能减缓微生物的生长速度，并不能完全控制微生物。储藏期的长短受温度、微生物的污染程度、表皮损伤的情况、成熟度等因素影响。

引起果蔬腐烂变质的微生物以霉菌最多，也最为重要，其中相当一部分是果蔬的病原菌，而且它们各自有一定的易感范围。

1. 引起蔬菜变质的微生物

欧氏菌属、某些假单胞菌属、芽孢杆菌属及梭状芽孢杆菌属可引起蔬菜发生细菌性软化腐烂。它们能分泌果胶酶，分解果胶，使蔬菜组织软化，有时有水渗出，并产生臭气。引起蔬菜发生软化腐烂的细菌中，以欧文氏菌最为常见，这类微生物均可危害多种蔬菜。其代表性的菌种是胡萝卜软腐欧文氏菌等，其可使块根类作物、十字花科植物、葫芦、茄科蔬菜、洋葱和花椰菜等产生一种软化、有恶臭气味的潮性腐烂。在储藏期间，软腐细菌可引起这些植物的腐烂病。大部分欧文氏菌在低温下也能生长，因而它们也能危害低温储藏中的蔬菜。某些假单胞菌、黄单胞菌、棒杆菌可引起蔬菜发生其他类型的病害，如使蔬菜发生细菌性枯萎、溃疡、斑点、环腐病等。

作用于蔬菜的霉菌种类繁多，常见并广泛分布的有灰葡萄孢、白地霉、根霉属、疫霉属、刺盘孢属、核盘菌属、链格孢属、镰孢霉属等，它们可感染很多种蔬菜，引发其变质。

灰葡萄孢菌可从未损坏的表皮侵入蔬菜，也可由伤口、自然孔口等处侵入，使蔬菜发霉变质。即在感染处表面覆盖一层灰色绒毛状菌丝，使组织变软而腐烂。气温和相对湿度较高时，有利于该菌形成很多分生孢子，因而有利于腐烂的发生和传播，可造成严重的大面积感染和腐烂。白地霉由伤口、自然孔口侵入蔬菜，可使很多蔬菜发生酸腐烂或出水性软化腐烂。以黑根霉为代表的根霉菌可从伤口、自然孔口侵入蔬菜，使蔬菜发生软化腐烂，被害组织软化，出现黑色斑点。链孢霉可使蔬菜发生腐烂，如使马铃薯发生干腐烂，即在患处表面长出灰色绒毛状的凸起小块，同时马铃薯干枯；如果空气相对湿度高，则发生湿腐烂。

2. 引起水果变质的微生物

水果与蔬菜的不同之处在于其含水量相对较低，含糖量较高。水果中蛋白质、脂肪和灰分的平均含量分别为 0.9%、0.5%和 0.5%，除灰分外，其他几项较蔬菜都稍低一些。像蔬菜一样，水果也含有维生素和其他的有机化合物。从营养组成上看，这些物质很适合细菌、酵母菌和霉菌的生长，但水果的 pH 值低于细菌的最适生长 pH 值，所以在水果变质的初期很少发现细菌。霉菌和酵母菌的生长 pH 值较为宽泛，这使它们成为水果腐败变质的主要微生物。

引起水果变质的常见霉菌有青霉属、灰葡萄孢菌、黑根霉、黑曲霉、枝孢属、木霉属、链格孢属、疫霉属等。青霉属菌可感染多种水果，如意大利青霉和指状青霉可分别使柑橘发生青霉病和绿霉病。柑橘果实在运输、储藏期间发生腐败，除少数由生理或冻害等原因引起外，绝大多数系由某些真菌侵害所致，其中以由青霉引起的青霉病、绿霉病所占比例为最大。发病时，果皮软化，呈现水渍状，病斑为青色或绿色霉斑，发病部位扩展很快，几天内就可以扩展到整个果实，最后全果腐烂。病果表面被青色或绿色粉状物（分生孢子梗及分生孢子）所覆盖。扩展青霉也可使苹果发生青霉病，病斑近似于圆形、下陷，果肉软化腐烂。

（三）果汁的腐败变质

果汁是以新鲜水果为原料，经压榨后加工制成的。由于水果原料本身带有微生物，而且在加工过程中还会受到再污染，制成的果汁中必然存在许多微生物。微生物在果汁中能否繁殖，主要取决于果汁的pH值和含糖量。果汁的pH值一般为2.4～4.2，含糖量高。因而在果汁中生长的微生物主要是酵母菌，其次是霉菌和极少数细菌。

苹果汁中的主要酵母菌有假丝酵母属、圆酵母属、隐球酵母属和红酵母属。葡萄汁中的酵母菌主要是柠檬形克勒克酵母、葡萄酒酵母、卵形酵母、路氏酵母等。柑橘汁中常见越南酵母、葡萄酒酵母和圆酵母属等。浓缩果汁由于糖度高，细菌的生长受到抑制，只有一些耐渗酵母菌和霉菌生长，如鲁氏酵母和蜂蜜酵母等。这些酵母菌生长的最低A_w为0.65～0.70，比一般酵母菌的A_w要低得多。这些酵母菌细胞的相对密度小于它所生活的浓糖液，往往浮于浓糖液的表层。当果汁中的糖被酵母菌转化后，相对密度下降，酵母菌就开始沉至下面。当浓缩果汁置于4℃条件保藏时，酵母菌的发酵作用减弱甚至停止，可以防止浓缩果汁变质。

刚榨制的果汁可检出交链孢霉属、芽枝霉属、粉孢霉属和镰刀霉属中的一些霉菌。但在储藏的果汁中发现的霉菌以青霉属最为常见，如扩张青霉和皮壳青霉。此外，常见霉菌还有曲霉属，如构巢曲霉、烟曲霉等。果汁中生长的细菌主要是乳酸菌，如乳明串珠菌、植物乳杆菌等，其他细菌一般不容易在果汁中生长。微生物引起果汁变质的表现主要有以下几种。

1. 浑浊

造成浑浊的原因除化学因素外，主要是由酵母菌乙醇发酵造成的，有时也可由霉菌生长造成。造成浑浊的霉菌如雪白丝衣霉、宛氏拟青霉等，当它们少量生长时，由于产生果胶酶，对果汁有澄清作用，但可使果汁风味变坏；当大量生长时，就会使果汁浑浊。

2. 产生乙醇

使果汁产生乙醇主要是酵母菌的作用。此外，有少数细菌和霉菌也能使果汁产生乙醇。例如，甘露醇杆菌可使40%的果糖转化为乙醇，有些明串珠菌属可使葡萄糖转变成乙醇。毛霉、镰刀霉、曲霉中的部分种在一定条件下也能利用果汁进行乙醇发酵。

3. 有机酸的变化

果汁中主要含有酒石酸、柠檬酸和苹果酸等有机酸，当微生物分解这些有机酸或改变它们的含量及比例时，就会使果汁原有风味遭到破坏，甚至产生不愉快的异味。酒石酸一般只有极少数的细菌和个别的霉菌能分解，如解酒石酸杆菌、琥珀酸杆菌等。葡萄孢霉等能分解柠檬酸产生二氧化碳和乙酸。乳酸杆菌、明串珠菌等能分解苹果酸产生乳酸和丁二酸等，个别霉菌如灰绿葡萄孢霉也能分解苹果酸。与此相反，有些霉菌如黑根霉在代谢过程中可以合成苹果酸。此外，柠檬酸霉属、曲霉属、青霉属、毛霉属、葡萄孢霉属、丛霉属和镰刀霉属等也可以合成柠檬酸。

另外，霉菌的污染、生长会使果汁产生一种特殊的霉臭味。在含糖量较高的果汁中，明串珠菌的生长会导致果汁发生黏稠状变质。

（四）脱水蔬菜的腐败变质

脱水蔬菜即蔬菜通过脱水形成低水分活度环境来抑制微生物的生长繁殖。传统脱水干制方法如自然干制或热风干制脱水，目前仍然在沿用。但要生产高质量的脱水蔬菜产品，首选的脱水方法应该是冷冻脱水干制。脱水蔬菜目前主要用作工业化汤料生产、快餐配菜等的原料。

脱水蔬菜中微生物数量主要取决于蔬菜原料。一般来说，蔬菜脱水前都会经过热烫处理，在热烫时蔬菜中的微生物约有 99%被杀死。为防止微生物在热烫后重新生长繁殖，蔬菜热烫后应尽快脱水干制，否则芽孢杆菌和一些耐热的明串球菌会迅速生长。热风干制时热空气的温度通常为 80～100℃，但干制时蔬菜物料实际温度会低一些。因此，干制过程中微生物死亡率实际上不会很高。

除芽孢杆菌外，在脱水蔬菜中，常常还会有链球菌、肠细菌、假单胞菌、产碱杆菌、沙门氏菌、棒状杆菌、埃希氏菌和少量曲霉、链孢霉、青霉。脱水蔬菜总菌数应保持在 10^5 个/g 以下。如果脱水蔬菜保存不当，其含水量回升到 10%～15%，脱水蔬菜极易被微生物腐败变质。

六、禽蛋的腐败变质

禽蛋具有很高的营养价值，含有较多的蛋白质、脂肪、B 族维生素及无机盐类，如保存不当，易受微生物污染而引起腐败。

（一）禽蛋中微生物的来源

健康禽类所产的鲜蛋内部应是无菌的。在一定条件下，鲜蛋的无菌状态可保持一段时间。这是由于鲜蛋本身具有一套防御系统：①刚产下的鲜蛋的蛋壳表面有一层胶状物质，这种胶状物质与蛋壳及壳内膜构成一道屏障，可以阻挡微生物侵入。②蛋白内含有某些杀菌或抑菌物质，在一定时间内可抵抗或杀灭侵入到蛋白内的微生物。例如，蛋白内含的溶菌酶可破坏革兰氏阳性菌的细胞壁，具有较强的杀菌作用。较低的温度可使溶菌酶的杀菌作用保持较长的时间。③刚排出的蛋内蛋白的 pH 值为 7.4～7.6，一周内会上升到 9.4～9.7，如此高的 pH 值环境不适于一般微生物生存。

在鲜蛋中经常可发现微生物存在，即使是刚产出的鲜蛋也是如此。微生物污染的来源有如下几种：①卵巢内。病原菌通过血液循环进入卵巢，在蛋黄形成时进入蛋中。常见的卵巢内感染菌有雏沙门氏菌、鸡沙门氏菌等。②泄殖腔。禽类泄殖腔内含有一定数量的微生物，当蛋从泄殖腔排出体外时，由于蛋遇冷收缩，附在蛋壳上的微生物可穿过蛋壳进入蛋内。③环境。鲜蛋蛋壳的屏障作用有限，蛋壳上有许多 4～40μm 的气孔，外界的各种微生物都有可能进入，特别是储存期长或经过洗涤的蛋，在高温、潮湿的条件下，环境中的微生物更容易借水的渗透作用侵入蛋内。

（二）禽蛋的腐败变质

禽蛋被微生物污染后，在适宜的条件下，微生物首先使蛋白分解，从而蛋黄不能固定而发生位移。随后蛋黄膜被分解而使蛋黄散乱，并与蛋白逐渐混在一起，这种现象是变质的初期现象，这种蛋称为散黄蛋。散黄蛋进一步被微生物分解，产生硫化氢、氨、粪臭素等蛋白分解产物，蛋液变成灰绿色的稀薄液并伴有大量恶臭气味，这种蛋称为泻黄蛋。有时蛋液变质不产生硫化氢而产生酸臭味，蛋液红色、变稠呈浆状或有凝块出现，这种蛋称为酸败蛋。外界的霉菌可在蛋壳表面或进入内侧生长，形成深色霉斑，造成蛋液黏着，这种蛋称为黏壳蛋。禽蛋变质的类型、现象及相关细菌、霉菌类群见表 9-8。

表 9-8 禽蛋变质的类型、现象及相关细菌、霉菌类群

变质类型	现象	主要微生物类群
绿色变质	初期蛋白明显变绿，不久蛋白膜破裂与蛋黄相混，形成黄绿色浑浊蛋液，无臭味、可产生荧光，在 0℃时也可发生	荧光假单胞菌
无色变质	蛋黄常破裂或呈白色花纹状，通过光线易观察识别	假单胞菌属、无色杆菌属、大肠菌群
黑色变质	蛋发暗，不透明、蛋黄黑化。破裂时全蛋呈暗褐色，有臭味和硫化氢产生，在高温下易发生	变形杆菌属、假单胞菌属
红色变质	较少发生，有时在绿色变质后期出现，蛋黄上有红色或粉红色沉淀，蛋白也呈红色，无臭味	假单胞菌属、沙门氏菌
点状霉斑	蛋壳表面或内侧有小而密的霉菌菌落，在高温时易发生	芽枝霉属（黑色）、枝孢霉属（粉红色）
表面变质	霉菌在蛋壳表面呈羽毛状	毛霉属、枝霉属、交链孢霉属、葡萄孢霉属
内部变质	霉菌通过蛋壳上的微孔或裂纹侵入蛋内生长，使蛋白凝结、变色，有霉臭味，菌丝可使卵黄膜破裂	分枝霉属、芽枝霉属

七、粮食及粮食制品的变质

（一）粮食的变质

粮食是世界上储藏量最大的食品。在我国，仅国家粮库就储藏有上亿吨的粮食，储藏在广大农户家中的数量更多。粮食上带有种类繁多的微生物，加上粮食中含有丰富的碳水化合物、蛋白质、脂肪、无机盐等营养物质，是微生物良好的天然培养基，一旦条件合适，粮食中的微生物就会生长繁殖。这样不但会影响粮食的安全储藏，导致粮食品质的劣变，还可能产生毒素，严重影响人类食用的安全性。

粮食中微生物的种类和数量与粮食的品种、含水量、产地、气候、土壤条件、施用的肥料及粮食的收获、储藏都有关系。因为土壤是自然界中微生物生存和繁殖的主要场所，而粮食的种植又离不开土壤，所以粮食中微生物的主要来源是土壤。

粮食上存在的主要微生物类群包括细菌、放线菌、酵母菌、霉菌、病毒等，它们可存在于粮食籽粒的外壳和内部。微生物侵染粮食的途径很多，它们可以从粮食作物的田间生长期、收获期及储藏、运输和加工各个环节上感染粮食。感染到粮食上的各类微生物构成了粮食的微生物生态系统。

粮食中的微生物，从数量上看细菌最多，其次是霉菌，放线菌和酵母菌很少。从对粮食的危害上看，霉菌最严重。一般来说，刚收获的粮食中细菌总数为 10^5～10^7 个/g，主要为假单胞菌属与欧氏植病杆菌属的一些细菌。大米中同时还发现大量的蜡样芽孢杆菌。粮食中的霉菌孢子数一般为 10^3～10^6 个/g。从与粮食的相互关系上看，霉菌有寄生菌、腐生菌和兼性寄生菌 3 种。寄生菌一般是植物病原菌，它们可引起粮食作物的病害。例如，麦类赤霉病的孢子可黏附在粮食籽粒表面，菌丝可潜伏在皮层下；稻曲病的厚垣孢子可散布在籽粒表面；小麦矮腥黑穗病的菌瘿可混杂在粮堆中。虽然在粮食储藏阶段寄生菌不会危害粮食的品质，但如果作为种子粮，寄生菌的携带是非常有害的。腐生菌在粮食上数量最多，包括各类可对粮食品质产生严重危害的青霉、曲霉等，是粮食储藏期间需要重点关注的微生物类群。兼性寄生霉菌是一类粮食储藏的条件危害菌，如链格孢霉、蠕孢霉、枝孢霉、镰孢霉、弯孢霉、黑孢子霉等，当粮食处于较高的温度和较高的含水量条件下时，这些霉菌可以在粮食上生长并危害粮食品质，在粮食常规储藏条件下这类霉菌的生长受到抑制。在粮食储存时，应该更加关注其中的青霉属与曲霉属的一些霉菌，当粮食含水量上升至 13.5%时，这些霉菌就会生长繁殖，从而导致粮食霉变变质。另外，霉菌在粮食中生长繁殖，还会积累霉菌毒素，这一点也应当引起重视。在特别潮湿的年份，粮食的充氮储藏、二氧化碳储藏及真空储藏，都是防止粮食微生物学变质的好方法。因为酵母菌在污染粮食的微生物中只占 1%～4%，通常为 10^2～10^3 个/g，所以粮食的微生物学变质与酵母菌关系不大。

（二）面粉的变质

面粉中以细菌数量最多，其次是霉菌和酵母菌，放线菌很少。面粉中的细菌数一般为 10^4～10^6 个/g。面粉中的细菌有芽孢杆菌、乳酸菌、产气杆菌、葡萄球菌和纤维素分解菌等。细菌的大量存在，对面粉的储藏和加工产品的质量都有不利的影响。芽孢杆菌有耐热芽孢，若在面包烘烤中没有杀死，就会造成面包链丝病；乳酸菌能引起新鲜冷藏面团发生腐败；面粉在相对湿度高的环境下，由于吸湿水分增加，有利于纤维素分解菌的活动，使面粉颗粒的纤维素分解，淀粉大量暴露，容易发生面粉变质，造成损失。

面粉中的霉菌约有 8 属 20 种。以灰绿曲霉和白曲霉为优势菌，占霉菌总数的 60%～90%。面包中常见的链孢霉和根霉，在面粉中并不多。据霍尔特曼的调查：新鲜面粉中细菌带菌量为 23 000 个/g，霉菌带菌量为 1800 个/g。储藏几个月后，细菌带菌量为 337 000 个/g，霉菌带菌量为 30 000 个/g。巴顿和赖特研究发现含水量在 18%左右的面粉，储藏 10 周后，pH 值由 6.8 降至 4.9，细菌带菌量由 40 750 个/g 降至 4200 个/g；而霉菌带菌量却由 1200 个/g 增加到 8280 个/g，其中 90%是青霉及曲霉、枝孢霉和灰葡萄孢霉，还有相当数量的酵母菌。

面粉在正常的情况下储藏期较长，但如果面粉因吸水导致含水量升高，微生物就有可能引起面粉变质。面粉微生物学变质开始通常表现为霉变，面粉含水量升高，通常使霉菌比细菌首先获得生长繁殖所需要的环境条件。在面粉霉变的同时，其他变质现象有时也会发生，其变质现象包括面粉变酸、变苦、变臭。面粉变酸主要由厌氧乳酸菌引起。其他能发酵碳水化合物的细菌也有可能参与变酸过程。面粉变酸通常会从面粉堆中心开始逐步向外层发展。面粉变苦和变臭主要是由面粉中酶的活动引起的。

（三）糕点的变质

糕点是一种营养丰富的食品，是微生物的良好培养基，极易变质污染而发生霉变现象。特别是含水分较多的糕点在高温下更易发霉。糕点类食品由于含水量较高，糖、油脂含量较多，在阳光、空气和较高温度等因素的作用下，易霉变和酸败。引起糕点变质的微生物类群主要是细菌和霉菌，如沙门氏菌、金黄素、香料等。市售糕点往往不再加热而直接入口，因此，对糕点原料选择、加工、储存、运输、销售等环节都应有严格的卫生要求。糕点食品发生变质的原因之一是原料的质量问题，如作为糕点原料的乳及奶油未经过巴氏消毒，乳中污染较高数量的细菌及其毒素；蛋类在打蛋前未洗涤蛋壳，不能有效地去除微生物。为了防止糕点的霉变及油脂和糖的酸败，应对生产糕点的原料进行消毒和灭菌。对所使用的花生仁、芝麻、核桃仁和果仁等已有霉变和酸败迹象的原料不能采用。

各种糕点食品生产时，都要经过高温处理，这既是食品熟制又是杀菌过程。在这个过程中大部分的微生物被杀死，但抵抗力较强的细菌芽孢和霉菌孢子往往残留在食品中，遇到适宜的条件仍能生长繁殖，引起糕点食品变质。

八、鱼类的腐败变质

新捕获的健康鱼类，其组织内部和血液中常常是无菌的，但在鱼体表面的黏液中、鱼鳃及肠道内存在着微生物。当然由于季节、种类的不同，鱼类体表所附细菌数有所差异。存在于鱼类中的微生物主要有假单胞菌属、无色杆菌属、黄杆菌属、不动杆菌属、拉氏杆菌属和弧菌属。存在于淡水中的鱼中的微生物还有产碱杆菌、产气单胞杆菌和短杆菌属。另外，芽孢杆菌、大肠杆菌、棒状杆菌等也有报道。

一般情况下，鱼类比肉类更易腐败，因为通常鱼类在捕获后，不是立即清洗处理，而是带着容易腐败的内脏和鳃一道进行运输，这样就容易腐败。此外，鱼体本身含水量高（70%～80%），组织脆弱，鱼鳞容易脱落，细菌容易从受伤部位侵入，而鱼体表面的黏液又是细菌良好的培养基，因而鱼类死后很快就发生了腐败变质。

第五节　食品保藏中的防腐与杀菌措施

食品保藏是从生产到消费过程的重要环节。如果食品保藏不当就会腐败变质，造成重大的经济损失，还会危及消费者的健康和生命安全。另外，食品保藏也是保证不同地区在不同季节以及各种环境条件下都能吃到营养可口的食物的重要手段和措施。

食品保藏的原理就是防止微生物污染、杀灭微生物或抑制微生物生长繁殖，延缓食品自身组织酶的分解作用，采用物理、化学、生物方法，使食品在尽可能长的时间内保持其原有的营养价值、色、香、味及良好的感官性状。

一、食品的低温抑菌保藏

食品在低温下，本身酶活性受到抑制，化学反应速度降低，食品中残存微生物的生长繁殖速度大大降低或被完全抑制。因此食品低温保藏可以延缓或防止食品变质，在一定时间内，能较好地保证食品的品质。

低温保藏一般可分为冷藏和冷冻两种方式。前者无冻结过程，新鲜果蔬类和短期储藏的食品常用该法。后者要将保藏物降温到冰点以下，使水部分或全部呈冻结状态，动物性食品常用该法。另外，冷却和冷冻不仅可以延长食品货架期，也能和某些食品的制造过程结合起来，达到改变食品性能和功能的目的。例如，冷饮、冰激凌制品生产过程中进行冻结浓缩、冻结干燥、冻结粉碎等处理。近年来，在中国方便食品体系中，冷冻方便食品也日渐普及。

（一）冷藏

一般的冷藏是指在不冻结状态下的低温储藏。病原菌和腐败菌大多为中温菌，其最适生长温度为 20～40℃，在 10℃以下大多数微生物便难于生长繁殖；－10℃以下仅有少数嗜冷性微生物还能活动；－18℃以下大多数微生物不再发育。因此，低温保藏只有在－18℃以下才是较为安全的。低温下食品内原有的酶的活性大大降低，大多数酶的适宜活动温度为 30～40℃，温度维持在 10℃以下，酶的活性将受到很大程度的抑制，因此冷藏可延缓食品的变质。冷藏的温度一般设定在 1～10℃，冷藏也只能是食品储藏的短期行为（一般为数天或数周）。

另外，在最低生长温度时，微生物生长非常缓慢，但它们仍在进行生命活动。例如，霉菌中的侧孢霉属、枝孢霉属在－6.7℃还能生长；青霉属和丛梗孢霉属的最低生长温度为 4℃；细菌中假单胞菌属、无色杆菌属、产碱杆菌属、微球菌属等在－4～＋7.5℃还能生长；酵母菌中，一种红色酵母菌在－34℃冰冻温度时仍能缓慢发育。

对于动物性食品，冷藏温度越低越好，但对新鲜的蔬菜和水果来讲，如温度过低，会引起果蔬的生理机能障碍而受到冷害（冻伤）。因此应按其特性采用适当的低温，还应结合环境的相对湿度和空气成分进行调节。水果、蔬菜收获后，仍保持着呼吸作用等生命活动，不断地产生热量，并伴随着水分的蒸发散失，从而引起新鲜度的降低。因此在不致造成细胞冷害的范围内，也应尽可能降低其储藏温度。相对湿度高虽可抑制水分的散失，但相对湿度高也容易引起微生物的繁殖，故相对湿度一般保持在 85%～95%为宜。还应说明的是，食品的具体储存期限还与食品的卫生状况、果蔬的种类和受损程度及保存的温度、相对湿度、气体成分等因素有关，不可一概而论。

（二）冷冻

将食品保藏在其冰点以下即称冷冻保藏。一般冷冻保藏温度为－18℃，在这样的低温下，微生物不能活动。同时水分活度随温度降低而降低，纯水在－20℃时 A_w 仅

0.8，低于细菌生长的最低 A_w。此外，在温度降至低于食品冰点时，细菌细胞外基质中的水先结冰，使胞外水相中溶质浓度增大。当其高于细胞内溶质浓度时，因渗透压的作用，细胞内的水便会部分转移到胞外，从而使细胞失水。细胞失水程度与冷冻速度有关，冷冻速度越慢，则胞外水相处于冰点而胞内水相未达冰点的时间就越长，细胞失水就越严重。且在冷冻速度慢时，细胞内形成的冰晶少而大，易损坏细胞，使菌体死亡。但由于在缓慢冷冻过程中，新鲜食品的组织细胞也会遭受破坏，致使解冻后的食品不仅质地差，而且因汁液流失，营养价值受损，食品冻藏都尽量采用快速冷冻法。

冻结时冰晶的大小与通过最大冰晶生成带的时间有关。通常−5～−1℃为肉、鱼等食品的最大冰晶生成带。冻结速度越快，形成的晶核多，冰晶越小，且均匀分布于细胞内，不致损伤细胞组织，解冻后复原情况也较好，因此快速冻结有利于保持食品（尤其是生鲜食品）的品质。快速冻结即速冻，通常指的是食品在 10min 内冻结到所设定的温度（−20℃）；或以 30min 左右通过最大冰晶生成带（−5～−1℃）为准。如以生成冰晶的大小为准，生成的冰晶大小在 70μm 以下者称为速冻。

细菌的芽孢对冷冻及冻藏的抗性最强，冷冻保藏后约有 90%的芽孢仍可存活。真菌的孢子也有较强的抗冻性，干燥的黄曲霉分生孢子经速冻和解冻后存活率可达 75%。一般酵母菌和革兰氏阳性菌的抗冻性较强，而革兰氏阴性菌的抗冻性较弱。

冷冻时的介质成分对微生物的存活率也有很大影响。如在 0.85% NaCl 中冷冻则细胞的存活率显著下降，而葡萄糖、牛乳、脂肪等物质存在时对细胞有保护作用。在−18℃冷冻保藏的食品中，微生物已不能生长，但食品中原有的酶及微生物产生的酶仍有微弱的活性。例如，一些微生物产生的脂酶和蛋白酶，在冷冻保藏温度时仍有一定活性。若食品冷冻前含有这些酶较多，而这些酶又未经钝化处理，则其冷冻保藏期就会大大缩短。因此，若对水果、蔬菜冷冻，在冻结处理前往往要先行杀酶。通常用热水或蒸汽进行短时间的热烫处理，即可使酶失活。一般冷冻保藏温度越低，保藏期就越长。冷冻保藏的食品的保藏期可长达几个月至两年。表 9-9 列举了部分食品的低温冻藏条件和储藏期限。

表 9-9　部分食品的低温冻藏条件及储藏期限

食品名称	结冰温度/℃	冻藏温度/℃	相对湿度/%	储藏期限
奶油	−2.2	−29～−23	80～85	1 年
加糖奶酪	—	−26	—	数月
冰激凌	—	−26	—	数月
脱脂乳	—	−26	—	短期
冻结鱼	−1.0	−23～−18	90～95	8～10 个月
冻结牛肉	−1.7	−23～−18	90～95	9～18 个月
冻结猪肉	−1.7	−23～−18	90～95	4～12 个月
冻结羊肉	−1.7	−23～−18	90～95	8～10 个月

续表

食品名称	结冰温度/℃	冻藏温度/℃	相对湿度/%	储藏期限
冻结兔肉	—	−23～−18	—	6个月以内
冻结果实	—	−23～−18	—	6～12个月
冻结蔬菜	—	−23～−18	—	2～6个月
三明治	—	−18～−15	95～100	5～6个月

二、食品加热灭菌保藏

微生物具有一定的耐热性。细菌的营养细胞及酵母菌的耐热性因菌种不同而有较大的差异。一般病原菌（梭状芽孢杆菌属除外）的耐热性差，通过低温灭菌（如63℃，经30min）就可以将其杀死。细菌的芽孢一般具有较高的耐热性，食品中肉毒梭状芽孢杆菌是非酸性罐头的主要杀菌目标，该菌孢子的耐热性较强，必须特别注意。一般霉菌及其孢子在有水分的状态下，加热至60℃，保持5～10min即可被杀死；但在干燥状态下，其孢子的耐热性非常强。

然而，许多因素影响微生物的加热杀菌效果。首先，食品中的微生物密度（原始带菌量）与耐热性有明显关系。带菌量越多，则耐热性越强。因为菌体细胞能分泌对菌体有保护作用的蛋白质类物质，所以菌体细胞增多，这种保护性物质的量也就增加。其次，微生物的耐热性随水分的减少而增大，对同一种微生物，它们在干热环境中的耐热性最大。此外，基质向酸性或碱性变化，杀菌效果会更好。

基质中的脂肪、蛋白质、糖及其他胶体物质，对细菌、酵母菌、霉菌及其孢子具有显著的保护作用。这可能是细胞质的部分脱水作用，阻止蛋白质凝固的缘故。因此，对高脂肪及高蛋白食品的加热灭菌需加以注意。多数香辛料，如芥子、丁香、洋葱、胡椒、蒜、香精等，对微生物孢子的耐热性有显著的降低作用。

食品的腐败常常由微生物和酶所致。食品通过加热杀菌和使酶失活，可久储不坏，但不能重复染菌，因此要在装罐装瓶密封以后灭菌，或者灭菌后在无菌条件下充填装罐。对食品加热杀菌的方法很多，主要有巴氏消毒法、高温灭菌法、超高温瞬时灭菌法、微波灭菌法、远红外线加热灭菌法等。

（一）巴氏消毒法

一些食品当采用高温灭菌时其营养和色、香、味会受到影响，所以，可采用巴氏消毒法，即采用较低的温度处理，以达到消毒或防腐、延长保存期的目的。巴氏消毒一般为62～63℃、30min或71℃、15min，也有用80～90℃、1min，以杀死食品中致腐微生物的营养体。该法多用于牛乳、果汁、啤酒、酱油、食醋等的杀菌。所用设备有间歇式水煮立式杀菌锅、长方形水槽、连续式水煮设备、喷淋式连续杀菌设备。

（二）高温灭菌法

高温灭菌指灭菌温度在100～121℃（绝对压力为0.2MPa）范围内的灭菌。高温灭菌法又可分为常压灭菌法、加压蒸汽灭菌法。其中加压蒸汽灭菌法在生产上最为常用，它利用加压蒸汽使温度升高以提高杀菌力，可杀死细菌的芽孢，缩短灭菌时间，主要用于低酸性和中酸性罐藏食品的灭菌。所用设备有两类：一类是静止、卧式或立式高压杀菌锅，另一类是搅拌高压杀菌锅。在罐头行业中，常用 *D* 和 *F* 来表示杀菌温度和时间。

D（DRT）是指在一定温度下，细菌死亡 90%（即活菌数减少一个对数周期）所需要的时间（min）。121.1℃的 *D*（DRT）常写作 Dr。例如，嗜热脂肪芽孢杆菌的 Dr＝4.0～4.5min；A 型、B 型肉毒梭状芽孢杆菌的 Dr＝0.1～0.2min。

F 是指在一定基质中，在 121.1℃下加热杀死一定数量的微生物所需要的时间（min）。它在罐头特别是肉罐头中常用。由于罐头种类、包装规格大小及配方的不同，*F* 也就不同，故生产上每种罐头都要预先进行 *F* 测定。

对于液体或固体混合的罐装食品，可以采用旋转式或摇动式杀菌装置。玻璃瓶罐虽然也能耐高温，但是不太适宜于压力大的高温灭菌，必须用热水浸泡蒸煮。复合薄膜包装的软罐头通常采用高压水煮灭菌。

（三）超高温瞬时灭菌法

超高温瞬时灭菌法是指通过 130～150℃加热数秒钟进行的灭菌。该法适合于液态食品的灭菌，如牛乳先经 75～85℃预热 4～5min，接着通过 130～150℃的高温数秒钟。在预热过程中，可杀死大部分细菌，其后的超高温瞬时加热主要是杀死耐热性强的芽孢菌。所用设备有片式热交换器和套管式热交换器，还有蒸汽喷射型加热器。

牛乳在高温下保持较长时间，则易发生一些不良的化学反应。例如，蛋白质和乳糖发生美拉德反应，使乳产生褐变现象；蛋白质分解而产生硫化氢的不良气味；糖类焦糖化而产生异味；乳清蛋白质变性、沉淀等。若采用超高温瞬时灭菌，则既能满足灭菌要求，又能减少对牛乳品质的损害。

（四）微波灭菌法

微波（超高频）一般是指频率为 300MHz～300GHz 的电磁波。目前 915MHz 和 2450MHz 两个频率已广泛地应用于微波加热。915MHz 微波可以穿透较大厚度，适用于加热含水量高、厚度或体积较大的食品；对含水量低的食品，宜选用 2450MHz。

微波灭菌的机理基于热效应和非热生化效应两部分。①热效应：微波作用于食品，食品表面和内部同时吸收微波能，温度升高。污染的微生物细胞在微波场的作用下，其分子被极化并做高频振荡，产生热效应，温度的快速升高使其蛋白质结构发生变化，从而使菌体死亡。②非热生化效应：微波使微生物在生命化学过程中产生大量的电子、离子，使微生物生理活性物质发生变化；电场也使细胞膜附近的电荷分布发生改变，导致膜功能障碍，使微生物细胞的生长受到抑制，甚至停止生长或死亡。另外，微波还可以导致细胞 DNA 和 RNA 分子结构中的氢键松弛、断裂和重新组合，诱发基因突变。

微波灭菌保藏食品是近年来在国际上发展起来的一项新技术，具有快速、节能、对食品品质影响很小的特点。该法能保留更多的活性物质和营养成分，适用于人参、香菇、猴头菇、花粉、天麻以及中药、中成药的干燥和灭菌。微波还可应用于肉及其制品、禽及其制品、乳及其制品、水产品、水果、蔬菜、罐头、谷物、布丁和面包等一系列产品的杀菌、灭菌保鲜和消毒，从而延长货架期。此外，微波还应用于食品的烹调，冻鱼、冻肉的解冻，食品的脱水干燥、漂烫、焙烤以及膨化等领域。

目前国外已出现微波牛乳消毒器，其采用高温瞬时灭菌技术，在 2450MHz 的频率下，升至 200℃，维持 0.13s，使消毒乳的细菌总数和大肠菌群的指标达到消毒乳要求，而且牛乳的稳定性也有所提高。

（五）远红外线加热灭菌法

远红外线是指波长为 2.5～1000μm 的电磁波。食品的很多成分对 3～10μm 的远红外线有强烈的吸收，因此往往选择这一波段的远红外线加热食品。

远红外线加热具有热辐射率高、热损失少、加热速度快、传热效率高、食品受热均匀，不会出现局部加热过度或夹生现象；食物营养成分损失少等特点。远红外线的杀菌、灭菌效果明显。日本的山野藤吾曾将细菌、酵母菌、霉菌悬浮液装入塑料袋中，进行远红外线杀菌试验，远红外照射的功率分别为 6kW、8kW、10kW、12kW，试验结果表明，照射 10min，能杀死全部不耐热细菌，使耐热细菌数量降低 10^5～10^8 个数量级。照射强度越大，残留活菌越少，但要达到食品保藏要求，照射功率要在 12kW 以上或延长照射时间。

远红外线加热灭菌，食品不需接触热媒，远红外线照射到待杀菌的物品上，加热直接由表面渗透到内部，因此远红外线加热已广泛应用于食品的烘烤、干燥、解冻，以及坚果类、粉状、块状、袋装食品的杀菌。

三、食品的高渗透压保藏

提高食品的渗透压可防止食品腐败变质。常用的有盐腌法和糖渍法。在高渗透压溶液中，微生物细胞内的水分大量外渗，导致质壁分离，出现生理干燥现象。同时，随着盐浓度增大，微生物可利用的游离水减少，高浓度的 Na^+和 Cl^-也可对微生物产生毒害作用。高浓度盐溶液对微生物的酶活性有破坏作用，还可使氧难溶于盐水中，形成缺氧环境，因此可抑制微生物生长或使之死亡，防止食品腐败变质。

（一）盐腌保藏

食品经盐腌保藏不仅能抑制微生物的生长繁殖，还可赋予其新的风味，故兼有加工的效果。食盐的防腐作用主要在于可提高渗透压，使细胞原生质浓缩发生质壁分离；降低水分活性，不利于微生物生长；减少水中溶解氧，使好氧性微生物的生长受到抑制等。

各种微生物对食盐浓度的适应性差别较大。嗜盐性微生物，如红色细菌、接合酵母属和革兰阳性球菌在较高浓度（15%以上）的食盐溶液中仍能生长。无色杆菌属等一般腐败性微生物约在食盐浓度为 5%、肉毒梭状芽孢杆菌等病原菌在食盐浓度为 7%～10%时，生长也受到抑制。一般霉菌对食盐都有较强的耐受性，如某些青霉菌株在食盐浓度为 25%的环境中尚能生长。

由于各种微生物对食盐浓度的适应性不同，食盐浓度的高低就决定了所能生长的微生物菌群。例如，肉类中，食盐浓度在 5%以下时，主要是细菌繁殖；食盐浓度在 5%以上时，存在较多的是霉菌；食盐浓度超过 20%时，主要生长的微生物是酵母菌。常见的盐腌食品有咸鱼、咸肉、咸蛋、咸菜等。

（二）糖渍保藏

糖渍保藏食品是利用高浓度的糖液抑制微生物生长繁殖。由于在同一质量分数的溶液中，离子溶液较分子溶液的渗透压大，蔗糖浓度必须比食盐浓度大 4 倍以上，才能达到与食盐相同的抑菌效果。蔗糖浓度为 50%的糖液可以抑制绝大多数酵母菌和细菌生长，蔗糖浓度为 65%～70%的糖液可以抑制许多霉菌生长，蔗糖浓度为 70%～80%的糖液能抑制大多数微生物生长。常见的糖渍食品有甜炼乳、果脯、蜜饯和果酱等。

四、食品的化学防腐保藏

食品的化学防腐保藏具有抑制或杀死微生物的作用，可用于食品防腐保藏的化学物质称为食品防腐剂。

（一）山梨酸及其盐类

山梨酸为无色针状或片状结晶，或白色结晶粉末，具有刺激气味和酸味，对光、热稳定，易氧化。溶液加热时，山梨酸易随水蒸气挥发。山梨酸钾也是白色粉末或颗粒状，其抑菌作用仅为等质量山梨酸的 72%。山梨酸钠为白色绒毛状粉末，易氧化。生产中常用的是山梨酸和山梨酸钾。山梨酸钾的水溶性明显高于山梨酸。山梨酸是一种不饱和脂肪酸，被人体吸收后几乎和其他脂肪酸一样参与代谢过程而降解为 CO_2 和 H_2O，或以乙酰辅酶 A 的形式参与其他脂肪酸的合成，因而山梨酸及其盐类作为食品防腐剂是安全的。

山梨酸类防腐剂的抑菌作用随基质 pH 值下降而增强，其抑菌作用的强弱取决于未解离分子的多少。山梨酸类防腐剂在 pH 值 6.0 左右仍然有效，可以用于其他防腐剂无法使用的 pH 值较低的食品中。山梨酸类防腐剂对酵母菌和霉菌有很强的抑制作用，对许多细菌也有抑制作用。其抑菌机制概括起来有对酶系统的作用、对细胞膜的作用及对芽孢萌发的抑制作用。山梨酸盐对肉毒杆菌及蜡状芽孢杆菌的芽孢萌发有抑制作用。山梨酸及其钾盐的使用范围及最大使用量为：酱油、醋、果酱类 0.1%，果汁、果酒类 0.06%，酱菜、面酱、蜜饯、山楂糕、水果罐头类 0.05%，汽水 0.02%。

在发酵蔬菜中添加 0.05%～0.20%的山梨酸类防腐剂，可以不影响发酵菌的生长而抑制其他酵母菌、霉菌及腐败性细菌。在泡菜中添加 0.02%～0.05%山梨酸类防腐剂便可延缓酵母菌膜的形成。山梨酸盐口感温和且基本无味，可作为大多数水果制品的防腐剂，使用量为 0.02%～0.20%。在果酒中也常用山梨酸盐来防止再发酵，由于 K^+与酒石酸反应可产生沉淀，果酒中一般用其钠盐，用 0.02%的山梨酸钠和 0.002%～0.004%的 SO_2，即可取得良好的保藏效果。加 SO_2 的目的：一是防止乳酸菌生长使果酒产生异味，二是降低山梨酸的浓度。果酒中山梨酸盐的浓度不应超过 0.03%，否则会影响口味。

在焙烤食品中添加0.03%～0.30%山梨酸盐可以抑制真菌的生长，且在较高pH值时仍有效。使用时为了不干扰酵母菌的发酵，应在面团发好后加入山梨酸盐。对于不用酵母菌发酵的焙烤食品，应尽早加入山梨酸盐。

在肉制品中添加适量的山梨酸盐，不仅可抑制真菌，还可抑制肉毒杆菌、嗜冷菌及一些病原菌，如沙门氏菌、金黄色葡萄球菌等，从而降低亚硝酸盐的用量。

（二）丙酸

丙酸为无色透明液体，有刺激性气味，可与水混溶。其钙盐、钠盐为白色粉末，水溶性好，气味类似丙酸。丙酸及丙酸盐对人体无危害，为许多国家公认的安全食品防腐剂。丙酸的抑菌作用没有山梨酸类和苯甲酸类强，其主要对霉菌有抑制作用，对引起面包黏丝病的枯草芽孢杆菌也有很强的抑制作用，对其他细菌和酵母菌基本没作用。在pH值为5.0的面团中加0.188%或在pH值为5.6的面团中加0.156%的丙酸钙可防止发生黏丝病，并可避免对酵母菌的正常发酵产生影响。

（三）硝酸盐和亚硝酸盐

硝酸及其钠盐用于腌肉生产中，可作为着色剂，并可抑制某些腐败菌和产毒菌，还有助于形成特有的风味，其中起作用的是亚硝酸。硝酸盐在食品中可转化为亚硝酸盐。由于亚硝酸盐可在人体内转化成致癌的亚硝胺，而硝酸盐转化亚硝酸盐的量无法控制，有些国家已禁止在食品中使用亚硝酸盐，对硝酸盐的用量也进行了严格限制。

虽然亚硝酸盐对人体的危害已得到验证，但至今仍被用于肉制品中。主要原因是它有抑制肉毒杆菌的作用。高浓度的亚硝酸盐具有着色作用，而低浓度的亚硝酸盐能形成特有的风味。

亚硝酸盐在低pH值和高浓度条件下，对金黄色葡萄球菌才有抑制作用；对肠道细菌包括沙门氏菌、乳酸菌基本无效；对肉毒梭状芽孢杆菌及其产毒的抑制作用也要在基质高压灭菌或热处理前加入才有效，否则要加入多10倍的亚硝酸盐才有抑制作用。亚硝酸盐对肉毒梭状芽孢杆菌及其他梭状芽孢杆菌有抑制作用可能是由于它与铁硫蛋白（存在于铁氧还蛋白和氢化酶中）结合，从而阻止丙酮酸降解产生ATP。

（四）乳酸链球菌素

乳酸链球菌素是由不同氨基酸组成的多肽，无颜色、无异味、无毒性，为乳酸链球菌的产物。其水溶性随pH值下降而升高，在pH值为2.5的稀盐酸中溶解度为12%；在pH值为5.0的溶液中溶解度降到4%；在中性或碱性条件下几乎不溶解，且易发生不可逆失活。在pH值为2.0时具有良好的稳定性，121℃保持30min仍不失活，但在pH值4.0以上时加热易分解，对蛋白质水解酶特别敏感，对粗凝乳酶不敏感。其抗菌谱较窄，对革兰氏阳性菌（主要为产芽孢菌）有效，而对真菌和革兰氏阴性菌无效。

乳酸链球菌素具有辅助热处理的作用。一般酸度低的罐头食品要杀灭肉毒梭状芽孢杆菌及其他细菌的芽孢，需进行严格的热处理，若加入乳酸链球菌素则可明显缩短热处理时间。对热处理中未杀死的芽孢，乳酸链球菌素可以抑制其萌发。由于具有上述优点，现在许多国家允许在各种食品中使用乳酸链球菌素，如罐头、果蔬、肉、鱼、乳等，一般用量为2.5～100mg/kg。

（五）苯甲酸、苯甲酸钠和对羟基苯甲酸酯

苯甲酸和苯甲酸钠又称安息香酸和安息香酸钠，是白色结晶。苯甲酸微溶于水，易溶于乙醇；苯甲酸钠易溶于水。苯甲酸对人体较安全，是中国国家标准允许使用的两种有机防腐剂之一。

苯甲酸的抑菌机理是它的分子能抑制微生物细胞呼吸酶系统活性，特别是对乙酰辅酶缩合反应有很强的抑制作用。在高酸性食品中，其杀菌效力为微碱性食品的100倍。苯甲酸以未被解离的分子态存在时才有防腐效果。苯甲酸对酵母菌的影响大于霉菌，而对细菌的效力较弱。

酱油、醋、果汁类、果酱类、罐头中，苯甲酸的最大允许用量为1.0g/kg；葡萄酒、果子酒、琼脂软糖中，苯甲酸的最大允许用量0.8g/kg；果子汽酒中，苯甲酸的最大允许用量为0.4g/kg；低盐酱菜、面酱类、蜜饯类、山楂类、果味露中，苯甲酸的最大允许用量为0.5g/kg（以上均以苯甲酸计，1g苯甲酸钠盐相当于0.847g苯甲酸）。

对羟基苯甲酸酯是白色结晶状粉末，无臭味，易溶于乙醇。对羟基苯甲酸酯的抑菌机理与苯甲酸相同，但防腐效果优于苯甲酸。其抗菌防腐效力受pH值（pH值4.0～6.5）的影响不大，偏酸性时更强些。对羟基苯甲酸酯类对细菌、霉菌、酵母菌都有广泛抑制作用，但对革兰氏阴性杆菌和乳酸菌的作用较弱。

五、食品的辐射保藏

对食品的辐射保藏是指利用电离辐射照射食品，以延长食品保藏期的方法。

（一）食品的辐射保藏原理

电离辐射对微生物有很强的致死作用，它是通过辐射引起环境中水分子和细胞内水分子吸收辐射能量后电离产生自由基起作用的，这些游离基能与细胞中的敏感大分子反应并使之失活。此外，电离辐射还有杀虫、抑制马铃薯等发芽和延迟后熟的作用。在电离辐射中，由于γ射线穿透力和杀菌作用都强，且发生较易，目前主要利用放射性同位素产生的γ射线进行照射处理。

食品辐射保藏有许多优点：①照射过程中食品的温度几乎不上升，对于食品的色、香、味、营养及质地无明显影响；②射线的穿透力强，在不拆包装和不解冻的条件下，可杀灭深藏于食品（谷物、果实和肉类等）内部的害虫、寄生虫和微生物；③可处理各种不同的食品，从袋装的面粉到装箱的果蔬，从大块的烤肉、火腿到肉、鱼制成的其他食品均可应用；④照射处理食品不会有残留，可避免污染；⑤可改进某些食品的品质和工艺质量；⑥节约能源，食品采用辐射保藏的能耗为2.9×10^7J/t，而冷藏为3.24×10^8J/t，热灭菌为1.08×10^9J/t，脱水处理为2.9×10^7J/t；⑦效率高，可连续作业。

（二）影响因素

1. 照射剂量

照射剂量的大小直接影响灭菌效果。照射剂量率即单位时间内照射的剂量。照射剂量相同，以高剂量率照射时，照射时间就短，以低剂量率照射时，照射时间就长。

2. 食品接受照射时的状态

在照射剂量相同的条件下，品质好的大米的食味变化小，反之，食味变化大。含水量低时对食品的辐射效应和对微生物的杀灭作用比含水量高时要小。含氧量高能加速被照射微生物的死亡。

3. 食品中微生物的种类

病毒耐辐射能力最强，照射剂量达 10 000Gy 时，仍有部分存活。用高剂量照射才能使病毒钝化，如照射剂量为 30 000Gy 方可使水溶液中的口蹄疫病毒失活，而要钝化干燥状态下的口蹄疫病毒则要 40 000Gy。芽孢和孢子对辐射的抵抗力很强，需用大剂量（10 000～50 000Gy）照射才能杀灭。一般菌体，用较小剂量（500～10 000Gy）就可将其杀灭。酵母菌和霉菌对辐射的敏感性与非芽孢细菌相当。

4. 其他

辐射与加热、速冻、红外线、微波等处理方法结合，可以达到降低照射剂量、保护食品、提高辐射保藏效果的目的。

（三）食品辐射保藏的应用

照射食品时的剂量应根据照射源和强度、食品种类及照射目的而定（表 9-10）。

表 9-10　食品辐射保藏的剂量与效果

食品种类	照射源	辐射剂量/Gy	效果
梨	γ 射线	100～500	不耐辐射，延长保藏时间效果不佳
枣	γ 射线	1000～2000	延长保藏时间，对色、味无不良影响
番茄	γ 射线	3000～4000	防止腐烂，延长保藏时间 4～12d
草莓	γ 射线	2000	延长保藏时间
芒果	^{60}Co γ 射线	400	延长保藏时间 8d
桃	^{60}Co γ、^{137}Co γ 射线	1000～3000	促进乙烯生成，对糖、维生素 C 无不良影响，对色、味有良性效果
橘子	^{60}Co γ 射线	200～2000	可在低温下长期保藏，但有辐射异味
红玉苹果	^{60}Co γ 射线	50	延长保藏时间

续表

食品种类	照射源	辐射剂量/Gy	效果
香蕉	^{60}Co γ 射线	200～300	延长保藏时间
葡萄	^{137}Co γ 射线	1500～3000	氧耗增加，出汁率提高
苹果汁	γ 射线	3000	总糖含量增加，蔗糖含量减少
葡萄汁	γ 射线	＜3000	单糖含量增加，蔗糖含量减少
鸡肉	γ 射线	45000	达到灭菌效果
牛肉	γ 射线	47000	达到灭菌效果
猪肉	γ 射线	51000	达到灭菌效果
火腿	γ 射线	37000	达到灭菌效果
牛肉罐头	γ 射线	25000	达到灭菌效果

1. 在粮食上的应用

用 1000Gy 剂量照射粮食可达到杀虫目的。使大米发霉的各种霉菌接受 2000～3000Gy 照射剂量便可被基本杀死。辐射还能抑制谷物上的微生物产生毒素。

2. 在果蔬上的应用

许多果蔬可以利用辐射保藏。杀灭霉菌所需照射剂量如果高于果蔬的耐受量，将会使组织软化，果胶质分解而腐烂，因此照射时必须选择合适的剂量。酵母菌是导致果汁和其他果品发生腐败的微生物。采用抑制酵母菌的照射剂量往往会造成果品风味发生改变，所以可先进行热处理，然后用低剂量照射解决这一问题。

3. 在水产品上的应用

世界卫生组织、联合国粮食及农业组织、国际原子能机构共同批准，允许使用 1000～2000Gy 剂量照射鱼类，以减少鱼类上的微生物，延长 3℃以下的保藏期。

4. 在肉类上的应用

屠宰后的禽肉包装密封后再用 2000～2500Gy 剂量照射，能大量地消灭沙门氏菌和弯曲杆菌。对于囊虫、绦虫，用冷冻和 500～1000Gy 剂量照射结合的方法，能加速破坏这些寄生虫的感染力。

5. 在调味料上的应用

调味料常常被微生物和昆虫严重污染，尤其是霉菌和芽孢杆菌。调味料的一些香味成分不耐热，不能用加热消毒的方法处理，而用化学药物熏蒸容易残留药物。用 20000Gy 剂量照射的调味料制出的肉制品与未经照射的调味料制出的肉制品无明显差别。

本章小结

本章主要介绍食品的微生物污染及其控制，包括污染食品的微生物来源、途径与控制措施；微生物引起食品腐败变质的原理，包括食品中碳水化合物的分解、蛋白质的分解、脂肪的分解、有害物质的形成；微生物引起食品腐败变质的基本条件，包括食品基质条件、微生物条件、外界环境条件；食品腐败变质的鉴定及不同食品的腐败变质，包括食品腐败变质的鉴定，罐藏食品、肉及肉制品、乳及乳制品、果蔬及其制品、禽蛋、粮食及粮食制品、鱼类的腐败变质；食品保藏中的防腐与杀菌措施，包括低温抑菌保藏、加热灭菌保藏、高渗透压保藏、化学防腐保藏、辐射保藏。

复习思考题

1．简述污染食品的微生物来源及其控制措施。

2．什么是食品的腐败变质？微生物引起食品腐败变质的基本原理是什么？简述食品中蛋白质、脂肪、碳水化合物分解变质的主要化学过程。

3．鲜乳中的微生物从何而来？简述鲜乳中微生物的种类和特性。试述鲜乳腐败变质的过程。

4．低温保藏食品的基本原理是什么？方法有哪些？在实践中如何应用？

5．什么是巴氏消毒、高温灭菌、超高温瞬时灭菌？其工艺条件如何？各有哪些常见设备？在实践中如何应用？

第十章　微生物与食品安全

☞ **知识目标**　1. 了解食品中常见致病菌的生物学特性。
2. 熟悉食品中常见致病菌的传播方式和预防措施。
3. 掌握食品安全标准中的微生物学指标及其食品卫生学意义。

☞ **技能目标**　能对引起食品安全隐患的微生物进行有效预防。

第一节　食品中常见致病菌

食品致病菌通常是指可以引起食物中毒或以食品为传播媒介的致病性细菌。致病菌直接或间接污染食品及水源，人们如果经口感染，可导致胃肠等传染病的发生。食品致病菌是导致食品安全问题的重要来源。常见食品致病菌主要有沙门氏菌属、肉毒杆菌、葡萄球菌属、单核细胞增生李斯特氏菌、副溶血性弧菌、蜡样芽孢杆菌、病原性大肠埃希氏菌、空肠弯曲菌、变形杆菌、志贺氏菌属等。

一、沙门氏菌属

沙门氏菌属是一群形态和结构都类似的肠杆菌科中的一个大属，也是肠杆菌科中最重要的病原菌属。1885 年，沙门氏等在霍乱流行时分离到猪霍乱沙门氏菌，故定名为沙门氏菌属。沙门氏菌属包括近 2000 个血清型，有的专对人类致病，有的只对动物致病，也有的对人和动物都致病。感染沙门氏菌的人或带菌者的粪便污染食品，可使人发生食物中毒，因此沙门氏菌常作为进出口食品和其他食品致病菌的指标。

（一）生物学特性

1. 形态结构

沙门氏菌属为革兰氏阴性肠道杆菌，菌体呈两端钝圆的短杆状，大小为(0.4～0.9)μm×(1～3)μm，无荚膜，无芽孢，周生鞭毛，能运动，多数具有菌毛（鸡白痢沙门氏菌、鸡伤寒沙门氏菌除外），能吸附于宿主细胞表面或凝集豚鼠红细胞。

2. 培养特性

沙门氏菌为需氧或兼性厌氧性细菌，最佳生长温度为 35～37℃，最佳 pH 值为 6.5～7.5，低盐和高水分活度条件下生长最佳。该菌在普通培养基上 37℃培养 24h 后形成中等大小、表面光滑、无色半透明状的菌落。在远藤琼脂培养基上，由于其不发酵乳糖，可形成淡粉色或无色菌落。含有煌绿或亚硒酸盐的培养基可抑制大肠杆菌生长而起增菌作用，沙门氏菌落呈无色半透明的圆形。

3. 生化特性

沙门氏菌的生化特性比较一致，能分解葡萄糖、甘露醇、麦芽糖和山梨醇，大多产酸产气，少数只产酸不产气；不分解乳糖、蔗糖和水杨酸，不液化明胶，不分解尿素，不产生吲哚。沙门氏菌不分解蛋白质，不产生靛基质，尿素分解试验及 VP 试验均为阴性。

4. 抵抗力

沙门氏菌在水中不易繁殖，但能生存 2～3 周，在粪便中可生存 1～2 个月，在冰中能生存 3 个月，在 25℃可以存活 10 个月。沙门氏菌对热的抵抗力不强，加热到 100℃时立即死亡，60℃经 30min 可被杀死。该菌对氯霉素、氨苄青霉素和复方新诺明敏感，对磺胺类药物、青霉素、链霉素抵抗力较强。

（二）致病性

一般在感染大量沙门氏菌（10^5～10^9 CFU/g，CFU 即 colony-forming units）和毒素的协同作用下才能致病。沙门氏菌进入消化道后在小肠和结肠里繁殖，侵入肠黏膜及肠黏膜下层，引起发炎、水肿、充血和出血等。随后经淋巴系统进入血液，出现一时性的菌血症，引起全身感染。同时，活菌在人体免疫系统的作用下崩解出毒力较强的菌体内毒素，而引起全身中毒症状。

（三）中毒症状

沙门氏菌除甲、乙、丙型伤寒杆菌仅对人类致病外，多数菌是动物和人类的共同致病菌。沙门氏菌引起的食物中毒表现，可分为胃肠炎型、类伤寒型、类霍乱型、类感冒型和败血症型，其中以急性胃肠炎为主；潜伏期一般为 4～48h，中毒症状主要有恶心、呕吐、腹痛、头痛、畏寒和腹泻等，还伴有乏力、肌肉酸痛、视觉模糊、中等程度发热、躁动不安和嗜睡，一般发热温度为 38～40℃，严重者出现打寒战、惊厥、抽搐和昏迷的症状。病程为 3～7d，一般预后良好。

（四）传播途径与预防措施

沙门氏菌广泛存在于动物中，如猪、牛、羊、鸡、鸭、猫、鸟等，特别是禽类和猪；沙门氏菌还存在于水、土壤、昆虫、工厂和厨房设施表面等环境中。沙门氏菌食源性疾病主要是通过被污染的食物引起感染与传播，畜禽在屠宰之前就可能带菌，在动物机体免疫力下降时，侵入肉、血及内脏中，造成动物性食品的内源污染。沙门氏菌还可以通过粪便污染环境及用具等，造成食品在原料生产、加工、运输、储存、销售和消费等过程中的污染。

沙门氏菌食物中毒的预防措施：除了加强一般卫生监督管理外，在日常饮食中需注意不喝未经处理的水，不喝生牛乳，不吃病死的畜禽；生、熟食品分开存放，剩饭、剩菜食用前应充分加热；做饭用的炊具、食具需经常清洗、消毒，保持厨房卫生。

二、肉毒杆菌

早在18世纪末的欧洲，尤其是德国，肉毒杆菌就已被人们所认识，由于那时候引起中毒的食品主要是腊肠，这种中毒就取自腊肠的拉丁文 *Botulus*，称为腊肠中毒。在我国过去的一些书中，将该病译为腊肠中毒（现在改称为肉毒中毒），把肉毒杆菌译为腊肠（毒）杆菌或腊肠（毒）梭菌。引起肉毒中毒主要是由食入含有肉毒毒素的食品造成的。

（一）生物学特性

1. 形态结构

肉毒杆菌为革兰氏阳性菌，菌体粗大，其大小为（4～6）μm×（0.9～1.2）μm，两端钝圆，多单独存在，偶有成对或短链状；周生 4～8 根鞭毛，运动迟缓，没有荚膜，芽孢呈卵圆形，比繁殖体宽，一般位于菌体末端。

2. 培养特性

肉毒杆菌是一种专性厌氧的腐生菌，在28～37℃，pH 值 6.8～7.6 条件下生长良好，在 10% NaCl 溶液中不生长。在常规培养基上生长形成的菌落为半透明的，呈绒毛网状，边缘不整齐，界限不明显，常常扩散成菌苔；在乳糖卵黄牛乳平板上形成的菌落表面及周围覆盖着特有的彩虹薄层；血平板培养基上生长菌落通常较小，扁平，呈颗粒状，边缘不规则，会出现与菌落几乎等大或者较大的溶血环；在肉渣肉汤培养基上呈均匀浑浊生长，产生大量气体，肉渣可被 A 型、B 型和 F 型菌消化溶解成烂泥状，并且发黑，而 C 型、D 型和 E 型则表现清亮，呈絮片状生长。

3. 生化特性

肉毒杆菌在胃肠道内能分解葡萄糖、麦芽糖及果糖，产酸产气，能消化分解肉渣，使之变黑，腐败，发出恶臭；蛋白质分解能力强，对明胶、凝固血清、凝固卵白均有分解作用。该菌不能产生靛基质，可产生硫化氢，但不能使硝酸盐还原为亚硝酸盐。

4. 抵抗力

肉毒杆菌的抵抗力一般，加热至 80℃经 30min 或 100℃经 5min 可将其杀死。但其芽孢的抵抗力很强，干热 180℃经 5～15min，湿热 100℃经 5h，高压蒸汽 121℃经 30min，才能杀死芽孢。肉毒毒素的抵抗力也很强，80℃经 30min 或 100℃经 10min 才能被破坏，毒素在干燥密封和阴暗的条件下，可保存多年。

（二）致病性

在厌氧环境中，肉毒杆菌能分泌大量的肉毒毒素，能引起特殊的神经中毒症状，致残率、病死率极高，这是迄今为止所知的毒性最强的自然生成的毒素。肉毒杆菌致病时产生的毒素可使生物信息频率加快，透过机体各部分的黏膜。肉毒毒素由胃肠道吸收后，经淋巴和血液扩散，作用于颅脑神经核和外周神经肌肉接头及植物神经末梢，阻碍乙酰胆碱释放，影响神经冲动的传递，导致肌肉的松弛性麻痹和神经功能不全。

（三）中毒症状

肉毒杆菌中毒是由摄入含有肉毒毒素的食品引起的。潜伏期可短至数小时，最长潜伏期为10d。一般潜伏期越短，死亡率越高，说明其毒素含量高，毒力强。其中毒基本症状大多数属于神经麻痹的表现。中毒前期症状主要表现为头痛、头晕、乏力、虚弱、走路不稳、食欲不振等非典型性症状，主要是由食物中某些分解产物的非特异性刺激引起的。接着出现斜视、眼睑下垂、瞳孔散大等眼肌麻痹症状，再是吞咽和咀嚼困难、口干、口齿不清等咽部肌肉麻痹症状，进而膈肌麻痹、呼吸困难，直至呼吸衰竭、心跳停止而导致死亡。患者面无表情，貌似嗜睡，胸内烦闷，但神志一直清楚，知觉、体温、血压及其他体温一般正常。

（四）传播途径与预防措施

肉毒杆菌在自然界分布广泛，土壤中常可检出，江、河、湖、海沉积物，水果，蔬菜，畜、禽、鱼等制品中也能发现，霉干草和畜禽粪便中均存在。引起肉毒杆菌中毒的食品因地区和饮食习惯不同而异。欧洲各国主要的中毒食品为火腿、腊肠和其他兽肉、禽肉等，美国主要是家庭制的水果罐头，日本主要是鱼制品。在我国肉毒杆菌中毒多是由植物性食品引起的，如臭豆腐、豆豉、面酱、红豆窝、烂土豆等。新疆是我国肉毒杆菌食物中毒较多的地区，引起中毒的食品有30多种，常见的有臭豆腐、豆酱、豆豉和谷类食品。

通过食物摄入肉毒毒素是迄今为止全世界范围内最广泛的中毒类型。食品制作前应对食品原料进行清洁处理，用优质饮用水充分清洗。特别是在肉毒杆菌中毒多发地区，土壤及动物粪便的带菌率较高，应该严格要求。加工后的肉、鱼类制品，应避免再污染和在较高温度下堆放，或在缺氧条件下保存。食用前不再经加热处理的食品，应防止污染和彻底冷却。罐头食品的生产需建立严密合理的工艺规程和卫生制度防止污染，严格执行灭菌操作规程。罐头在储藏过程发生胖听或破裂时，不能食用。制作发酵食品时，在进行发酵前应对粮、谷、豆类等原料进行彻底蒸煮，以杀灭肉毒杆菌芽孢。可疑食物食用前煮沸10～20min，以破坏肉毒毒素。但在高海拔地区，因气压较低，肉制品需在80℃煮沸30min后再食用，才能预防肉毒杆菌中毒。

三、葡萄球菌属

葡萄球菌是柯赫（1878年）、巴斯德（1880年）和奥格斯顿（1881年）从脓液中发现的，Jensen（1959年）从金黄色葡萄球菌的细胞壁分离出的蛋白质A可与免疫球蛋白（主要为IgG）进行特异结合，现已被应用于各种免疫反应。葡萄球菌是引起创伤化脓的常见致病性球菌，该菌污染食品后，在适宜的条件下生长繁殖，产生肠毒素，从而引起食物中毒。

（一）生物学特性

1. 形态结构

葡萄球菌菌体呈球形或椭圆形，直径 1.0μm 左右，排列成葡萄状。致病性葡萄球菌一般较非致病菌小，各个菌体的大小及排列比较整齐；繁殖时呈多个平面的不规则分裂，堆叠成葡萄串状。葡萄球菌无鞭毛，无芽孢，除少数菌株外一般不形成荚膜；易被常用的碱性染料着色，革兰氏染色阳性。其衰老、死亡或被白细胞吞噬后，以及耐药的某些菌株可被染成革兰氏阴性。

2. 培养特性

葡萄球菌按生化性状可以分为金黄色葡萄球菌、表皮葡萄球菌和腐生葡萄球菌；按菌落颜色可以分为金黄色葡萄球菌、白色葡萄球菌和柠檬色葡萄球菌，其中金黄色葡萄球菌的致病力最强。葡萄球菌一般为需氧或兼性厌氧菌，少数为专性厌氧菌，28～38℃均能生长，pH 值为 4.5～9.8。葡萄球菌在普通培养基上生长良好，形成圆形凸起，边缘整齐、表面光滑，湿润、不透明的菌落；能产生脂溶性色素，但不渗入培养基内。不同种的菌株产生不同的脂溶性色素，如金黄色、白色、柠檬色等。在血琼脂平板上致病性葡萄球菌可产生溶血素，使菌落周围形成明显的完全透明溶血环（β-溶血环），非致病性菌株则无溶血环；在 Baird-parker 氏培养基上形成表面光滑、湿润，有凸起的圆形菌落，颜色呈灰色到黑色，边缘颜色比较淡，周围有浑浊带，其外层有一透明带。

3. 生化特性

多数葡萄球菌能分解葡萄糖、麦芽糖和蔗糖，产酸不产气，不产生靛基质，可还原硝酸盐；能凝固牛乳，有时被胨化；甲基红实验呈阳性，VP 试验不定，能产生氨和少量硫化氢。致病性菌株能分解甘露醇，可产生凝血浆酶。

4. 抵抗力

葡萄球菌是非芽孢细菌中抵抗力最强的菌，在干燥的条件下可存活数月。在 10%～15% NaCl 溶液中可生长得很好，纯培养可抵抗 1%酚溶液 15min，浓度增至 2%才能将其杀死。湿热 70℃经 1h，80℃经 30min 依然存活。对青霉素、红霉素、金霉素和庆大霉素、链霉素及某些染料敏感，如血清培养基中含 1∶125000（浓度）龙胆紫即能抑制其生长。

（二）致病性

葡萄球菌的致病性与其产生的毒素（有杀白细胞素、表皮溶解毒素、溶血素、毒性休克综合征毒素）和酶（有血浆凝固酶、溶纤维蛋白酶、脱氧核糖核酸酶、脱氧核糖核苷酸酶）有关。致病菌株多能产生血浆凝固酶，常作为鉴别葡萄球菌有无致病性的重要标志。凝固酶阳性菌株进入机体后，使血液或血浆中的纤维蛋白沉积于菌体表面，阻碍体内吞噬细胞的吞噬，即使被吞噬后，也不易被杀死。杀白细胞素能杀死人和兔的多形核粒细胞和巨噬细胞，使其失去活性，最后膨胀破裂。表皮溶解毒素可引起人类或新生小鼠的表皮剥脱性病变。多数致病性葡萄球菌能产生溶血毒素，对人类起致病作用的主要是 α-溶血素。将其注入动物皮内，能引起皮肤坏死，如静脉注射，则导致动物迅速死亡。α-溶血素还能使小血管收缩，导致局部缺血和坏死，并能引起平滑肌痉挛。溶纤维蛋白酶是一种激酶，可激活血浆蛋白酶原成为血浆蛋白酶，可使人、犬、豚鼠及家兔已经凝固的纤维蛋白溶解。毒性休克综合征毒素由金黄色葡萄球菌产生，可引起发热，增加对内毒素的敏感性，增强毛细血管通透性，引起心血管紊乱而导致休克。脱氧核糖核酸酶能够增加组织渗出物的黏性，当组织细胞和白细胞崩解时释放出核酸，使组织渗出液的黏性增加，而脱氧核糖核苷酸酶能迅速将其分解，从而有利于细胞在组织中扩散。

（三）中毒症状

葡萄球菌产生的毒素随食物进入人体后一般潜伏 1～5h，随后出现恶心、反复呕吐（呕吐物初期为食物，继而为水样物，少数可吐出胆汁或含血物及黏液）、腹泻（为稀便或水样便）、中上腹部疼痛，同时伴有头晕、头痛、发冷，体温一般正常或低热。病情重时，出现剧烈呕吐和腹泻，可致肌肉痉挛，进而引起大量失水而发生外周循环衰竭和虚脱。病程一般较短，一般两天内可恢复，预后良好。

（四）传播方式与预防措施

葡萄球菌在自然界分布广泛，在土壤、空气、水及生活常用物品上，特别是在人和动物的皮肤、鼻子、喉咙以及手等部位大量存在。葡萄球菌污染食品的途径有：患有化脓性皮肤病或者上呼吸道感染和口腔、鼻咽炎症等的患者，以及带有化脓性感染的动物通过某种途径污染食品；畜禽本身带有葡萄球菌，在屠宰的过程中可能会对肉尸造成污染，被污染的肉尸经分割、储存、运输及销售等加工工序，也会增加交叉污染的机会。

在适宜的条件下，细菌大量繁殖产生毒素，就有可能引起食物中毒。引起中毒的食品主要为肉、乳、鱼、蛋及其制品等动物性食品，吃剩的大米饭、米酒，乳和乳制品，油煎鸡蛋、熏鱼等含油脂比较多的食物。在食品加工过程中，应定期对食品生产人员和饮食从业人员进行健康检查，患有化脓性感染的人不能参加任何与食品有关的工作。食品加工用具使用后，要严格消毒，以防污染食品。原料、半成品和成品应储存在低温和通风良好的条件下，以防肠毒素的形成。

四、单核细胞增生李斯特氏菌

单核细胞增生李斯特氏菌（以下简称单增李斯特氏菌）属厚壁菌门，取名自约瑟夫·李斯特。单增李斯特氏菌在环境中无处不在，在绝大多数食品中都能找到。它主要以食品为传染媒介，是致命的食源性病原体之一。目前国际上公认的李斯特氏菌共有 7 个菌株：单增李斯特氏菌、绵羊李斯特氏菌、英诺克李斯特氏菌、威尔斯李斯特氏菌、西尔李斯特氏菌、格氏李斯特氏菌和默氏李斯特氏菌，其中单增李斯特氏菌是唯一能引起人类疾病的李斯特氏菌。

（一）生物学特性

1. 形态结构

单增李斯特氏菌为革兰氏阳性兼性厌氧菌，菌体呈短杆状，大小为 0.5μm×（1.0～2.0）μm，直或稍弯，两端钝圆，常呈 V 形排列，偶有球状、双球状；不产芽孢，不形成荚膜，但在含血清的葡萄糖蛋白胨水中可形成黏多糖荚膜；在 20～25℃时表面能形成 4 根小鞭毛，有动力，37℃培养时无鞭毛，动力缓慢。穿刺培养可见倒立伞状生长，肉汤培养物在显微镜下可见翻跟斗运动。

2. 培养特性

单增李斯特氏菌对营养要求不高，在固体培养基上培养，初期菌落较小，呈透明露滴状，边缘整齐，但随着菌落的增大，逐渐变得不透明。单增李斯特氏菌在含血清的葡萄糖蛋白胨水中能形成黏多糖荚膜，在血琼脂平板上可产生溶血环，在脑脊液标本中成对排列，形如球菌，在 6.5% NaCl 肉汤中生长良好；在 5 %～7 %的血平板上培养，形成的菌落通常也不大，呈灰白色，刺种血平板培养后可产生窄小的 β-溶血环；在 0.6%酵母浸膏胰酪大豆琼脂（TSAYE）和改良 Mc Bride（MMA）琼脂上培养，菌落呈蓝色、灰色或蓝灰色。

3. 生化特性

单增李斯特氏菌耐碱不耐酸，能发酵多种糖类，产酸不产气，可发酵葡萄糖、水杨素、麦芽糖、山梨醇、鼠李糖、乳糖、七叶苷、蔗糖（迟发酵）、海藻糖、果糖，不发酵木糖、甘露醇、肌醇、阿拉伯糖、侧金盏花醇、棉子糖、卫矛醇和纤维二糖，不能利用枸橼酸盐，40%胆汁不溶解，吲哚试验、硫化氢试验、尿素分解试验、明胶液化分解试验、硝酸盐还原分解试验、赖氨酸脱羧试验、鸟氨酸脱羧试验均呈阴性，氧化酶试验呈阴性，过氧化氢酶试验呈阳性，甲基红试验、VP 试验和精氨酸水解试验呈阳性。

4. 抵抗力

单增李斯特氏菌可在 2～42℃内生长，最适培养温度为 35～37℃，在 pH 值中性至弱碱性（pH 值 9.6）、氧分压略低、二氧化碳张力略高的条件下生长良好。该菌在土壤、粪便、青储饲料和干草内能长期存活，对碱和盐抵抗力强，60～70℃经 5～20min 可杀死，70%乙醇 5min，2.5%石炭酸、2.5%氢氧化钠、2.5%福尔马林 20min 可杀死。该菌对青霉素、氨苄青霉素、四环素、磺胺均较为敏感。

（二）致病性

单增李斯特氏菌进入人体后是否发病，与菌的毒力和宿主的年龄、免疫状态有关，因为该菌是一种细胞内寄生菌，宿主对它的清除主要靠细胞免疫功能。因此，易感者为新生儿、孕妇及 40 岁以上的成人。此外，酗酒者、免疫系统损伤或缺陷者、接受免疫抑制剂和皮质激素治疗的患者及器官移植者也易被该菌感染。单增李斯特氏菌是一种胞内致病菌，能编码多种致病因子，如溶血素O、过氧化氢酶、磷脂酶C等。该菌感染时首先细胞内化，逃避吞噬细胞的吞噬作用，肌动蛋白纤维聚集，随后进入血液系统，感染靶器官，引起肝脏脓肿、脑膜炎或大脑炎。

（三）中毒症状

单增李斯特氏菌容易污染食物，特别是鲜乳产品，能引起严重食物中毒，是人畜共患病的病原菌。它能引起人畜的李斯特氏菌病，感染后主要表现为败血症、脑膜炎和单核细胞增多。潜伏期从几天到数周不等，临床最常见的李斯特氏菌病为脑膜炎；其次是无定位表现的菌血症，伴或不伴有脑膜炎。感染后，健康成人个体出现轻微类似流感症状，新生儿、孕妇、免疫缺陷患者表现为呼吸急促、呕吐、出血性皮疹、化脓性结膜炎、发热、抽搐、昏迷、自然流产、脑膜炎、败血症直至死亡。

（四）传播方式与预防措施

单增李斯特氏菌广泛存在于自然界中，不易被冻融，能耐受较高的渗透压，在土壤、地表水、污水、废水、植物、青储饲料、烂菜中均存在。动物很容易食入该菌，并通过口腔—粪便途径进行传播。肉类、蛋类、禽类、海产品、乳制品、蔬菜等都已被证实是单增李斯特氏菌的感染源。人主要通过食入软奶酪、未充分加热的鸡肉、未再次加热的热狗、鲜牛乳、巴氏杀菌乳、冰激凌、生牛排、羊排、卷心菜色拉、芹菜、番茄、法式馅饼、冻猪舌等而感染，该病多在春季发生。单增李斯特氏菌也可通过眼及破损皮肤、黏膜进入体内而造成感染，孕妇感染后通过胎盘或产道传给胎儿或新生儿，栖居于阴道、子宫颈的该菌也引起感染，性接触也是该病传播的可能途径，且有上升趋势。

在日常饮食中应避免饮用生牛乳及其制品，巴氏杀菌乳应煮沸后再喝；牛肉、猪肉、鸡肉等肉类应煮熟后再食用；蔬菜及水果如果生吃，需彻底清洗干净；冷藏的食物食用前需彻底加热。烹调时生、熟食品应分开存放，处理用具要分开，器具要清洗干净。此外，冰箱要经常清洁，避免在冰箱中长时间存放食物。

五、副溶血性弧菌

副溶血性弧菌分布极广，主要分布在海水和水产品中，是引起食物中毒的主要病原菌之一。尤其是在夏秋季节，沿海地区由于经常食用带有大量副溶血性弧菌的海产品，常引起暴发性食物中毒。在非沿海地区，食用受此菌污染的食品也常有中毒情况发生。除了海产品以外，畜禽肉、咸菜、咸蛋、淡水鱼等都发现副溶血性弧菌。

（一）生物学特性

1. 形态结构

副溶血性弧菌属于弧菌科弧菌属，为革兰氏阴性、兼性厌氧菌。菌体形态多样，呈杆状或稍弯的弧状，有时呈棒状、球状或球杆状等；染色时，一般菌体两端浓染，中间较淡，甚至无色，大小为0.6μm×1.0μm，有时可见丝状菌体，长度可达15μm；排列一般不规则，多散在，偶有成对排列；无芽孢，具有单鞭毛，运动活泼。

2. 培养特性

副溶血性弧菌对营养要求不高，在普通琼脂或蛋白胨水中均可生长，需氧性很强，在厌氧条件下生长缓慢；在肉汤和蛋白胨水等培养基中培养呈现浑浊，表面有菌膜。在固体培养基中，通常长成圆形、隆起、稍浑浊、表面光滑、湿润的菌落。但多数菌落在后续传代中，可见非正圆形、灰白色、半透明或不透明的粗糙型菌落。副溶血性弧菌在不同培养基上的菌落特性见表10-1。

表10-1　副溶血性弧菌在不同培养基上的菌落特性

培养基	嗜盐菌选择琼脂	SS琼脂	血琼脂	碱性胆盐琼脂	氯化钠蔗糖琼脂
菌落大小	直径2.5mm	直径2mm	直径3mm	直径1.5～2mm	直径1.5～2mm
菌落边缘	整齐，扩散的边缘不齐	整齐	整齐	整齐	整齐
透明度	浑浊	透明	浑浊	半透明	半透明
黏稠性	无黏性	菌落不易挑起，有时挑起成黏呈状	无黏性	无黏性	无黏性
隆起情况	隆起，扩散的平坦	扁平，有时中央稍微凸起	隆起	平坦	隆起
颜色	无色	无色	人血琼脂平板为暗绿色溶血环	无色	无色
湿润情况	湿润	湿润	湿润，部分形成α和β之间的溶血	湿润	湿润

注：SS琼脂即沙门志贺菌属琼脂培养基。

3. 生化特性

副溶血性弧菌可以发酵葡萄糖、麦芽糖、甘露醇、甘油、阿拉伯糖和淀粉，产酸不产气，不能利用蔗糖、乳糖、木糖和卫矛醇等；不产生硫化氢和靛基质，可以液化明胶，能还原硝酸盐为亚硝酸盐；细胞色素氧化酶、卵磷脂酶、过氧化氢酶、赖氨酸脱缩酶试验和鸟氨酸脱缩酶试验呈阳性，二精氨酸脱缩酶和尿素酶试验呈阴性，MR试验呈阳性，VP试验呈阴性。

4. 抵抗力

副溶血性弧菌嗜盐畏酸，在无盐培养基上不能生长，在3%～6%食盐水中繁殖迅速，每8～9min为1周期，在低于0.5%或高于8%食盐水中停止生长；在海水中可以存活47d，在盐渍酱菜中可以存活30d以上；最适宜培养温度为30～37℃，不耐热，50℃经20min，

65℃经 5min 或 80℃经 1min 即可被杀死，对低温的抵抗力较强，－20℃保存于蛋白胨中可以存活 11 周；在食醋中 1～3min 即死亡，在 1%盐酸中 5min 死亡；对常用消毒剂抵抗力很弱，可被低浓度的酚和煤酚皂溶液杀灭；对青霉素和磺胺嘧啶具有耐药性。

（二）致病性

各种弧菌对人和动物均有较强的毒力，其致病物质主要有耐热直接溶血毒素（TDH）、耐热相关溶血毒素（TRH）和尿素酶，具有溶血活性和致死作用。神奈川现象是用于检验副溶血性弧菌是否具有致病能力的一种体外试验方法，它是由副溶血性弧菌产生的耐热直接溶血毒素引起的，在血琼脂培养基上，菌落周围可产生一条 β-溶血环。大多数具有致病能力的副溶血性弧菌呈神奈川试验阳性，而多数无毒力菌株则呈神奈川试验阴性。耐热直接溶血毒素对心脏有特异性毒性，可引起心房纤维性颤动、期前收缩或心肌损害。KP-菌株不产生耐热直接溶血毒素，但却能产生耐热相关溶血毒素，证明了耐热相关溶血毒素也是一些菌株特别是 KP-菌株的毒力因子。耐热相关溶血毒素和耐热直接溶血毒素的抗原性和免疫性相似，有溶血活性和肠毒素作用，可引致肠袢肿胀、充血和肠液潴留，引起腹泻。耐热相关溶血毒素的致病同尿素酶有密切关系，尿素酶阳性菌株都具有耐热相关溶血毒素基因（*trh*），同时所有具耐热相关溶血毒素基因的菌株也都具有产生尿素酶的能力。这说明尿素酶基因（*ureC*）与耐热相关溶血毒素基因之间有一定的联系，但其作用机制尚不清楚。

（三）中毒症状

由副溶血性弧菌引起的食物中毒一般表现为急发病，一般为 10h 发病。主要的症状为腹痛，常位于上腹部、脐周或回盲部，多为阵发性绞痛，并有腹泻、恶心、呕吐、畏寒发热等症状。腹泻每日 3～20 余次不等，大便形状多样，多数为黄水样或黄糊便，便中混有黏液或脓血，部分患者有里急后重，重症患者因脱水，皮肤干燥及血压下降造成休克。少数患者可出现意识不清、痉挛、面色苍白或发绀等现象，若抢救不及时，呈虚脱状态，可导致死亡。该病病程 1～6d 不等，一般恢复较快。

（四）传播方式与预防措施

副溶血性弧菌引起的食物中毒大部分由进食含有该菌的食物所致。日本及我国沿海地区为副溶血性孤菌食物中毒的高发区，尤其是气温较高的夏秋季节。引起中毒的食物的种类主要是海产品，其中以墨鱼、带鱼、虾、蟹最为多见，其次为盐渍食品，如咸菜、腌肉等。食品中副溶血性弧菌主要来源于人群带菌者对食品的直接污染，沿海地区饮食从业人员、渔民以及有肠道病史者等，另外沿海地区使用的炊具带菌率也比较高。

被副溶血性弧菌污染的食物，在较高温度下存放，食用前加热不彻底或者生吃，或熟制品受到带菌者、带菌的生食品、带菌容器及工具等的污染都会造成食物中毒。对海产品应注意操作，梭子蟹、蟛蜞、海蜇等水产品宜用饱和盐水浸渍保藏（并可加醋调味杀菌），食用前用冷开水反复冲洗，接触过海产品的厨具、容器及洗手池等应洗刷干净，以免污染食品。生吃海蜇等凉拌菜，应在切好后放入食醋浸泡 10min，或在 100℃沸水中烫漂几分钟。

六、蜡样芽孢杆菌

蜡样芽孢杆菌属于芽孢杆菌属的第 I 群，该群有 22 个种，在自然界中分布广泛，常存在于空气、土壤、灰尘、水及动物肠道，有时正常人的粪便中也可检出；易从各种食品中检出，食品在正常情况下就有可能存在该菌。当摄入的食品每克中蜡样芽孢杆菌的活菌数在百万以上时常可导致食物中毒。

（一）生物学特性

1. 形态结构

蜡样芽孢杆菌为革兰氏阳性的大杆菌，菌体呈杆状，大小为（1.0～1.2）μm×（3.0～5.0）μm，形成短或长链；能产芽孢，芽孢一般为圆形或柱形，多位于中央或稍偏一端；无荚膜，有周身鞭毛，能运动。

2. 培养特性

蜡样芽孢杆菌对营养要求不高，在普通肉汤培养基中生长迅速，肉汤浑浊，常常有菌膜或壁环，振摇易乳化；在普通琼脂平板培养基上生长良好，可形成圆形或近似圆形、质地软、无色素、稍有光泽的白色菌落，直径 5～7mm；在蛋白胨酵母膏平板上菌落为灰白色、不透明、表面较粗糙、似毛玻璃状或熔蜡状，菌落较大；在血液琼脂平板上形成浅灰色、不透明、似毛玻璃状的菌落，在菌落周围初呈草绿色溶血环，时间稍长即完全透明。

3. 生化特性

蜡样芽孢杆菌能分解麦芽糖、蔗糖、水杨苷和蕈糖，不分解乳糖、甘露醇、鼠李糖、木糖、阿拉伯糖、山梨醇和侧金盏花醇，能产生靛基质，可液化明胶；柠檬酸盐试验、卵磷脂酶试验及氰化钾试验呈阳性，甲基红试验、硫化氢试验、尿素试验呈阴性。

4. 抵抗力

蜡样芽孢杆菌兼性好氧，生长温度范围为 10～45℃，最适生长温度为 28～35℃，10℃以下或 50℃以上生长缓慢或不生长；不耐热，100℃经 20min 即可被杀死；对酸碱不敏感，pH 值 6.0～11.0 对该菌影响不大，pH 值 5.0 以下，生长可受到抑制。该菌对氯霉素、红霉素和庆大霉素敏感，对青霉素、磺胺噻唑和呋喃西林抵抗力较强。

（二）致病性

食品中蜡样芽孢杆菌含量与能否引起食物中毒关系密切，引起蜡样芽孢杆菌中毒的菌量范围为 10^6～10^8 CFU/g（食物）。蜡样芽孢杆菌引起食物中毒，除了必须具有大量的细菌外，肠毒素也是不可缺少的致病毒素。蜡样芽孢杆菌产生的肠毒素有两种：一种是耐热性肠毒素，100℃加热 30min 依然存活，为引起呕吐型中毒的致病因素，常在米饭中形成；另一种是不耐热肠毒素，是引起腹泻型胃肠炎的病因，能在各种食物中形成。

（三）中毒症状

蜡样芽孢杆菌引起的食物中毒主要由进食含有该菌产生的肠毒素的食物所致。人食用含毒素的食物后会产生呕吐、腹泻等不良症状。临床上食物中毒的症状主要有腹泻型和呕吐型。腹泻型的症状主要在消化道下部，潜伏期一般为 6h 以上，表现为腹泻且次数较多，腹痛、恶心、呕吐、胃痉挛和发烧等症状也会出现，体温正常。病程一般为 24～36h，预后良好。呕吐型的潜伏期较短，一般为 3h 左右，最短 0.5h，最长 6h，症状以恶心、呕吐和痉挛为主，头昏、四肢无力、口干、寒战、结膜充血、腹泻等症状也有发生，病程较短，可自愈。

（四）传播方式与预防措施

蜡样芽孢杆菌食物中毒有明显的季节性，通常以夏、秋季最高，引起中毒的食品常在食用前保存温度不当，放置时间较长，使食品中污染的蜡样芽孢杆菌生长繁殖，产生毒素引起中毒。被蜡样芽孢杆菌污染的食物经高温加热，蜡样芽孢杆菌被杀死，但耐热的呕吐毒素仍可保持毒性，导致食物中毒，故各种食品特别是营养丰富、水分含量较高，适宜于细菌生长的食品，需冷藏。

日常生活中应尽量少吃剩饭、剩菜，不进食腐败变质的食物，严格凉拌菜的卫生要求。食物应充分加热，不宜室温放置过久。如不立即食用，应尽快冷却，低温保存，食用前再加温。搞好环境卫生，保持厨房整洁，消灭昆虫，以及在食品的加工、运输、储存和销售过程中做好防尘、防虫工作，有助于控制污染源和减少污染。

七、病原性大肠埃希氏菌

大肠埃希氏菌，也称大肠杆菌，是人和动物肠道正常菌群的主要部分，粪便中大约含有 10^9 CFU/g 大肠埃希氏菌。在正常情况下，大肠埃希氏菌不致病，还能合成维生素 B 和维生素 K，产生大肠菌素，对机体有利。但当机体抵抗力下降或大肠埃希氏菌侵入肠外组织、器官时，可引起肠道外感染。根据生物学特性不同，将致病性大肠埃希氏菌分为六类：肠致病性大肠杆菌、肠产毒性大肠杆菌、肠侵袭性大肠杆菌、肠出血性大肠杆菌、肠黏附性大肠杆菌和弥散黏附性大肠杆菌。食品中检出大肠杆菌说明这些物品直接或间接地被粪便污染，故在卫生学上大肠杆菌常作为卫生监督的指示菌。

（一）生物学特性

1. 形态结构

大肠埃希氏菌为革兰氏阴性短杆菌，大小为（1～3）μm×0.5μm；周生鞭毛，能运动，有普通菌毛和性菌毛，有些菌株有多糖类包膜；无芽孢，少数菌株能形成荚膜，对一般碱性染料着色较好，有时两端着色较深。

2. 培养特性

大肠埃希氏菌为需氧或兼性厌氧菌；对营养要求不高，在普通培养基上生长良好；

在普通肉汤培养基中呈均匀浑浊生长，形成菌膜，管底有黏性沉淀，培养物有特殊的臭味。在普通琼脂培养基中培养24h，形成凸起、光滑、湿润、乳白色，边缘整齐，中等大小菌落。在远藤琼脂培养基中培养可产生带金属光泽的红色菌落，部分菌株在血液琼脂培养基中可产生β-溶血环。该菌的鉴别培养基为伊红美蓝培养基，可产生紫黑色带金属光泽的菌落。

3. 生化特性

大肠埃希氏菌能发酵葡萄糖、麦芽糖、甘露醇、木糖、鼠李糖、阿拉伯糖、山梨醇、丙三醇，均产酸产气，大部分菌株可迅速发酵乳糖，但对蔗糖、水杨苷、卫矛醇及棉子糖的发酵力不一致；大多数菌株对赖氨酸、精氨酸、鸟氨酸有脱羧作用，苯丙氨酸试验呈阴性；不产生硫化氢，不液化明胶，不分解尿素；MR试验呈阳性，VP试验呈阴性，不能在含氰化钾的培养基中生长，不能利用丙二酸盐和柠檬酸铵盐。

4. 抵抗力

大肠埃希氏菌在自然界生存能力较强，在土壤、水中可存活数月，在冷藏条件下存活更久；对热的抵抗力不强，60℃加热30min可杀死；对磺胺类、链霉素、氯霉素、土霉素、金霉素等敏感，对青霉素不太敏感，容易产生耐药性，胆盐、煌绿等对其有抑制作用。

（二）致病性

大肠埃希氏菌具有很多毒力因子，包括内毒素、荚膜、III型分泌系统、黏附素和外毒素等。黏附素即大肠埃希氏菌的菌毛，能使细菌紧密黏着在泌尿道和肠道的细胞上，避免因排尿时尿液的冲刷和肠道的蠕动作用而被排除，其特点是具有高特异性。肠毒素是肠产毒性大肠埃希氏菌在生长繁殖过程中释放的外毒素，分为耐热和不耐热两种。不耐热肠毒素对热不稳定，65℃经30min即失活，分子量大，有免疫原性。耐热肠毒素对热稳定，100℃经20min仍不被破坏，分子量小，免疫原性弱。

（三）中毒症状

大肠埃希氏菌主要引起肠道外感染。肠道外感染多为内源性感染，以泌尿系感染为主，如尿道炎、膀胱炎、肾盂肾炎。该菌也可引起腹膜炎、胆囊炎、阑尾炎等。对婴儿、年老体弱、慢性消耗性疾病、大面积烧伤患者，大肠埃希氏菌可侵入血流，引起败血症。感染大肠埃希氏菌还易引起急性腹泻。腹泻常为自限性，一般2～3d即愈，营养不良者可达数周，也可反复发作。肠致病性大肠杆菌是婴儿腹泻的主要病原菌，有高度传染性，严重者可致死。此外，肠出血性大肠杆菌会引起散发性或暴发性出血性结肠炎，可产生志贺氏毒素样细胞毒素。

（四）传播方式与预防措施

致病性大肠杆菌可通过各种途径污染食品引发疾病，食品中致病性大肠杆菌的主要来源有患病或带菌动物，如污染的牛肉、乳制品，带菌鸡所产的鸡蛋、鸡肉制品等。带菌动物在其活动范围内也可通过排泄的粪便污染当地的食物、草场、水源或其他水体及场所，造成交叉污染和感染，危害极大。通过饮用受污染的水或进食未熟透的食物（特别是免治牛肉、汉堡扒及烤牛肉）也可感染。此外，若个人卫生欠佳，也可能通过人传人的途径，或经进食受粪便污染的食物而感染该病菌。

控制大肠埃希氏菌污染，关键是做好粪便管理，防止粪便污染食品。从业人员持健康证上岗，一旦发病应及时调离岗位，彻底消毒环境；加工过程中避免肉尸和内脏被粪便、污水、容器污染；生熟原料和产品要分开放置，食品原料、半成品和成品低温储存。肉类及其制品、禽蛋等要彻底煮熟后食用，剩菜食用前应充分加热。在体质弱、衰老、出差、旅游等应激状态下，可以补食乳酸菌，预防大肠杆菌的发病。

八、空肠弯曲菌

空肠弯曲菌是弯曲菌属的一个种，包括胎儿弯曲菌、空肠弯曲菌、结肠弯曲菌、幽门弯曲菌、唾液弯曲菌及海欧弯曲菌。空肠弯曲菌存在广泛，是一种人畜共患病的病原菌，可以引起人和动物的多种疾病；并且是一种食源性病原菌，被认为是引起全世界人类细菌性腹泻的主要原因。

（一）生物学特性

1. 形态结构

空肠弯曲菌为革兰氏阴性菌，菌体长 1.5～5μm，宽 0.2～0.8μm，轻度弯曲，呈逗点状、弧形、S 形或螺旋形，单个或呈串状排列；菌体一端或两端有鞭毛，运动活泼，能做快速直线或螺旋状运动，在暗视野显微镜下观察似飞蝇；有荚膜，不形成芽孢。

2. 培养特性

空肠弯曲菌为微需氧菌，在含 2.5%～5% O_2、10% CO_2 和 85% N_2 的环境中生长最好，在正常大气或无氧环境中均不能生长；最适温度为 36～37℃，但在 42℃中选择性好，该温度可使粪便中其他细菌的生长受到抑制。空肠弯曲菌对营养要求较高，在普通培养基上难以生长，在凝固血清和血琼脂培养基上培养 36h，最初形成 0.5～1.0mm 的菌落，白色或奶油色，表面光滑或粗糙，转种后由光滑型变成黏液型，有的呈玻璃断面样，可见无色半透明毛玻璃样小菌落，单个菌落呈中心凸起，周边不规则，无溶血现象。

3. 生化特性

空肠弯曲菌生化性质不活泼，不发酵糖类，不分解尿素，靛基质试验呈阴性；可还原硝酸盐，氧化酶和过氧化氢酶试验呈阳性。能产生微量硫化氢或不产生硫化氢，甲基红试验和 VP 试验呈阴性，在枸橼酸盐培养基中不生长，弯曲菌中唯一的马尿酸试验呈阳性的菌；约有 40%的菌株可以水解酪蛋白、核糖核酸和脱氧核糖核酸，90%～95%的菌株具有碱性磷酸酶活性，6%的菌株芳香基硫酸脂酶试验呈阳性；在 0.1%亚硒酸钠斜面上生长，还原亚硒酸盐，水解吲哚酚；在含有 0.1%胆汁或 1.5% NaCl 的培养基中可生长。

4. 抵抗力

空肠弯曲菌抵抗力不强，易被干燥、直射日光及弱消毒剂所杀灭，56℃加热 5min 可被杀死；对红霉素、新霉素、庆大霉素、四环素、氯霉素、卡那霉素等抗生素敏感。近年发现了不少耐药菌株及多重耐药性菌株。该菌在水、牛乳中存活较久，如温度在 4℃可存活 3～4 周；在粪便中存活也很久，在鸡粪中保持活力达 96h，人粪中如含菌数达 10^8 CFU/g，则可保持活力 7d 以上。该菌对酸碱有较大耐受力，故易在胃肠道生存。

（二）致病性

空肠弯曲菌是多种动物如牛、羊、狗及禽类的正常寄居菌。在动物的生殖道或肠道有大量该菌，故可通过分娩或排泄物污染食物和饮水。人群普遍易感该菌，5 岁以下儿童的发病率最高，夏秋季多见；苍蝇也起重要的媒介作用，也可经接触感染。该菌感染的产妇可在分娩时传染给胎儿。空肠弯曲菌被认为是引起全世界人类细菌性腹泻的主要原因，其致病因素包括黏附、侵袭、产生毒素和分子模拟机制 4 个方面，通过分子模拟机制可以引起最严重的并发症——格林-巴利综合征。空肠弯曲菌可以通过产生细胞紧张性肠毒素、细胞毒素和细胞致死性膨胀毒素而致病。

（三）中毒症状

空肠弯曲菌内毒素能侵袭小肠和大肠黏膜引起急性肠炎，也可引起腹泻的暴发流行或集体食物中毒。潜伏期 1～10d，平均 5d，食物中毒型潜伏期仅 20h。发病初期有头痛、发热、肌肉酸痛等前驱症状，随后出现腹泻、恶心呕吐等症状。骤起者开始发热、腹痛、腹泻。发热一般为低到中度发热，体温 38℃左右，个别高热达 40℃，伴有全身不适，儿童高热可伴有惊厥。腹痛、腹泻为最常见症状，表现为整个腹部或右下腹痉挛性绞痛，严重者似急腹症。腹泻一般初为水样稀便，继而呈黏液或脓血黏液便，有的为明显血便。病变累及直肠、乙状结肠者，可有里急后重。部分较重者常有恶心呕吐、嗳气，食欲减退。多数一周内自愈，轻者 24h 即愈，不易和病毒性胃肠炎区别。

空肠弯曲菌可引起肠道外感染，故有弯曲菌病之称。肠道外感染多见于 35～70 岁的患者或免疫功能低下者。常见症状是发热、咽痛、干咳、荨麻疹、颈淋巴结肿大或肝脾肿大，黄疸及神经症状。部分血行感染，发生败血症、血栓性静脉炎、心内膜炎、心包炎、肺炎、脓胸、肺脓肿、腹膜炎、肝脓肿、胆囊炎、关节炎及泌尿系感染，少数还可发生脑血管意外，蛛网膜下腔出血、脑膜脑炎、脑脓肿、脑脊液呈化脓性改变。孕妇感染者常见上呼吸道症状、肺炎及菌血症，可引起早产、死胎或新生儿败血症及新生儿脑膜炎。该病死亡率不高，老年人偶可发生。

（四）传播方式与预防措施

动物是空肠弯曲菌肠炎的主要传染源，空肠弯曲菌广泛散布在各种动物体内，其中以家禽、野禽和家畜带菌最多，其次是啮齿类动物。病菌通过动物粪便排出体外，污染环境。当人与这些动物密切接触或食用被污染的食品时，病原体就进入人体。动物多是无症状的带菌者，且带菌率高，因此是重要的储存宿主。患者也可作为传染源，尤其儿童患者往往因粪便处理不当，污染环境机会增多，传染性增大。

粪—口是空肠弯曲菌的主要传播途径。市售家禽家畜的肉、乳、蛋类多被空肠弯曲菌污染，如食品未加工或加工不适当，吃凉拌菜等，均可引起传染。个人应做到饭前便后洗手，隔夜的食物食用前彻底加热，生、熟食品分开存放，熟食品要加以遮盖等。食品生产加工企业，应制定严格的卫生制度，以保证食品不受或少受空肠弯曲菌的污染。生产加工人员应持健康证上岗，如患有肠道传染病，应立即调离岗位；处理食物前后和入厕后都要洗手，严格地进行消毒；生产加工设备，如刀、砧板、碎肉机等必须保持清洁，使用后应彻底清洗和适当消毒；生产原料必须存放于适当的温度。

九、变形杆菌

变形杆菌广泛分布在自然界中，如土壤、水、垃圾、腐败有机物、人或动物的肠道内。根据《伯杰氏细菌鉴定手册》，变形杆菌属于肠杆菌科第Ⅺ属。变形杆菌属包括普通变形杆菌、奇异变形杆菌、产黏变形杆菌。Caroline 等认为，变形杆菌除包括上述 3 个菌种外，还应包括潘氏变形杆菌和豪氏变形杆菌。变形杆菌食物中毒是我国常见的食物中毒之一，引起食物中毒的变形杆菌主要是普通变形杆菌和奇异变形杆菌。

（一）生物学特性

1. 形态结构

变形杆菌为革兰氏阴性菌，菌体大小和形态不一，大小为（0.4～0.6）μm×（1.0～3.0）μm，两端钝圆，形态呈明显的多形性，可为杆状、球杆状、球形、丝状等，无荚膜，不形成芽孢，有周身鞭毛，运动活泼，有菌毛，可黏附于真菌等细胞表面。

2. 培养特性

变形杆菌为需氧或兼性厌氧菌，对营养要求不高，在普通琼脂上生长良好，在湿润的固体琼脂平板上常呈扩散生长。将其接种于平板中心部位，培养 24h 形成以接种部位为中心的厚薄交替的波纹状菌苔，称为迁徙生长现象。如在培养基中加入 0.1%苯酚或硼酸，或将琼脂浓度提高至 6%，或将培养温度提高至 40℃，可抑制其扩散生长而得到单个菌落。其在 SS 琼脂上形成圆形、扁平、半透明的无色菌落，易与沙门氏菌混淆。该菌溶血，在肉汤中均匀浑浊生长，表面可形成菌膜。

3. 生化特性

变形杆菌具有脲酶，能迅速分解尿素，这是该菌重要的生化反应特征。该菌可发酵葡萄糖，产酸产气，个别菌株发酵乳糖，不发酵 L-阿拉伯糖，MR 试验呈阳性，多数能产生吲哚和硫化氢；苯丙氨酸脱氢酶试验呈阳性。除奇异变形杆菌外，变形杆菌都产生靛基质，能在 KCN 培养基上生长。各种变形杆菌和普罗维登斯菌的生化特性存在一定差异，见表 10-2。

表 10-2　变形杆菌族生化特性鉴别表

项目	甘露糖	麦芽糖	阿拉伯糖	硫化氢	明胶	吲哚	尿素	柠檬酸盐	鸟氨酸脱羧酶	VP 试验
普通变形杆菌	−	＋	＋	＋	＋	＋	＋	−	−	−
奇异变形杆菌	−	−	＋	＋	＋	−	＋	−	＋	−
摩根氏变形杆菌	−	−	−	（＋）	−	＋	＋	−	＋	−
雷极氏变形杆菌	＋	−	−	−	−	＋	＋	＋	−	−
普罗维登斯变形杆菌	−	−	−	−	−	＋	−	＋	−	−

注：＋表示阳性，（＋）表示弱阳性，－表示阴性。

4. 抵抗力

变形杆菌属于腐败菌，一般不致病，需氧或兼性厌氧，其生长繁殖对营养要求不高，在 4～7℃即可繁殖，属低温菌。因此，该菌可以在低温储存的食品中繁殖。变形杆菌对热抵抗力不强，加热 55℃持续 1h 可被杀灭；对巴氏消毒及常用消毒剂敏感。

（二）致病性

变形杆菌的致病因素有鞭毛、菌毛、内毒素、溶血毒素等。该属细菌中奇异变形杆菌引起的感染最为常见，其次是普通变形杆菌，为条件致病菌。在引起泌尿系统感染时这两种菌仅次于大肠埃希氏菌，医源性感染较多见，如留置导尿管、尿路堵塞、肠道细菌迁移等。变形杆菌属的脲酶分解尿素产氨，使尿液 pH 值增高，碱性环境利于该菌生长。此外，肾结石、膀胱结石的形成可能与此也有关，因尿液碱化可以促进磷酸铵镁结石的形成。该菌还可引起创口感染、呼吸道、咽部、耳、眼部感染及败血症等。某些菌株产生耐热肠毒素，其污染食物可致食物中毒和婴儿肠炎。

（三）中毒症状

该菌引起食物中毒的原因主要是两种：一种是变形杆菌随食物进入胃肠道，并在小肠中生长繁殖引起感染过程，并产生肠毒素，引起中毒性肠胃炎。此种中毒潜伏期为 3～30h，多数为 5～18h。临床表现为上腹部刀绞样痛和急性腹泻，伴有恶心、呕吐、头痛、发热、全身无力、腹痛、腹泻，大便一天数次至数十次，多为有恶臭的稀水便，含黏液，部分患者有里急后重症状，严重者可发生脱水。病程较短，一般为 1～3d 可恢复，很少有死亡。另一种是摩根氏变形杆菌产生很强的脱羧酶，使食品中的组氨酸脱羧形成组胺而引起过敏型中毒。此种中毒潜伏期为30～60min，也有的短者为5min，长者数小时。临床表现为面部潮红、麻疹、血压下降、心动过速等，病程多在12h以内，水产品引起的中毒多属此类。有时也会呈混合型中毒症状，即过敏型中毒与肠胃炎同时出现。

（四）传播方式与预防措施

变形杆菌在自然界中分布极广，在水、土壤、腐败有机物及动物肠道内均存在。食品中的变形杆菌主要来自外界的污染，带菌率的高低与食品的新鲜程度、卫生条件和原料等都有密切关系。变形杆菌食物中毒是我国较常见的食物中毒之一，全年均可发生，夏秋季节常见。中毒食品主要以动物性食品为主，其次为豆制品、剩饭菜和凉拌菜等。

变形杆菌为条件致病菌，一般对人无害，但当食品上存在大量活菌繁殖时，加上适宜条件，则会引起中毒。奇异变形杆菌通过不洁的餐具、容器及炊事人员的手污染肉类食品后，在适宜的温度下迅速繁殖，2～3h内即可达到导致食物中毒所需的细菌量。由于普通变形杆菌和奇异变形杆菌有不分解食物中蛋白质的特性，肉类食品即使被其污染，外观上开始也并没有明显的酸败现象，人们容易放松警惕，不慎食用会引起食物中毒。

十、志贺氏菌属

志贺氏菌属是肠杆菌科的一属，志贺氏菌属的细菌通称为痢疾杆菌，是细菌性痢疾的病原菌。临床上能引起痢疾症状的病原微生物很多，有志贺氏菌、沙门氏菌、变形杆菌、大肠杆菌等，还有阿米巴原虫、鞭毛虫及病毒等，其中以志贺氏菌引起的细菌性痢疾最为常见。人类对志贺氏菌有很高的易感性，所以在进行食物和饮用水的卫生检验时，常以是否含有志贺氏菌作为指标。幼儿感染该菌可引起急性中毒性菌痢，死亡率甚高。志贺氏菌属包括以下4个类群。

（1）A群：又称痢疾志贺氏菌，通称为志贺氏痢疾杆菌，不发酵甘露醇。它有12个血清型，其中8型又分为3个亚型。

（2）B群：又称福氏志贺氏菌，通称为福氏痢疾杆菌，发酵甘露醇。它有15个血清型（含亚型及变种），抗原构造复杂，有群抗原和型抗原。根据型抗原的不同，分为6型，又根据群抗原的不同分为亚型；X、Y变种没有特异性抗原，仅有不同的群抗原。

（3）C群：又称鲍氏志贺氏菌，通称为鲍氏痢疾杆菌，发酵甘露醇。它有18个血清型，各型间无交叉反应。

（4）D群：又称宋内氏志贺氏菌，通称为宋内氏痢疾杆菌，发酵甘露醇，并迟缓发酵乳糖，一般需要3～4d。它只有一个血清型，有两个变异相，即Ⅰ相和Ⅱ相；Ⅰ相为S型，Ⅱ相为R型。

（一）生物学特性

1. 形态结构

志贺氏菌属为革兰氏阴性杆菌，菌体大小为（0.5～0.7）μm×（2～3）μm，无芽孢，无荚膜，无鞭毛，多数有菌毛。

2. 培养特性

志贺氏菌属对营养要求不高，能在普通琼脂培养基上生长，37℃培养 18～24h 后，菌落呈圆形、微凸、光滑湿润、无色、半透明、边缘整齐，中等大小（直径约 2cm），宋内氏菌菌落一般较大，较不透明，并常出现扁平的粗糙型菌落。在 SS 琼脂板上，37℃培养 18～24h 后，菌落形态与沙门氏菌相似，为无色半透明、中等或较小的菌落（直径 1～2cm），边缘整齐、光滑、稍隆起、无硫化斑。在液体（如普通肉汤）培养基中，其呈均匀浑浊生长，无菌膜形成。

3. 生化特性

志贺氏菌属需氧或兼性厌氧，具有呼吸和发酵两种类型的代谢。志贺氏菌属都能分解葡萄糖，产酸不产气，除宋内氏志贺氏菌缓慢发酵乳糖外，其他均不发酵乳糖。志贺氏菌属的细菌对甘露醇分解能力不同，可分为两大组：①不分解甘露醇组，主要为志贺氏菌。又根据能否产生靛基质，进一步分为靛基质阳性（1、3、4、5、6、9、10 型）和靛基质阴性（2、7、8 型）的志贺氏菌。②分解甘露醇组，包括福氏、鲍氏、宋内氏志贺氏菌。再按乳糖分解情况，分为缓慢分解乳糖的宋内氏、不分解乳糖的福氏和鲍氏志贺氏菌。后者进一步根据靛基质产生与否，分为靛基质阳性（福氏菌 1、2、3、4、5 型和鲍氏菌 5、7、9、11、13、15 型）和靛基质阴性（福氏菌 6 型和鲍氏菌 1、2、3、4、6、8、10、12、14 型）两类。该菌属吲哚试验不定，甲基红试验呈阳性，VP 试验呈阴性，不能利用柠檬酸盐，不分解尿素，不产生硫化氢，不液化明胶，赖氨酸脱羧酶试验呈阴性。

4. 抵抗力

志贺氏菌属最适生长温度为 37℃，最适 pH 值为 6.4～7.8。相比其他肠道杆菌，志贺氏菌属对外界环境的抵抗力较弱，一般在潮湿的土壤中能存活 34d，在污水中可存活 2～5 个月，在自来水中存活 8～10d，37℃水中存活 20d，冰块中存活 96d，粪便内（室温）存活 11d，在牛乳、蔬菜、水果中可保持 1～2 周；直接暴露在阳光下 0.5h 死亡，56～60℃加热 10min 即被杀死，1%苯酚中只能存活 15～30min，在 5%硫酸或 0.1%升汞液中迅速死亡；对氯霉素、链霉素、磺胺类敏感，且易产生抗药性。

（二）致病性

志贺氏菌属的致病作用主要是侵袭力、菌体内毒素、个别菌株产生的外毒素。

（1）侵袭力：志贺氏菌进入大肠后，由于菌毛的作用黏附于大肠黏膜的上皮细胞，继而进入上皮细胞并繁殖，扩散至邻近细胞及上皮下层。由于毒素的作用，上皮细胞死亡，黏膜下发炎，并有毛细血管血栓形成以至坏死、脱落，形成溃疡。志贺氏菌一般不侵犯其他组织，偶尔可引起败血症。

（2）内毒素：志贺氏菌属中各菌株都有大量的内毒素，作用于肠壁，使细胞膜通透性增高，促进毒素的吸收；继而作用于中枢神经系统及心血管系统，引起临床上一系列毒血症症状，如发热、神志障碍，甚至中毒性休克等。毒素破坏黏膜，形成炎症、溃疡，呈现典型的痢疾脓血便。毒素作用于肠壁植物神经，使肠道功能紊乱，肠蠕动失调和痉挛，尤其直肠括约肌最明显，因而发生腹痛、里急后重等症状。

（3）外毒素：志贺氏菌Ⅰ型及部分Ⅱ型菌株能产生大量的外毒素。其作用是使肠黏膜通透性增加，并导致血管内皮细胞损害。外毒素经甲醛或紫外线处理可脱毒成类毒素，能刺激机体产生相应的抗毒素。一般认为，具有外毒素的志贺氏菌引起的痢疾比较严重。

（三）中毒症状

志贺氏菌属引起的细菌性痢疾可分为两类6型。

（1）急性细菌性痢疾：又分急性典型、急性非典型、急性中毒性3型。急性细菌性痢疾典型症状，有腹痛、腹泻、脓血黏便、里急后重、发热等症状。各型菌都可引起，以志贺氏菌引起的较重，宋内氏菌引起的较轻。经治疗，预后良好。如治疗不彻底，可转为慢性。急性非典型细菌性痢疾症状不典型，易诊断错误，延误治疗，常导致带菌或慢性发展。急性中毒性细菌性痢疾小儿多见，各型菌都可引起。急性中毒性细菌性痢疾一系列的病理生理变化主要是内毒素造成机体微循环障碍的结果，可导致内脏淤血、周围循环衰竭（休克），发生心力衰竭、脑水肿、急性肾功能衰竭；严重微循环障碍，再加上内毒素损伤血管内皮细胞、激活凝血因子。

（2）慢性细菌性痢疾：又分慢性迁延型、慢性隐伏型、急性发作型3型。慢性迁延型通常由急性细菌性痢疾治疗不彻底引起。病程超过2个月，时愈时发，大便培养阳性率低。在有临床症状时为急性发作型，该型往往在半年内有急性细菌性痢疾病史。临床症状早已消失，但直肠镜可发现病变或大便培养阳性。

病后有一定的免疫力，但免疫期短，也不稳定。这可能是因为该菌属菌型众多，相互间无交叉免疫性。该菌免疫性与血中抗体似乎无关，而与肠道黏膜细胞吞噬能力加强和机体对细菌性痢疾内毒素耐受性提高有关。肠道分泌型抗体即粪抗体对该菌的免疫性也有一定作用。粪抗体出现早、消失快，在脓血黏便中，粪抗体检出率高达90%。

（四）传播方式与预防措施

志贺氏菌属引起的细菌性痢疾主要通过消化道途径进行传播。根据宿主的健康状况和年龄，只需少量细菌（至少为10个细胞）进入，就有可能致病。志贺氏菌属带菌者有3种类型：①健康带菌者，是指临床上无肠道症状而又能排出志贺氏菌者。这种带菌者是主要传染源，特别是饮食业、炊事员和保育员中的带菌者，潜在的危险性更大。②恢复期带菌者，是指临床症状已治愈的患者，仍继续排菌达2周之久者。③慢性带菌者，是指临床症状已治愈，但长期排菌者。

志贺氏菌病常为食物暴发型或经水传播。和志贺氏菌病相关的食品包括色拉（土豆、金枪鱼、虾、通心粉、鸡）、生的蔬菜、乳和乳制品、禽类产品、水果、面包制品、汉堡包和有鳍鱼类。志贺氏菌属在拥挤和不卫生的条件下可迅速传播，经常发现于人员大量集中的地方，如餐厅、食堂等。在日常生活中需保持良好的个人卫生习惯，定期进行健康教育。水源和污水按要求进行卫生处理。抓好食品加工、饮食服务行业的管理，对从事食品加工人员应定期做带菌者检查。

第二节　食品安全标准中的微生物指标

为了保证食品安全、保障公众身体健康，必须进行食品安全检验才能对食品卫生质量做出准确评价。

一、主要检测指标及其卫生学意义

目前，食品安全标准中的微生物指标一般分为细菌总数、大肠菌群和致病菌。细菌总数反映食品受微生物污染的程度；大肠菌群含量说明食品可能被肠道菌污染的情况；致病菌直接危害人体健康，有些致病菌在食品中生长繁殖能产生毒素，所以食品中无论是否规定致病菌限量，在生产、加工及经营过程中均应采取控制措施，尽可能降低致病菌的含量水平及导致风险的可能性。

（一）菌落总数

菌落总数一般以每克、每毫升或每平方厘米面积上的细菌数目而言，1g 或 1mL 的食品经过适当处理，接入 pH 值为 7.0±0.2 平板计数琼脂培养基上，放入 36℃±1℃下培养 48h±2h（水产品 30℃±1℃培养 72h±3h），观察平板上能发育成肉眼可见的细菌菌落总数即活菌数。

食品中菌落总数的测定，目的在于了解食品生产中从原料加工到成品包装受外界污染的情况；也可以应用这一方法观察细菌在食品中繁殖的动态，确定食品的保存期，以便对被检样品进行卫生学评价时提供依据。从食品卫生观点来看，食品中菌落总数越大，说明食品质量越差，即病原菌污染的可能性越大；当菌落总数较小时，病原菌污染的可能性就会降低，或者几乎不存在。食品中菌落总数的多少，直接反映食品的卫生质量。当食品中菌落总数多于 10^5 CFU/g（mL 或 cm^2）时，就足以引起细菌性食物中毒；当人的感官能察觉食品因细菌的繁殖而发生变质时，细菌数已达到 10^6～10^7CFU/g（mL 或 cm^2）。但上述规则也有例外，有些食品成品的菌落总数并不高，但由于已有细菌繁殖并已产生毒素，且毒素性状稳定，仍存留在食品中；再有一些食品如酸泡菜和酸乳等，本身就是通过微生物的作用而制成的，且是活菌制品。因此，菌落总数的测定可用于评价食品的新鲜度和卫生质量，但不能单凭菌落总数一项指标来评定食品卫生质量的优劣，必须配合大肠菌群和致病菌项目的检验，才能对食品做出比较全面的评价。

食品中的菌落总数可以用来预测食品存放的期限或程度。例如，在 0℃条件下，每平方厘米细菌菌落总数约为 10^5CFU/g 的某种鱼只能保存 6d，如果细菌菌落总数为 10^3CFU/g，就可延长至 12d。细菌菌落总数指标只有和其他一些指标配合起来，才能对食品卫生质量做出正确的判断。这是因为，有时食品中的细菌菌落总数很多，但食品不一定会出现腐败变质现象。

（二）大肠菌群

大肠菌群指一群在 36℃条件下培养 48h 能发酵乳糖并产酸产气，需氧或兼性厌氧生长的革兰氏阴性的无芽孢杆菌。

大肠菌群包括埃希氏菌属、柠檬酸杆菌属、肠杆菌属、克雷伯菌属等，大肠菌群中以埃希氏菌属为主，称为典型大肠杆菌，其他三属习惯上称为非典型大肠杆菌。这群细菌在含有胆盐的培养基上宜生长，能分解乳糖而产酸产气。其主要生化特性分类见表 10-3。

表 10-3 大肠菌群生化特性分类表

项目	靛基质试验	甲基红试验	VP 试验	柠檬酸盐试验	硫化氢试验	明胶试验	动力试验	44.5℃乳糖试验
大肠埃希氏菌 I	+	+	−	−	−	−	+/−	+
大肠埃希氏菌 II	−	+	−	−	−	−	+/−	−
大肠埃希氏菌 III	+	+	−	−	−	−	+/−	−
费劳地柠檬酸杆菌 I	−	+	−	+	+/−	−	+/−	−
费劳地柠檬酸杆菌 II	+	+	−	+	+/−	−	+/−	−
产气克雷伯菌 I	−	−	+	+	−	−	−	−
产气克雷伯菌 II	+	−	+	+	−	−	−	−
阴沟肠杆菌	+	−	+	+	−	+/−	+	−

注：＋表示阳性；－表示阴性；＋/－表示多数阳性，少数阴性。

测定大肠菌群数量的方法，通常按稀释平板法，以每 100mL（g）食品检样内大肠菌群的最可能数（most probable number，MPN）表示。

由于大肠菌群直接或间接来自人与温血动物的粪便，来自粪便以外的极为罕见，大肠菌群可以作为粪便污染的指示菌群。另外，肠道致病菌如沙门氏菌属和志贺氏菌属等，对食品安全性威胁很大，经常检验致病菌有一定困难，而食品中的大肠菌群较容易检出来，肠道致病菌与大肠菌群的来源相同，而且在一般条件下大肠菌群在外环境中生存时间也与主要肠道致病菌一致，因此大肠菌群的另一重要意义是作为肠道致病菌污染食品的指示菌。粪便污染食品，往往是肠道传染病发生的主要原因，因此检查食品中有无肠道菌对控制肠道传染病的发生和流行具有十分重要的意义。大肠菌群的检出不仅反映检样受粪便污染的程度，还反映食品在生产、加工、运输、储存等过程中的卫生状况，具有广泛的卫生学意义。

（三）致病菌

致病菌指肠道致病菌、致病性球菌、沙门氏菌等。致病菌种类繁多，由于食品的加工、储藏条件各异，被致病菌感染的情况各不相同。检验食品中的致病菌，必须根据不同食品可能被污染的情况来做针对性的检查。例如，禽、蛋、肉类食品必须做沙门氏菌的检查；酸度不高的罐头必须做肉毒杆菌的检查，发生食物中毒时必须根据当时当地传染病的流行情况，对食品进行有关致病菌的检查，如沙门氏菌、志贺氏菌、变形杆菌、葡萄球菌等的检查；果蔬制品还应进行霉菌计数。不同类别的食品，其致病菌限量要求不同。部分预包装食品中的致病菌可以限量检出，详见表 10-4，其他类别的预包装食品则不允许检出。

此外，有些致病菌能产生毒素，毒素的检查也是一项不容忽视的指标，因为有时当菌体死亡后，毒素还继续存在。毒素的检查一般以动物实验法确定其最小致死量、半数致死量等指标。总之，病原微生物及其代谢产物的检查都属致病菌检验内容。

表 10-4　食品中致病菌限量

<table>
<tr><th colspan="2" rowspan="2">食品类别</th><th rowspan="2">致病菌指标</th><th colspan="4">采样方案及限量</th><th rowspan="2">备注</th></tr>
<tr><th>n</th><th>c</th><th>m</th><th>M</th></tr>
<tr><td rowspan="4">肉制品</td><td rowspan="4">熟肉制品
即食生肉制品</td><td>沙门氏菌</td><td>5</td><td>0</td><td>0</td><td>—</td><td rowspan="3">—</td></tr>
<tr><td>单增李斯特氏菌</td><td>5</td><td>0</td><td>0</td><td>—</td></tr>
<tr><td>金黄色葡萄球菌</td><td>5</td><td>1</td><td>100CFU/g</td><td>1000CFU/g</td></tr>
<tr><td>大肠埃希氏菌 O157：H7</td><td>5</td><td>0</td><td>0</td><td>—</td><td>仅适用于牛肉制品</td></tr>
<tr><td rowspan="3">水产制品</td><td rowspan="3">熟制水产品
即食生制水产品
即食藻类制品</td><td>沙门氏菌</td><td>5</td><td>0</td><td>0</td><td>—</td><td rowspan="3">—</td></tr>
<tr><td>副溶血性弧菌</td><td>5</td><td>1</td><td>100MPN/g</td><td>1000MPN/g</td></tr>
<tr><td>金黄色葡萄球菌</td><td>5</td><td>1</td><td>100CFU/g</td><td>1000CFU/g</td></tr>
<tr><td colspan="2">即食蛋制品</td><td>沙门氏菌</td><td>5</td><td>0</td><td>0</td><td>—</td><td>—</td></tr>
<tr><td rowspan="2">粮食制品</td><td rowspan="2">熟制粮食制品（含焙烤类）
熟制带馅（料）面米制品
方便面米制品</td><td>沙门氏菌</td><td>5</td><td>0</td><td>0</td><td>—</td><td rowspan="2">—</td></tr>
<tr><td>金黄色葡萄球菌</td><td>5</td><td>1</td><td>100CFU/g</td><td>1000CFU/g</td></tr>
<tr><td rowspan="2">即食豆类制品</td><td rowspan="2">发酵豆制品
非发酵豆制品</td><td>沙门氏菌</td><td>5</td><td>0</td><td>0</td><td>—</td><td rowspan="2">—</td></tr>
<tr><td>金黄色葡萄球菌</td><td>5</td><td>1</td><td>100CFU/g</td><td>1000CFU/g</td></tr>
<tr><td colspan="2">巧克力类及可可制品</td><td>沙门氏菌</td><td>5</td><td>0</td><td>0</td><td>—</td><td>—</td></tr>
<tr><td colspan="2" rowspan="3">即食果蔬制品（含酱腌菜类）</td><td>沙门氏菌</td><td>5</td><td>0</td><td>0</td><td>—</td><td rowspan="2">—</td></tr>
<tr><td>金黄色葡萄球菌</td><td>5</td><td>1</td><td>100CFU/g</td><td>1000CFU/g</td></tr>
<tr><td>大肠埃希氏菌 O157：H7</td><td>5</td><td>0</td><td>0</td><td>—</td><td>仅适用于生食果蔬制品</td></tr>
<tr><td colspan="2" rowspan="2">饮料（包装饮用水、碳酸饮料除外）</td><td>沙门氏菌</td><td>5</td><td>0</td><td>0</td><td>—</td><td rowspan="2">—</td></tr>
<tr><td>金黄色葡萄球菌</td><td>5</td><td>1</td><td>100CFU/g（mL）</td><td>1000CFU/g（mL）</td></tr>
<tr><td rowspan="2">冷冻饮品</td><td rowspan="2">冰激凌类
雪糕（泥）类
食用冰、冰棍类</td><td>沙门氏菌</td><td>5</td><td>0</td><td>0</td><td>—</td><td rowspan="2">—</td></tr>
<tr><td>金黄色葡萄球菌</td><td>5</td><td>1</td><td>100CFU/g（mL）</td><td>1000CFU/g（mL）</td></tr>
</table>

续表

<table>
<tr><th colspan="2" rowspan="2">食品类别</th><th rowspan="2">致病菌指标</th><th colspan="4">采样方案及限量</th><th rowspan="2">备注</th></tr>
<tr><th>n</th><th>c</th><th>m</th><th>M</th></tr>
<tr><td rowspan="3">即食调味品</td><td rowspan="3">酱油
酱及酱制品
水产调味料
复合调味料（沙拉酱等）</td><td>沙门氏菌</td><td>5</td><td>0</td><td>0</td><td>—</td><td rowspan="2">—</td></tr>
<tr><td>金黄色葡萄球菌</td><td>5</td><td>2</td><td>100CFU/g（mL）</td><td>1000CFU/g（mL）</td></tr>
<tr><td>副溶血性弧菌</td><td>5</td><td>1</td><td>100MPN/g</td><td>1000MPN/g</td><td>仅适用于水产调味品</td></tr>
<tr><td>坚果籽实制品</td><td>坚果及籽类的泥（酱）
腌制果仁类</td><td>沙门氏菌</td><td>5</td><td>0</td><td>0</td><td>—</td><td>—</td></tr>
</table>

注：1. 食品类别用于界定致病菌限量的适用范围，仅适用于《食品安全国家标准　食品中致病菌限量》（GB 29921—2013）。

2. n 为同一批次产品采集的样品件数；c 为最大可允许超出 m 值的样品数；m 为致病菌指标可接受水平的限量值；M 为致病菌指标的最高安全限量值。

二、常见食品的微生物标准

1. 饮用天然矿泉水的微生物要求

饮用天然矿泉水的微生物要求参见《食品安全国家标准　饮用天然矿泉水》（GB 8537—2018）（表 10-5）。

表 10-5　饮用天然矿泉水的微生物限量

<table>
<tr><th rowspan="2">项目</th><th colspan="3">采样方案[a]及限量</th><th rowspan="2">检验方法</th></tr>
<tr><th>n</th><th>c</th><th>m</th></tr>
<tr><td>大肠菌群/（MPN/100mL）[b]</td><td>5</td><td>0</td><td>0</td><td rowspan="4">GB 8538</td></tr>
<tr><td>粪链球菌/（CFU/250mL）</td><td>5</td><td>0</td><td>0</td></tr>
<tr><td>铜绿假单胞菌/（CFU/250mL）</td><td>5</td><td>0</td><td>0</td></tr>
<tr><td>产气荚膜梭菌/（CFU/50mL）</td><td>5</td><td>0</td><td>0</td></tr>
</table>

a 样品的采样及处理按《食品安全国家标准　食品微生物学检验　总则》（GB 4789.1—2016）执行。

b 采用滤膜法时，则大肠菌群项目的单位为 CFU/100mL。

2. 熟肉制品的微生物要求

熟肉制品的微生物要求参见《食品安全国家标准　熟肉制品》（GB 2726—2016）（表 10-6）。

表 10-6　熟肉制品的微生物限量

<table>
<tr><th rowspan="2">项目</th><th colspan="4">采样方案[a]及限量</th></tr>
<tr><th>n</th><th>c</th><th>m</th><th>M</th></tr>
<tr><td>菌落总数[b]/（CFU/g）</td><td>5</td><td>2</td><td>10^4</td><td>10^5</td></tr>
<tr><td>大肠菌群/（CFU/g）</td><td>5</td><td>2</td><td>10</td><td>10^2</td></tr>
</table>

a 样品的采样和处理按《食品安全国家标准　食品微生物学检验　总则》（GB 4789.1—2016）执行。

b 发酵肉制品类除外。

3. 蛋与蛋制品的微生物要求

蛋与蛋制品的微生物要求参见《食品安全国家标准　蛋与蛋制品》(GB 2749—2015)(表 10-7)。

表 10-7　蛋与蛋制品的微生物限量

项目		采样方案[a]及限量			
		n	*c*	*m*	*M*
菌落总数[b]/(CFU/g)	液蛋制品、干蛋制品、冰蛋制品	5	2	5×10^4	10^6
	再制蛋（不含糟蛋）	5	2	10^4	10^5
大肠菌群[b]/(CFU/g)		5	2	10	10^2

a 样品的采样和处理按《食品卫生微生物学检验　蛋与蛋制品检验》(GB 4789.19—2003) 执行。
b 不适用于鲜蛋和非即食的再制蛋制品。

4. 糕点、面包的微生物要求

糕点、面包的微生物要求参见《食品安全国家标准　糕点、面包》(GB 7099—2015)(表 10-8)。

表 10-8　糕点、面包的微生物限量

项目	采样方案[a]及限量			
	n	*c*	*m*	*M*
菌落总数[b]/(CFU/g)	5	2	10^4	10^6
大肠菌群[b]/(CFU/g)	5	2	10	10^2
霉菌[c]/(CFU/g)	≤150			

a 样品的采样和处理按《食品安全国家标准　食品微生物学检验　总则》(GB 4789.1—2016) 执行。
b 菌落总数和大肠菌群的要求不适用于现制现售的产品，以及含有未熟制的发酵配料或新鲜水果蔬菜的产品。
c 不适用于添加了霉菌或干酪的产品。

5. 酱油的微生物要求

酱油的微生物要求参见《酱油卫生标准》(GB 2717—2003)(表 10-9)。

表 10-9　酱油的微生物限量

项目	指标
菌落总数[a]/(CFU/mL)	≤30000
大肠菌群/(MPN/100mL)	≤30
致病菌（沙门氏菌、志贺氏菌、金黄色葡萄球菌）	不得检出

a 仅适用于烹调酱油。

6. 食醋的微生物要求

食醋的微生物要求参见《食醋卫生标准》（GB 2719—2003）（表 10-10）。

表 10-10　食醋的微生物限量

项目	指标
菌落总数/（CFU/ mL）	≤10000
大肠菌群/（MPN/100mL）	≤3
致病菌（沙门氏菌、志贺氏菌、金黄色葡萄球菌）	不得检出

7. 发酵酒及其配制酒的微生物要求

发酵酒及其配制酒的微生物要求参见《食品安全国家标准 发酵酒及其配制酒》（GB 2758—2012）（表 10-11）。

表 10-11　发酵酒及其配制酒的微生物限量

项目	采样方案及限量[a]		
	n	c	m
沙门氏菌	5	0	0/25mL
金黄色葡萄球菌	5	0	0/25mL

a 样品的分析处理按《食品安全国家标准　食品微生物学检验　总则》（GB 4789.1—2016）执行。

8. 发酵乳的微生物要求

发酵乳的微生物要求参见《食品安全国家标准　发酵乳》（GB 19302—2010）（表 10-12）。

表 10-12　发酵乳的微生物限量

项目	采样方案[a]及限量（若非指定，均以 CFU/g 或 CFU/mL 表示）			
	n	c	m	M
大肠菌群	5	2	1	5
金黄色葡萄球菌	5	0	0/25g（mL）	—
沙门氏菌	5	0	0/25g（mL）	—
酵母	≤100			
霉菌	≤30			

a 样品的分析处理按《食品安全国家标准　食品微生物学检验　总则》（GB 4789.1—2016）和《食品安全国家标准　食品微生物学检验乳与乳制品检验》（GB 4789.18—2010）执行。

9. 巴氏杀菌乳的微生物要求

巴氏杀菌乳的微生物要求参见《食品安全国家标准　巴氏杀菌乳》（GB 19645—2010）（表 10-13）。

表 10-13　巴氏杀菌乳的微生物限量

项目	采样方案[a]及限量（若非指定，均以 CFU/g 或 CFU/mL 表示）			
	n	*c*	*m*	*M*
菌落总数	5	2	50000	100000
大肠菌群	5	2	1	5
金黄色葡萄球菌	5	0	0/25g（mL）	—
沙门氏菌	5	0	0/25g（mL）	—

a 样品的分析处理按《食品安全国家标准　食品微生物学检验　总则》（GB 4789.1—2016）和《食品安全国家标准　食品微生物学检验乳与乳制品检验》（GB 4789.18—2010）执行。

10. 乳粉的微生物要求

乳粉的微生物要求参见《食品安全国家标准　乳粉》（GB 19644—2010）（表 10-14）。

表 10-14　乳粉的微生物限量

项目	采样方案[a]及限量（若非指定，均以 CFU/g 表示）			
	n	*c*	*m*	*M*
菌落总数[b]	5	2	50000	200000
大肠菌群	5	1	10	100
金黄色葡萄球菌	5	2	10	100
沙门氏菌	5	0	0/25g	—

a 样品的分析处理按《食品安全国家标准　食品微生物学检验　总则》（GB 4789.1—2016）和《食品安全国家标准　食品微生物学检验乳与乳制品检验》（GB 4789.18—2010）执行。

b 不适用于添加活性菌种（好氧和兼性厌氧益生菌）的产品。

11. 冷冻饮品和制作料微生物要求

冷冻饮品和制作料微生物要求参见《食品安全国家标准　冷冻饮品和制作料》（GB 2759—2015）（表 10-15）。

表 10-15　冷冻饮品和制作料的微生物限量

项目	采样方案[a]及限量			
	n	*c*	*m*	*M*
菌落总数[b]/（CFU/g 或 CFU/mL）	5	2	2.5×10^4	10^5
大肠菌群/（CFU/g 或 CFU/mL）	5	2	10	10^2

a 样品的采样和处理按《食品安全国家标准　食品微生物学检验　总则》（GB 4789.1—2016）执行。

b 发酵肉制品类除外。

本章小结

食物中毒按致病因素一般分为细菌性食物中毒、真菌毒素食物中毒、化学性食物中毒、植物性食物中毒和动物性食物中毒。能够引起食物中毒的微生物主要有沙门氏菌属、肉毒杆菌、葡萄球菌属、单核细胞增生李斯特氏菌、副溶血性弧菌、蜡样芽孢杆菌、病原性大肠埃希氏菌、空肠弯曲菌、变形杆菌、志贺氏菌属等。食品安全标准中的微生物指标一般分为细菌总数、大肠菌群和致病菌。细菌总数反映食品受微生物污染的程度；大肠菌群含量说明食品可能被肠道菌污染的情况；致病菌直接危害人体健康，有些致病菌在食品中生长繁殖能产生毒素，所以食品中一般不允许有任何致病菌存在，少数种类食品允许限量检出。

复习思考题

1．什么是病原性微生物？
2．如何预防金黄色葡萄球菌污染食品？
3．水产品易受哪些微生物的污染？如何预防？
4．沙门氏菌的食物中毒症状有哪些？主要的传播途径是什么？
5．检测菌落总数的食品卫生学意义是什么？
6．检测大肠菌群的食品卫生学意义是什么？

第十一章　食品微生物实验实训

实验实训一　普通显微镜的使用及微生物标本片观察

一、实验目的

掌握显微镜的使用方法。

二、实验材料

标本片：大肠杆菌、枯草芽孢杆菌、金黄色葡萄球菌等细菌形态标本片。

仪器及材料：显微镜、记号笔、香柏油、二甲苯、擦镜纸等。

三、实验内容与方法

显微镜是精密光学仪器，使用时要特别小心。使用前首先要熟悉显微镜的结构和性能，检查各零部件是否完好，镜身有无尘土，镜头是否清洁，做好必要的清洁和调整工作。

1. 调节光照

正确的照明是获得良好检查效果的前提条件。晴天对着窗户的散射阳光是很好的光源，但应避免强烈的直射光。在光线不足时，可用 8～30W 的荧光灯或特制的显微镜灯作光源。普通灯泡的光，因有黄色光而影响观察，需在聚光器下加放一块蓝色滤光片。

调节光照的一般步骤：将低倍物镜旋到镜筒下方，旋转粗调螺旋，使镜头和载物台相距 0.5cm 左右。上升聚光器，使其与载物台相距 1mm 左右。左眼看目镜，调节反光镜镜面角度（在天然的光线下观察，一般用平面反光；若以灯光为光源，一般多用凹面反光镜）。开闭光栅，调节光线强弱，直至视野内得到最均匀、最适宜的照明为止。一般使用油镜检查时，光照强度宜大，可将光栅开大，聚光器上升到最高处，用凹面反光镜观察。

2. 低倍物镜观察

低倍物镜（8×或 10×）视野面广，焦点深度较深，易于发现目标，确定检查位置，故应先用低倍镜观察。

操作步骤：①将标本玻片置于载物台上（注意标本面朝上），并将标本部位置于物镜的正下方，转动粗调螺旋，下降物镜至距标本约 0.5cm 处；②左眼看目镜，同时逆时针方向慢慢旋转粗调螺旋使物镜缓慢上升，至视野内出现物像后，改用细调螺旋，上下微微转动，仔细调节焦距和照明，直至视野内获得清晰的物像；③移动推动器，将所要观察的部位置于视野中心，准备换高倍物镜观察。

3. 高倍物镜观察

将高倍镜（40×）转至镜筒下方（在转换物镜时，要从侧面注视，以防低倍物镜未对好焦距而造成镜头与玻片摩擦）。调节光栅和聚光镜，使光线亮度适中，再仔细反复转动细调螺旋，调节焦距，直至获得清晰物像。仔细观察细菌染色标本，再移动推动器选择最满意的镜检部位，将该部位移至视野中央，待用油镜观察。

4. 油镜观察

细菌标本需要用油镜观察。由于物镜放大倍数与其焦距成反比，即物镜放大倍数越高，其工作距离（焦距）越短，一般油镜的工作距离在0.19mm左右，使用油镜必须特别小心。其具体操作步骤如下。

（1）上升聚光器，光栅全部打开。

（2）用粗调螺旋提起物镜，转动转换器将油镜转至镜筒正下方。在标本镜检部位滴上一滴香柏油。右手顺时针方向慢慢转动粗调螺旋，使油镜下降。此时从显微镜的侧面观察使油镜浸入油中，直到几乎与标本接触时为止（注意切勿压到标本，以免压碎玻片和损坏油镜头）。

（3）左眼看目镜，右手逆时针方向微微转动粗调螺旋，上升油镜（注意此时只准上升油镜而不能向下转动粗调螺旋），当视野中有模糊的标本物像时，改用细调螺旋调节，直至标本物像清晰为止。

（4）如果向上转动粗调螺旋已使油镜离开油滴，应重新调节。

5. 镜检后显微镜的保养

（1）油镜使用完毕后，先用擦镜纸擦去镜头上的香柏油，再取一张擦镜纸，滴上少量的二甲苯擦拭镜头，然后取另一张新擦镜纸将镜头上残留的二甲苯擦净，否则粘固透镜的胶质会被二甲苯溶解，日久镜片易移位脱落。

（2）下降聚光器，打开光栅，使反光镜垂直于镜座，以免积聚灰尘。

（3）用绸布将镜身擦拭干净（切不可用手擦拭），除去灰尘、油污、水汽，以免生锈长霉。

（4）使显微镜的各部件恢复到原位，下降镜筒，使物镜呈八字形置于载物台上，然后将显微镜放回镜箱中。

6. 注意事项

（1）显微镜应存放在干燥阴凉的地方，不要放在强烈的日光下暴晒。梅雨季节应在显微镜箱内放置干燥剂（硅胶）。如长时间不用，应卸下光学部分放在干燥器中，以免受潮生霉。

（2）显微镜应严禁与挥发性药品或腐蚀性药品放在一起，如碘片、盐酸、硫酸等药品。

（3）拿显微镜必须一只手拿镜臂，一只手托镜座，切不可一只手提起；拿取过程应避免振动，轻轻放在实验台上。

（4）使用前应先将显微镜擦拭一遍，用擦镜纸将镜头擦净。若镜台或镜头上有香柏油，可用擦镜纸蘸上少量二甲苯将其擦去。

（5）使用时如发现显微镜操作不灵活或有损坏，不要擅自拆卸修理，应报告指导教师处理。

（6）注意保护镜头，切不可压碎标本玻片，损坏镜头。

（7）显微镜使用完毕，应在显微镜使用卡登记，经指导教师检查签字后放回镜箱。

四、复习与思考

（1）描述所观察到的各类微生物的菌落特征。

（2）使用油镜时应注意哪些问题？

（3）镜检标本时，为什么先用低倍镜观察，而不是直接用高倍镜或油镜观察？

实验实训二　微生物简单染色和革兰氏染色技术

一、实验目的

认识细菌的基本形态及排列方式，掌握细菌的染色制片技术。

二、实验材料

菌种：大肠杆菌、枯草芽孢杆菌、金黄色葡萄球菌。

染色液：草酸铵结晶紫染液、鲁哥氏碘液、95%乙醇、香红染液、番红染液。

器皿及材料：香柏油、二甲苯擦镜纸、酒精灯、接种环、无菌水、洗瓶、染色盘、载玻片架、记号笔、75%酒精消毒瓶、洁净的载玻片（浸于75%酒精的玻片中）、5%苯酚消毒缸（废玻片缸）、火柴等。

仪器：显微镜。

三、实验内容与方法

（一）简单染色

（1）涂片。取一干净载玻片，在玻片中央加一滴无菌水，然后以无菌操作方法用接种环从斜面菌种上取少量菌苔于无菌水中并涂成一均匀薄层。

（2）固定。将涂好的玻片自然干燥，然后置于酒精灯火焰上迅速通过1～4次，目的是杀死细菌，使细菌黏附在玻片上。

（3）染色。加一滴香红染液（或其他染液）于涂片部位，染色30～60s。

（4）水洗。用洗瓶轻轻冲洗掉染液。

（5）干燥。用吸水纸吸去载玻片上的多余水分，让其自然风干或在火焰上方微热烘干。

（6）镜检。

（二）革兰氏染色

（1）涂片固定。见“（一）简单染色”。
（2）初染。在涂片处加一滴草酸铵结晶紫染液，染色 1min，水洗。
（3）媒染。用鲁哥氏碘液染色 1min，水洗。
（4）脱色。将载玻片略倾斜，滴加 95%酒精脱色 30～60s，洗至流下的脱色乙醇刚好无色为止，立即水洗。革兰氏阳性菌不褪色而呈紫色，革兰氏阴性菌褪色而呈无色。脱色为整个流程最关键的一步。
（5）复染。用番红染液染色 1～2min，水洗后干燥。
（6）镜检。

四、复习与思考

（1）制片中固定的意义是什么？
（2）你所使用的各种染色液的浓度是多少？其配制方法如何？
（3）革兰氏染色的机理是什么？染色过程中各步骤的作用是什么？
（4）在革兰氏染色中，哪些因素会影响染色的正确性？
（5）绘制显微镜下看到的细菌形态图，并说明革兰氏染色的结果。

实验实训三　微生物特殊染色技术

一、实验目的

掌握细菌芽孢染色和荚膜染色的原理和方法。

二、实验材料

菌种：枯草芽孢杆菌、巨大芽孢杆菌、固氮菌、钾细菌。
染色液：孔雀绿染液、0.5%番红染液、绘图墨汁、纯甲醇。
器皿及材料：香柏油、二甲苯、擦镜纸、吸水纸、酒精灯、接种环、镊子、无菌水、洗瓶、染色盘、载玻片架、记号笔、75%乙醇消毒瓶、洁净载玻片、废玻片缸等。
仪器：显微镜。

三、实验内容与方法

（一）芽孢染色

1. 涂片

将培养约 4d 的产芽孢菌种，按常规方法涂片。

2. 染色

用吸水纸盖住涂片部位，然后向纸条上加数滴孔雀绿染液，在酒精灯火焰上加热至有蒸气产生，但不要沸腾。依据蒸发的情况随时添加染色液，切不可使染色液干涸，维持 10min，冷凉后用蒸馏水冲净孔雀绿染液。

3. 复染

用番红染液复染 30～60s，水洗后晾干。

4. 镜检

芽孢绿色，菌体红色。

（二）荚膜染色

1. 涂片

在载玻片一端滴加无菌水，取少许菌体在水滴中制成悬液。然后取一滴墨汁与菌悬液混合，并用另一载玻片的一端将此水滴刮成一层薄膜，风干。

2. 固定

滴加纯甲醇固定 1min。

3. 染色

滴加 0.5%番红染色液，冲去残余甲醇，并染色 30～60s。然后倾去染液，立即吸干。

4. 镜检

背景黑色，荚膜无色，菌体红色。

四、复习与思考

（1）芽孢染色的原理是什么？
（2）荚膜的成分主要是什么？
（3）荚膜染色为什么要用衬托法？
（4）在荚膜染色中，是否可以加热固定？为什么？
（5）绘制细菌芽孢、荚膜形态图。

实验实训四　培养基的配制与灭菌技术

一、实验目的

通过配制几类微生物常用的培养基，掌握培养基的配制和灭菌方法。

二、实验材料

药品试剂：牛肉膏、蛋白胨、葡萄糖（或蔗糖）、马铃薯、可溶性淀粉、K_2HPO_4、

$(NH_4)_2SO_4$、$MgSO_4$、NaCl、$CaCO_3$、1.0mol/L HCl 溶液和 1.0mol/L NaOH 溶液。

器皿及材料：天平、称量纸、牛角勺、1000mL 搪瓷量杯、烧杯、1000mL 量筒、150～200mL 三角烧瓶、试管（15mm×150mm 或 18mm×180mm）、漏斗、分装架、玻棒、纱布、棉花、试管架、铁丝筐、电炉、防潮纸、线绳、pH 试纸、剪刀、镊子等。

仪器设备：高压蒸汽灭菌锅。

三、实验内容与方法

（一）培养基配制

1. 根据实验和研究对象选择培养基

本实验主要配制表 11-1 所列培养基。

表 11-1 几种培养基的配制

培养基	牛肉膏蛋白胨琼脂培养基	马铃薯琼脂培养基
组成成分	牛肉膏 3g	去皮马铃薯 200g
	蛋白胨 10g	葡萄糖（或蔗糖）20g
	NaCl 5g	水 1000mL
	琼脂 8～20g	琼脂 8～20g
	水 1000mL	pH 值 7.0 左右
	pH 值 7.2～7.4	—
适合培养的微生物	一般细菌	一般真菌

2. 称量

根据配制培养基总量，准确称取各成分置于烧杯中。

3. 配制

（1）先从总量水中取少量水溶解药品，遇不易溶解的药品，加热溶解。

（2）对易发生沉淀的药品，如 K_2HPO_4 与 $MgSO_4$（会产生絮状沉淀），应分开溶解，最后加入培养基。对不溶性药品，如 $CaCO_3$ 等也需最后加入。

（3）马铃薯去皮后称量，切成 $1cm^2$ 左右的小块，加水煮沸 20～30min，用 4 层纱布过滤后，取其清液供配制用。

（4）可溶性淀粉先用少量水搅匀，然后徐徐倒入煮沸的溶液中溶解，边倒入边迅速搅匀。

（5）配制固体培养基时，如果琼脂的质量较差，应先将琼脂加入一定量水后加热熔化，用 4～6 层纱布趁热过滤，取清液备用。琼脂在加热过程中要不断搅拌，以防琼脂沉淀烟底。待琼脂熔化后，若水量不足应补足至培养基的总体积。如果琼脂质量较好，也可直接按需要量加入，在培养基灭菌时自然熔化。

4. 调节 pH 值

根据培养菌的要求用 1.0mol/L HCl 溶液或 1.0mol/L NaOH 溶液调节至要求的 pH 值。

（二）培养基的分装及灭菌前包扎

将制好的培养基按使用目的和要求分装于试管、三角烧瓶等容器内，并进行必要的包扎，以便进行灭菌处理。

1. 试管的分装及包扎

将培养基分装到洁净的试管中，固体培养基约为试管高度的 1/5，灭菌后制成斜面；半固体培养基以试管高度的 1/3 为宜，灭菌后垂直待凝；液体培养基约为试管高度的 1/4。

分装完毕后，试管加棉塞、塑料试管帽或硅胶试管塞封口。加塞后，试管通常每 7 支一起，包上一层牛皮纸或两层报纸，用线绳扎成一捆，并注明培养基名称、组别、配制日期，准备灭菌。

2. 移液管的包扎

用细铁丝在移液管的管口塞入一小段长 1～1.5cm 的棉花，距管口约 0.5cm。棉花松紧适宜，吹气时既能通气又不下滑，起到过滤杂菌的作用。将报纸裁成宽约 5cm 的长纸条，将移液管的尖端放在纸条的一端，约呈 45°角，通过折叠、搓转用纸条包紧移液管，剩余纸条折叠打结，准备灭菌。

3. 三角烧瓶的分装及包扎

三角烧瓶内的培养基以不超过容器盛装量的 2/3 为宜。封口后外面再包一层牛皮纸或双层报纸，以防灭菌时冷凝水沾湿棉塞。

4. 培养皿的包装

用报纸将几套培养皿包成一包，或者将几套培养皿直接置于特制的铁皮圆筒内，准备灭菌。

5. 灭菌

培养基分装包扎后应立即进行高压蒸汽灭菌，一般 121℃灭菌 20min。玻璃器皿可进行高压蒸汽灭菌，也可进行干热灭菌。

6. 斜面及平板的制备

制斜面：琼脂斜面培养基应在灭菌后立即取出，摆成适当斜面，斜面长度以试管长度的 1/2～2/3 为宜，待其自然凝固。

倒平板：将灭菌的琼脂培养基冷却至 50℃左右，在酒精灯火焰旁，以右手的无名指及小指夹持三角烧瓶棉塞，左手打开无菌培养皿盖的一边，右手持三角烧瓶底部向平皿里（直径 90mm 的培养皿）注入 10～15mL 培养基，将培养皿稍加旋转摇动，待培养基平铺覆盖整个皿底后，置于水平桌面上待凝。倒平板的过程要特别注意无菌操作。

（三）培养基的质量控制及无菌检查

每批培养基制备好以后，应仔细检查一遍，液体培养基应澄清，固体培养基应无絮状物或沉淀，凝胶强度适宜，用接种环划线时以培养基不被划破为宜。

如发现培养基不凝固、水分浸出、色泽异常、棉塞被培养基沾染等，均应挑出弃去。固体培养基分装后有时会出现不凝固的现象，有多种可能原因：①培养基 pH 值不合适，偏酸；②琼脂质量有问题或琼脂添加量不够，或琼脂粉在培养基中没有充分熔化就分装导致局部浓度过低；③灭菌时间过长或温度过高，破坏了琼脂的凝固；④培养基在凝固的过程中被摇晃，破坏了琼脂的结构，而使其不能凝固。

灭菌后的培养基一般需进行无菌检查。将做好的斜面、平板、培养基等置于 37℃恒温箱中培养 1～2d，确定无菌后方可使用。

每批培养基均应附有该批培养基制备记录副页或明显标签。培养基应存放于冷暗处，最好能放于普通冰箱内。

平板和试管斜面凝固冷却后装入密封袋中，存放在暗处或放在 4℃冰箱中，最多存放 1 周。普通的琼脂培养基可存放在三角烧瓶内，使用时重新熔化。能发生化学反应或含有不稳定成分的固体培养基，不能批量制备及再次熔化使用。

四、复习与思考

（1）固体培养基加入琼脂后，加热熔化时要注意哪些问题？
（2）培养基配制好后，为什么要立即灭菌？如何检查灭菌是否彻底？
（3）平板和斜面各有什么用途？
（4）配制培养基时为什么要调节 pH 值？
（5）你所配制的培养基分别属于哪一类培养基？
（6）简述配制培养基的主要过程。
（7）简述制备平板和斜面的主要过程。

实验实训五　微生物接种技术

一、实验目的

（1）熟悉各种接种工具。
（2）掌握菌种移接的基本方法。
（3）熟练掌握无菌操作技术。

二、实验材料

材料与试剂：大肠杆菌、枯草芽孢杆菌、金黄色葡萄球菌、根霉菌、曲霉菌、青霉菌、链霉菌、酿酒酵母的斜面菌种，牛肉膏、蛋白胨、马铃薯、高氏1号试管斜面及三角烧瓶装固体培养基，牛肉膏蛋白胨液体培养基，75%乙醇，5%苯酚，3%来苏儿。

仪器与用具：培养箱、无菌室（箱）或超净工作台、水浴锅、接种环、接种针、无菌镊子、无菌吸管、无菌培养皿、棉球、酒精灯、记号笔等。

三、实验内容与方法

（一）斜面接种

斜面接种指从菌种管取少量菌种，移接到另一支新斜面培养基的接种方法。操作要点如下。

（1）乙醇消毒。用75%酒精棉球将手、菌种试管、接种工具、培养基试管擦拭消毒。

（2）灼烧灭菌。点燃酒精灯，用酒精灯火焰对接种环进行灼烧灭菌。

（3）拔棉塞。将菌种和斜面培养基放在手掌中央，用手指托住试管，松动棉塞。用右手的小指、无名指及手掌拔掉棉塞（棉塞始终夹在右手中，勿放下）。

（4）灼烧试管口。灼烧两试管管口，杀灭可能附着的杂菌。

（5）接种。将接种环伸进培养基试管，使接种环接触无菌的培养基部分，使接种环冷却。若是细菌和酵母菌，可用接种环轻轻挑取少许菌苔，迅速伸到斜面培养基上，从底部向上部轻轻划曲线（注意：勿划破培养基），使菌种均匀涂布于斜面培养基上；若是真菌或放线菌的菌丝，可用接种钩挑取菌丝片段或孢子点接到斜面培养基上。

（6）灼烧试管口。接种后略灼烧管口及棉塞。塞棉塞，迅速灼烧灭菌接种环，并塞紧棉塞。

（7）标记。将写好的标签贴在试管口2～3cm处，也可用记号笔标记。

（8）培养。将接种后的试管斜面朝下放于恒温箱中，于适温下培养。

（二）液体接种

液体接种指用移液管、滴管或接种环等工具，将菌液移接到培养基中的方法。

（三）穿刺接种

穿刺接种指用接种针蘸取少许菌种，自固体或半固体培养基中心垂直刺入到底，然后按原来的穿刺线将针慢慢拔出的方法。该法适于保藏菌种或细菌运动性检查。

四、复习与思考

（1）斜面接种有哪些主要操作步骤？

（2）斜面接种时应注意哪些问题？

（3）接种成败的关键因素是什么？

（4）接种前应做哪些消毒工作？

实验实训六　微生物的分离与平板菌落计数

一、实验目的

（1）掌握混合平板的制作方法。

（2）学会微生物纯种分离和平板菌落计数方法。

二、实验材料

材料与试剂：待分离固体或液体样品、无菌三角烧瓶（内装90mL无菌生理盐水和十几粒玻璃珠）、无菌试管（内装 9mL 无菌生理盐水）、牛肉膏蛋白胨培养基、高氏 1号培养基、马铃薯培养基、75%乙醇棉球、甲醛。

仪器与用具：天平、培养箱、超净工作台或无菌室（箱）、试管、接种环、无菌吸管、无菌培养皿（直径 9cm）、玻璃涂棒、试管架、手持喷雾器、无菌镊子、酒精灯、称样瓶、火柴、记号笔等。

三、实验内容与方法

（一）划线分离法

1. 制平板

以无菌操作法将冷却至50℃左右的培养基倒入无菌培养皿中，每个培养皿约15mL，以培养基刚覆盖皿底为宜，放平待其凝固后即成平板培养基。

2. 制备菌悬液

取少许样品移入装有 5mL 无菌水的 1 号试管中并摇匀，再用接种环从 1 号试管中取一环菌液，移入 9 号无菌水试管中并摇匀，再从 2 号试管中取一环菌液移入 3 号无菌水试管中，充分摇匀后制成较小稀释度的样品菌悬液，即可做划线分离。从 3 支试管中各取一环菌液，分别在 3 个平板培养基上划线，每个稀释度最好做 2～3 次重复。

3. 划线

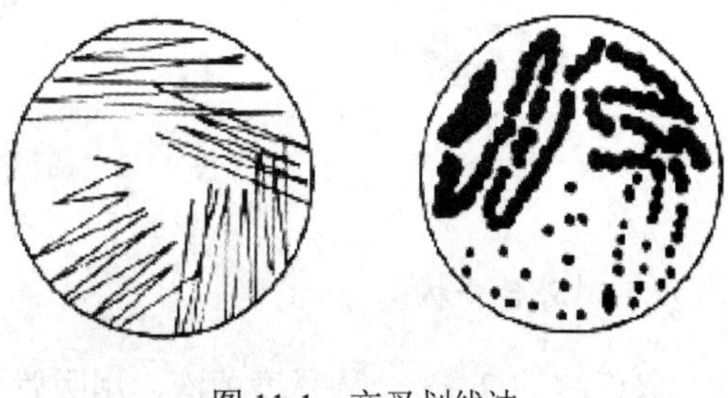

图 11-1　交叉划线法

划线时，左手持平板培养基，并将皿盖掀起一小缝，右手持带有菌液的接种环，在平板培养基上以交叉法轻轻划线（图 11-1）：一般先在平板培养基上平行划 3～4 条线，取出接种环，将培养皿盖严后转动 70°，把接种环上的余菌烧掉；冷却后，用接种环通过第一次划线区做第二次平行划线，这样连续做第三次、第四次划线。每次划线后，培养皿约转动 70°，灼烧接种环。

4. 培养

将接种后的平板放入培养箱中倒置，以防冷凝水冲散菌体。细菌于 37℃培养 1～2d，倒置培养（注意：霉菌、酵母菌于 28℃培养 2～5d）。

5. 纯化

挑选所需单个菌落移至斜面培养基上继续培养至长满斜面，即为初步纯化的菌种，再经过 2～3 次纯化就可获得纯种。

（二）稀释分离法

1. 样品稀释

准确称取待测样品，一般固体样品 10g，液体样品 10mL，用无菌操作法放入装有 90mL 无菌生理盐水的三角烧瓶中，充分振荡 15～20min，制成 1∶10（10^{-1}）菌液。

另取一支无菌吸管，将口端、吸液端迅速通过酒精灯火焰 2～3 次，杀死拆包装纸时污染的杂菌。左手持三角烧瓶，右手持吸管，右手的小指和无名指夹取棉塞，将吸管伸进三角烧瓶底部吸取 1mL 菌液，注入第一支装有 9mL 无菌水的试管中，混匀后即成 1∶100（10^{-2}）菌液。再取另一支吸管吸取 1mL 菌液，注入第二支装有 9mL 无菌水的试管中，混匀即成 1∶1000（10^{-3}）菌液，如图 11-2 所示。依该法按 10 倍序列稀释至适宜稀释度（注意：每换一个稀释度取 1 支新吸管）。

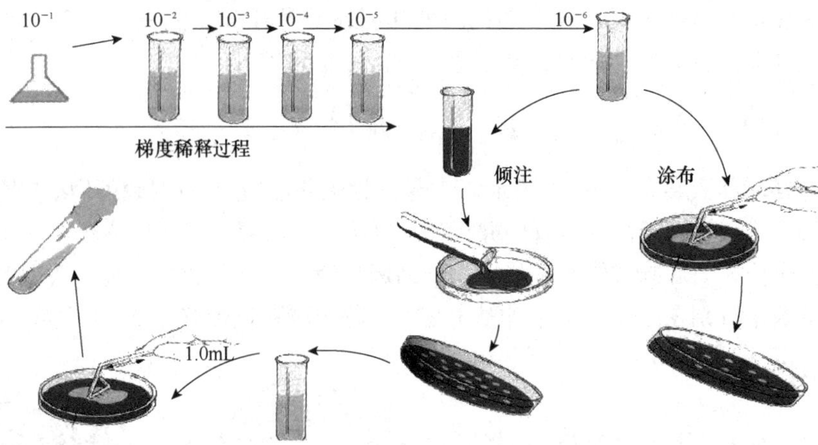

图 11-2　稀释分离过程示意图

2. 制混合平板

取连续的 2～3 个稀释度菌液，用吸管吸取 0.2mL 菌液于无菌培养皿内，随即倒入 45～50℃的琼脂培养基（可放在水浴锅中保温）约 15mL，以培养基刚覆盖皿底（厚约

3mm）为宜，将培养皿在平面上做顺时针或逆时针方向轻轻滑动，使菌液与培养基混合均匀（注意：勿使培养基沾到皿盖及边缘上），放平待其凝固后即成混合平板。每个稀释度重复2～3次，每套培养皿底面均应注明稀释度。

3. 培养、纯化

将培养皿倒置，于适宜温度下培养，待出现菌落后再把所需的单菌落移入斜面培养基纯化。

（三）平板菌落计数

1. 样品稀释

稀释同“（二）稀释分离法”。

2. 编号

取9套培养皿，在皿底注明稀释度，每个稀释度重复3次。

3. 加样

根据样品中估计的菌数，一般真菌用10^{-4}～10^{-2}稀释液，细菌用10^{-8}～10^{-6}稀释液，放线菌用10^{-5}～10^{-3}稀释液。选取连续的3个稀释度菌液，用吸管吸取1mL菌液，加入对应的无菌培养皿内。

4. 制平板

随即倒入50℃左右的琼脂培养基约15mL，以培养基刚覆盖皿底为宜，将培养皿在平面上轻轻滑动，使菌液与培养基混合均匀，放平待其凝固后即成混合平板。

5. 培养

将接种后的混合平板放入培养箱中，倒置培养。

6. 计数

计数平板上菌落数，一般选择每个平板上长有30～300个菌落的稀释度，算出同一稀释度3次重复的平均菌落数，再根据公式求出样品的含菌量。若不同稀释度间的计算结果相近，则结果比较准确可靠。公式如下：

样品含菌数（CFU/mL）＝（同一稀释度平均菌落数×稀释倍数）/平板菌液注入量

四、复习与思考

（1）怎样制混合平板？怎样将样品进行系列稀释？

（2）怎样才能做到无菌操作？

（3）接种后的培养皿为什么在培养时要倒置？

（4）制混菌平板时，为何培养基须冷却到 50℃左右才能倒入含有菌液的培养皿中？

（5）平板划线时，为何每次都要烧掉接种环上的余菌？

实验实训七　食品中菌落总数的测定

一、实验目的

掌握菌落总数测定方法，判定样品被污染情况。

二、实验材料

1. 仪器

冰箱、恒温培养箱、均质器或灭菌乳钵，天平、菌落计数器、放大镜（4×）、灭菌吸管、灭菌锥形瓶、灭菌培养皿、灭菌试管、灭菌剪刀、灭菌镊子等。

2. 试剂和培养基

（1）0.9%无菌生理盐水、75%乙醇。

（2）营养琼脂培养基的配制：分别称取蛋白胨 10g、牛肉膏 3g、氯化钠 5g 溶解于 1000mL 蒸馏水中，加入 15%氧化钠溶液 2mL，校正 pH 值到 7.3。加入 15～20g 琼脂，加热溶解，将其分装到试管中，每管 10mL，121℃高压灭菌 15min。该培养基可供一般细菌培养之用，可倾注平皿或制成斜面。如用于菌落计数，琼脂量为 1.5%；如做成平皿或斜面，则应为 2%。

（3）磷酸盐缓冲液Ⅰ（储存液）：准确称取磷酸二氢钾 34g，溶于 500mL 蒸馏水中，用 1mol/L 氢氧化钠溶液校正 pH 值到 7.2 后，再用蒸馏水稀释至 1000mL，备用。

（4）磷酸盐缓冲液Ⅱ（稀释液）：取储存液 1.25mL，用蒸馏水稀释至 1000mL，分装每瓶 100mL 或每管 10mL，121℃高压灭菌 15min。

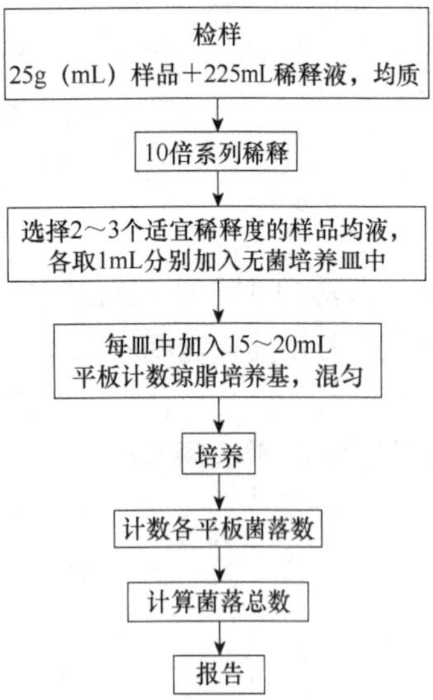

图 11-3　菌落总数检验程序

三、实验内容与方法

（一）菌落总数检验程序

菌落总数检验程序如图 11-3 所示。

（二）实验步骤

1. 样品的稀释

（1）固体和半固体样品。称取 25g 样品，置于盛有 225mL 磷酸盐缓冲液或生理盐水的无菌均质杯内，8000～10000r/min 均质 1～2min，或放入盛有 225mL 稀释液的无菌均质袋中，用拍击式均质器拍打 1～2min，制成 1∶10 的样品匀液。

（2）液体样品。以无菌吸管吸取 25mL 样品，置于盛有 225mL 磷酸盐缓冲液或生理盐水的无菌锥形瓶（瓶内预置适当数量的无菌玻璃珠）中，充分混匀，制成 1∶10 的样品匀液。

（3）用 1mL 无菌吸管或微量移液器吸取 1∶10 样品匀液 1mL，沿管壁缓慢注于盛有 9mL 稀释液的无菌试管中（注意吸管或吸头尖端不要触及稀释液面）。振摇试管或换用 1 支无菌吸管反复吹打使其混合均匀，制成 1∶100 的样品匀液。

（4）按上述操作，制备 10 倍系列稀释样品匀液。每递增稀释一次，换用 1 次 1mL 无菌吸管或吸头。

（5）根据对样品污染状况的估计，选择 2～3 个适宜稀释度的样品匀液（液体样品可包括原液）。在进行 10 倍递增稀释时，吸取 1mL 样品匀液于无菌平皿内，每个稀释度做两个平皿。同时，分别吸取 1mL 空白稀释液，加入两个无菌平皿内做空白对照。

（6）及时将 15～20mL 冷却至 46℃的平板计数琼脂培养基（可放置于 46℃±1℃恒温水浴箱中保温）倾注平皿，并转动平皿使其混合均匀。

2. 培养

（1）待琼脂凝固后，将平板翻转，36℃±1℃培养 48h±2h。水产品 30℃±1℃培养 72h±3h。

（2）如果样品中可能含有在琼脂培养基表面弥漫生长的菌落，可在凝固后的琼脂表面覆盖一薄层琼脂培养基（约 4mL），凝固后翻转平板，按上述条件进行培养。

3. 菌落计数

（1）可用肉眼观察，必要时用放大镜或菌落计数器，记录稀释倍数和相应的菌落数。菌落计数以 CFU/g（mL）（菌落形成单位）表示。

（2）选取菌落数在 30～300CFU/g（mL）、无蔓延菌落生长的平板，计数菌落总数。低于 30CFU/g（mL）的平板，记录具体菌落数；大于 300CFU/g（mL）的平板，可记录为多不可计。每个稀释度的菌落数应采用两个平板的平均数。

（3）其中一个平板有较大片状菌落生长时，则不宜采用，而应以无片状菌落生长的平板计数该稀释度的菌落数；若片状菌落不到平板的一半，而其余一半中菌落分布又很均匀，即可计算半个平板后乘以 2，代表一个平板菌落数。

（4）当平板上出现菌落间无明显界线的链状生长时，将每条单链作为一个菌落计数。

（三）菌落总数的计算方法

（1）若只有一个稀释度平板上的菌落数在适宜计数范围内，计算两个平板菌落数的平均值，再将平均值乘以相应稀释倍数，作为每 g（mL）样品中菌落总数结果。

（2）若有两个连续稀释度的平板菌落数在适宜计数范围内，按以下公式计算：

$$N=\frac{\sum_{i=1}^{n} C}{(n_1+0.1n_2)\ d}$$

式中：N——样品中菌落数；

$\sum_{i=1}^{n} C$——平板（含适宜范围菌落数的平板）菌落数之和；

n_1——第一稀释度（低稀释倍数）平板个数；

n_2——第二稀释度（高稀释倍数）平板个数；

d——稀释因子（第一稀释度）。

（3）若所有稀释度的平板上菌落数均大于 300CFU/g（mL），则对稀释度最高的平板进行计数，其他平板可记录为多不可计，结果按平均菌落数乘以最高稀释倍数计算。

（4）若所有稀释度的平板菌落数均小于 30CFU/g（mL），则应按稀释度最低的平均菌落数乘以稀释倍数计算。

（5）若所有稀释度（包括液体样品原液）平板均无菌落生长，则以小于 1 乘以最低稀释倍数计算。

（6）若所有稀释度的平板菌落数均不在 30～300CFU/g（mL）范围内，其中一部分小于 30CFU/g（mL）或大于 300CFU/g（mL），则以最接近 30CFU/g（mL）或 300CFU/g（mL）的平均菌落数乘以稀释倍数计算。

（四）菌落总数的报告

（1）菌落数小于 100CFU/g（mL）时，按“四舍五入”原则修约，以整数报告。

（2）菌落数大于或等于 100CFU/g（mL）时，第 3 位数字采用“四舍五入”原则修约后，取前 2 位数字，后面用 0 代替位数；也可用 10 的指数形式来表示，按“四舍五入”原则修约后，采用 2 位有效数字。

（3）若所有平板上均为蔓延菌落而无法计数，则报告菌落蔓延。

（4）若空白对照上有菌落生长，则此次检测结果无效。

（5）称量取样以 CFU/g 为单位报告，体积取样以 CFU/mL 为单位报告。

四、复习与思考

（1）食品检验为什么要测定菌落总数？

（2）实验操作过程中，如何使数据可靠？

（3）食品中检出的菌落总数是否代表该食品上的所有微生物数？

主要参考文献

陈红霞，李翠华，2008．食品微生物学及实验技术［M］．北京：化学工业出版社．

陈剑虹，2003．环境工程微生物学［M］．武汉：武汉理工大学出版社．

陈明琪，2017．药用微生物学基础［M］．3 版．北京：中国医药科技出版社．

陈玮，董秀琴，2007．微生物学及实验实训技术［M］．北京：化学工业出版社．

何国庆，贾英民，2005．食品微生物学［M］．北京：中国农业大学出版社．

黄秀梨，2003．微生物学［M］．2 版．北京：高等教育出版社．

贾洪锋，2015．食品微生物［M］．重庆：重庆大学出版社．

江汉湖，2002．食品微生物学［M］．北京：中国农业出版社．

姜培珍，2006．食源性疾病与健康［M］．北京：化学工业出版社．

刘慧，2011．现代食品微生物学［M］．2 版．北京：中国轻工业出版社．

刘明河，1993．新编微生物学［M］．济南：山东大学出版社．

刘绍军，2006．食源性病原微生物及防控［M］．北京：中国轻工业出版社．

刘素纯，贺稚非，2013．食品微生物检验［M］．北京：科学出版社．

罗红霞，王建，2018．食品微生物检验技术［M］．北京：中国轻工业出版社．

钱爱东，2002．食品微生物学［M］．北京：中国农业出版社．

沈萍，陈向东，2016．微生物学教程［M］．8 版．北京：高等教育出版社．

孙勇民，张新红，2012．微生物技术及应用［M］．武汉：华中科技大学出版社．

王福源，1998．现代食品发酵技术［M］．北京：中国轻工业出版社．

魏明奎，段鸿斌，2008．食品微生物检验技术［M］．北京：化学工业出版社．

雅梅，2015．食品微生物检验技术［M］．2 版．北京：化学工业出版社．

杨玉红，2011．食品微生物学［M］．北京：中国轻工业出版社．

杨玉红，陈淑范，2014．食品微生物学［M］．2 版．武汉：武汉理工大学出版社．

杨玉红，吕玉珍，2014．食品微生物与实验实训［M］．大连：大连理工大学出版社．

张甲耀，宋碧玉，陈兰州，等，2008．环境微生物学［M］．武汉：武汉大学出版社．

张克旭，1992．氨基酸发酵工艺学［M］．北京：中国轻工业出版社．

张青，葛菁萍，2004．微生物学［M］．北京：科学出版社．

赵开弘，2009．环境微生物学［M］．武汉：华中科技大学出版社．

周德庆，2011．微生物学教程［M］．3 版．北京：高等教育出版社．

朱乐敏，2010．食品微生物学［M］．2 版．北京：化学工业出版社．